科尔沁沙地(陈建伟 摄)

库木塔格沙丘链（陈建伟　摄）

青海贵德(陈建伟 摄)

新疆五彩山山顶（陈建伟　摄）

●生态文明建设丛书●

沙漠生态文化理论与实践研究

戴秀丽｜主编

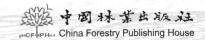

中国林业出版社
China Forestry Publishing House

图书在版编目(CIP)数据

沙漠生态文化理论与实践研究 / 戴秀丽主编. —北京：中国林业出版社，2022.6
(生态文明建设丛书)
ISBN 978-7-5219-1691-1

Ⅰ.①沙…　Ⅱ.①戴…　Ⅲ.①沙漠-文化生态学-研究-中国　Ⅳ.①P941.73

中国版本图书馆 CIP 数据核字(2022)第 085841 号

中国林业出版社·自然保护分社(国家公园分社)

策划、责任编辑：许　玮　　　　电话：(010)83143576

出版发行　中国林业出版社(100009　北京市西城区德内大街刘海胡同 7 号)
　　　　　http：//www.forestry.gov.cn/lycb.html
印　　刷　河北京平诚乾印刷有限公司
版　　次　2022 年 6 月第 1 版
印　　次　2022 年 6 月第 1 次印刷
开　　本　710mm×1000mm　1/16
印　　张　13.75　　彩　插　4 页
字　　数　290 千字
定　　价　60.00 元

《沙漠生态文化理论与实践研究》
编写人员名单

主　编　戴秀丽

副主编　周国文　宋兵波

参　编　(按姓氏笔画排序)

　　　　丁国栋　卞　韬　刘雪梅　宋兵波　金鸣娟

　　　　周国文　揭　芳　蔡　君　戴秀丽

　　沙漠既是地球生态系统的重要组成部分，又是分布在特定气候条件下和区域的地理生态系统，代表着自然演化规律和自然之美的一种类型。在人类诞生之前，沙漠已然存在。沙漠不仅具有工具价值，还具有内在价值，沙漠的综合价值就在于其集丰富的生物品种、自然资源、生态景观、文化风貌等于一体，是自然生态系统的一部分。在倡导生态文明的今天，尊重自然、保护自然逐步成为社会共识。承认沙漠的价值，遵守沙漠伦理，是实现人类与沙漠和谐共存的必然要求。

　　沙漠生态文化是生态文化的组成部分，是人与自然和谐理念下人类在处理与沙漠的相互关系中所形成和创造出来的一种文化现象，是人与沙漠之间建立的相互依存、相互作用、相互融合的关系，以及由此创造的物质文化与精神文化的总和。对沙漠生态文化的发掘、构建和系统研究，有助于改变人们对待人与沙漠之间关系的价值观，有利于维护人类与沙漠之间良性的生态关系，实现二者的和谐共生，也是我们普及生态知识、解决生态危机、建设生态文明的文化基础。

　　目前，沙漠生态文化系统研究不足。探索沙漠生态文化的内涵与范畴，构建研究的逻辑体系，是本书全新的研究方向。本书对沙漠生态文化从理论上进行了阐释，界定了沙漠生态文化的内涵、特征及价值取向，分析了其缘起，构建了沙漠生态文化的观念谱系，探索了沙漠生态文化构成的物质文化、精神文化、行为文化和制度文化，并对沙漠开发、治理和利用的实践经验进行了总结。

　　本书在逻辑体系设计上，以文化为框架，以认知规律为纵轴，以生态理念为主线，构建了沙漠生态文化内容研究体系。以"文化"为支撑的框架，分布在不同的章节，探讨物质文化、精神文化、行为文化和制度文化等文化构成；以对"沙漠"认知到实践为纵轴，遵循认识到实践，再认识，再实践的认知规律，由对沙漠及沙漠生态文化的认知开始（第一至五章），到对沙漠开发治理利用（第六、七章），再到制度保障（第八章）、文化传播（第九章），形成完整的认知链；以"生态"为主线，全书贯穿的是人与自然和谐的生态文化理念，以此理念分析古今中外人们对沙漠的认知、开发、治理、利用及与之和谐相处。本书丰富了生态文化研究内容，其核心和主旨是通过物质、行为、制度、观念等层面的建设，来建构人与沙漠共生共荣的关系，实现人与沙漠的和谐共存、协同发展。沙漠生态文化研究是生态文化研究的纵深发展。

本书为研究人与沙漠的关系拓展了新的认识视角。沙漠化是一个全球性现象，其不断严峻的形势除与全球变暖等自然因素有关外，更重要的是"征服"自然的人类中心主义等不合理的文化观念加剧了破坏生态环境的行为。遏制人类的不文明行为，引导人与自然和谐的经济社会行为，形成人与自然和谐的发展格局，走可持续发展之路是人类生存与发展必然的选择。人类对沙漠的认识在观念再造的进程中也在不断呈现出新的导向。党的十八大和十九大都把生态文明建设放在国家现代化建设更加突出的位置，习近平总书记强调"生态文化体系建设""统筹山水林田湖草沙系统治理"。树立尊重自然、顺应自然、保护自然的生态文明理念，努力建设美丽中国，实现中华民族永续发展，是习近平生态文明思想的重要内容。以生态思维思考，从文化视角审视，研究沙漠生态文化及人类活动的文化价值，是建设美丽中国的重要基础支撑，具有重要的实践指导价值。

本书的大纲由主编戴秀丽设计，团队成员讨论修改，最终大纲的审定和全书内容的定稿由戴秀丽完成。各章分工如下：第一章，周国文教授（其中第一节丁国栋教授参与）；第二章，刘雪梅副教授；第三章，宋兵波副教授；第四章，周国文教授；第五章，揭芳副教授；第六章，丁国栋教授；第七章，蔡君教授；第八章，戴秀丽教授、韩志扬；第九章，金鸣娟教授、卞韬。

本书得到原国家林业局防治荒漠化管理中心课题项目的支持，在此对管理中心领导与相关领导表示真诚的感谢。研究团队成员在完成课题研究报告后，对书稿多次修改，不断完善，历经九年的时间，终于付梓，感谢每一位作者的倾情付出。感谢对书稿完善提出宝贵意见和建议的各位专家。

戴秀丽

2022 年 4 月

目 录

第一章

沙漠生态文化的内涵与观念谱系

人类始终与自然界同在。自然界孵育了人类，也深刻地教育了人类。在人类生存发展的历史进程中，必须不断地转换视角以便更客观而全面地认识浩瀚的自然。沙漠从来就在自然当中，它在自然界多样生态系统中与其他地貌环境一样，也是不可或缺的。当沙漠无可避免地出现在人类的视域之中，人类面对它的态度从最初的惊异到后来的恐惧，再到现在的平静，在心灵层面走过了一个艰难曲折的精神历程。同时，人类对沙漠的认识在观念再造的进程中也在不断地呈现出新的格局。无论是自然界演化形成的沙漠，还是在人类生产活动影响下变幻的沙漠，都是整个地球生态系统的要素之一。而以生态观念思考，从文化视角审视，沙漠也蕴藏着丰富的生态文化。沙漠生态文化的发掘和构建，将有助于维护人类与沙漠之间的良性互动，实现二者的共生共荣。

第一节　沙漠与文化概述

沙漠是由于地表干旱而形成的一种独特的地貌形态，通常被视为荒漠的一种。在历史中，沙漠曾经因为恶劣的自然环境而被排除在人类文化观念的谱系之外，也成为文化学视域中的荒漠。然而，无论就自然史还是人类社会史而言，在数千年的历史发展中，人类与沙漠的相互作用从未中断。沙漠的变化影响人类的生活，人类也在不断地适应、改变着沙漠。在这个过程中，沙漠不可避免地具有人化属性，从而孕育出丰富多彩的文化现象。沙漠从自然存在的物化到人类活动融入的人化，在诸多观察者视野中或视角边缘，沙漠文化萌生形成并发展演化着。

一、文化概说

沙漠有人化的痕迹，就有文化的现象。文化是一个较为宽泛的概念，从古至今，从东方到西方都是一个众说纷纭、莫衷一是的话题。据统计，到 20 世纪 70 年代，中西方学术界关于"文化"的定义已经有不下 250 种。在中西方文化中，"文化"一词各有其渊源。

在中国传统文化中，"文化"一词是由"文"与"化"二字组成的合成词。《易经》贲卦的《象传》中有这么一段话中："刚柔交错，天文也。文明以止，人文也。观乎天文，以察时变；观乎人文，以化成天下。"其中的天文与人文，按魏晋时期王弼的解释就是："刚柔交错而成文焉，天之文也。止物不以威武而以文明，人之文也。"①"天文"即天道自然的变化规律。"人文"则是与武力、暴力相对的，对人具有感召力的文明礼仪与规范。关注自然演变的规律，可以把握时节的变化；关注文明礼仪，可以教化、感化天下之人，使天下之人合乎文明礼仪。在这里"文"指的是人类社会的文明礼仪，"化"指的是这些礼仪对人进行教化。大概汉朝时期，"文"与"化"二字并用的情形就已经比较多见。西汉刘向的《说苑·指武》中有这么一段话，说道："圣人之治天下也，先文德而后武力。凡武之兴，为不服也，文化不改，然后加诛。"大意是说，圣人治理天下先用文饰和道德，然后再用武力。但凡以武力征服天下的，是不会让老百姓信服的。如果不用文化来改变老百姓，以后会被诛灭。此处的文化是与武力、暴力等相对立的一种教化和治理老百姓的方式。又有南齐王融在《曲水诗序》中说道："设神理以景俗，敷文化以柔远"，也就是设置神圣的道理来影响社会的风俗，用深厚的文化来感化远方的民族。显而易见，这里的文化指称的是文明的社会典章制度、礼乐规范等。

可见，在我国的传统文化中，"文化"既表现为一种主动的礼仪规范教化、感化民众的方式、方法，也表现为一系列既存的文明规范、典章制度等。近代，随着西方思想的传入，人们对于"文化"一词的认识也有了新的变化。梁启超在《什么是文化》一文中提出："文化者，人类心能所开释出来之有价值之共业也。"②与梁启超将文化视为精神财富不同的是，梁漱溟给了文化更加广阔的外延。他说："文化，就是吾人生活所依靠之一切……文化之本义，应在经济、政治乃至一切无所不包。"③

在西方传统中，"文化"一词起源于古拉丁语的动词"colere"。在古拉丁语中，"colere"包含"耕种""居住""保护"等多重含义。后来，由"colere"派生出"cultura"一词，词义则引申为"对土地的耕种"，又进一步引申为对人的心灵、精神、兴趣的培养和修养。在西方的 19 世纪中叶，随着人类学、社会学、民族学等人文学科的兴起，学者们对"文化"一词的研究和探讨方兴未艾。英国人类学

① 孔颖达：《十三经注疏·周易正义》，中华书局 1980 年影印本，第 37 页。
② 梁启超：《饮冰室合集·文集之三十九》，中华书局 1989 年版，第 98 页。
③ 梁漱溟：《中国文化要义》，世纪出版集团，上海人民出版社 2011 年版，第 7 页。

家爱德华·泰勒从人类学的角度对"文化"的定义进行说明，他在《原始文化》一书中写道："文化是一个复杂的总体，包括知识、信仰、艺术、道德观、法制、习俗，以及人类在社会里所得的一切能力与习惯。"①自那以后，无数学者按照自己的理解，从不同的角度使用文化这一概念，并对它下定义。

虽然时至今日，学者们仍然没有对"文化"一词的概念形成统一的认识和界定，但是，"文化的范围尽管包罗巨细，涵盖万有，而其实质却可以归结到一点上来，那便是'人化'，时时处处离不开人的性能。"②无论文化的范围如何延伸，其中的核心和实质便在于它是"人化"的，是人对世界的改变和转化，是人类活动的产物。因此，"文化"即"人化"，这是"文化"一词的本质规定性。典章制度是文化，科学技术是文化，封建迷信仍然是文化，天然的石块不是文化，日月星辰、自然山川也不是文化。然而一旦经过人类的加工打磨，哪怕是极为粗糙地加工，石块便可以被视为特定历史时期文化的一种象征和标志；一旦被人们寄托了感情和思想，被赋予了人的主观精神情感，日月星辰、山川河流也可以具有文化的内涵和意味。可以说，只要被打上了人类意识、目的的烙印的事物便具有文化内涵，被纳入文化的范畴。对于文化的外延，主要有狭义和广义两种观点。狭义的观点认为，文化是包括人类所创造的文学、艺术、宗教等在内的精神性成果，属于意识形态的一种。广义的观点认为，文化是人类所创造的一切物质财富与精神财富的总和，包括物质文化、制度文化、精神文化等多种类型。一般而言，社会往往习惯上采用狭义的文化观，而在学界，特别是在学术研究上，广义的文化观被普遍采纳。

总体而言，文化是人类在特定环境中创造出来的物质成果和精神成果的总和，是一种包括人们的风俗习惯、行为规范以及各种意识形态的复杂系统。"文化是一个国家、一个民族的灵魂。文化兴国运兴，文化强民族强。"③就人类生活的不同领域以及由此形成的不同关系而言，文化又是一个由不同领域的文化现象（如政治文化、经济文化、宗教文化、生态文化等）共同构成的完整系统。

二、沙漠概说

从现象的沙漠进入理念的沙漠，沙漠概念也在经历着不同层面的思虑。沙漠并非全然蛮荒之地，它是一个有待重新认识的对象。在我国，"沙漠"一词自古有之，在文学典籍中，最早见于西汉名将李陵在漠北送别苏武时所作的杂言诗

---

① 黄淑婷等：《文化人类学理论方法研究》，广州高等教育出版社1998年版，第25页。
② 陈伯海：《中国文化之路》，上海文艺出版社1992年版，第6页。
③ 习近平：《决胜全面建成小康社会　夺取新时代中国特色社会主义伟大胜利——在中国共产党第十九次全国代表大会上的报告》，实践（思想理论版），2017年第11期。

《别歌》，所谓"径万里兮度沙漠，为君将兮奋匈奴"；三国时期著名文学家曹植，也曾在《白马篇》中写道"少小去乡邑，扬声沙漠垂"。从文学形象中的沙漠到地理界域范畴中的沙漠，沙漠也在经历着自身观念的形象转化。而在科学内涵上，沙漠泛指我国北部草原以北广阔的荒凉区域，既包括大片流沙覆盖区，也包括大面积的砾石覆盖区。

在科学范畴中关于沙漠一词的定义，目前有较多解释。从我国对沙漠一词的演变历史及其含义的现代解释看，沙漠的含义有广义和狭义之分。所谓广义的沙漠是指荒漠，包括岩漠、土漠、沙地和沙质草地等。所谓狭义的沙漠仅指被大片沙丘或风沙土覆盖的地区，属于荒漠的一种，又称沙质荒漠。

在英文中，沙漠和荒漠是同一单词"desert"。从地域看，荒漠是指在地球大陆北纬和南纬 15°~35° 的副热带及温带大陆内部区域。荒漠根据地貌形态与地表组成物质，又可以分为 5 种类型：石质荒漠（简称石漠）、沙质荒漠（简称沙漠）、砾质荒漠（简称砾漠、戈壁）、黏土荒漠（简称泥漠）和盐质荒漠（简称盐漠）。例如，人们通常所说的世界最大沙漠——撒哈拉沙漠，实际上是由戈壁、沙丘和风蚀劣地共同构成的荒漠，我国西部沙漠也是由沙丘、戈壁和风蚀雅丹地貌等共同组成的荒漠。在各种类型的荒漠中，沙质荒漠是最重要的一种，它不仅面积大、分布广，而且对人类的影响最为深远。

我国在对沙漠命名时，多用狭义沙漠的概念，即仅指被大片沙丘或风沙土覆盖的地区。严格意义上的沙漠，是指干旱地区（干燥度大于 4 或湿润指数小于 0.2）地表为大片沙物质覆盖，沙丘广布的自然地理单元。但由于半干旱草原地带（干燥度为 1.5~4 或湿润指数为 0.5~0.2）的沙地与沙漠有着相似的性质，习惯上也被泛称为沙漠，二者统称即所谓狭义的沙漠。

对于上述关于沙漠概念的界定，我国著名沙漠专家朱震达先生系统总结国内外相关研究内容，在《中国沙漠概论》一书中提出，"沙漠系指干旱地区地表为大片沙丘覆盖的沙质荒漠，也包括了沙漠化土地和半干旱地区的沙地"。全国科学技术名词审定委员会审定公布的沙漠概念包括两个定义：①沙漠是指流沙、沙丘覆盖的地区；②沙漠是地表干旱的产物，一般指年平均降水量小于 250mm，植被稀疏，地表径流少，风力作用明显，产生了独特的地貌形态，如各种沙丘、风蚀劣地等。

三、沙漠分布

沙漠作为干旱气候的产物，除南极洲外，在世界各大洲均有不同大小的分布，从狭义的沙漠概念讲，世界沙漠总面积约为 700 万平方千米（表 1-1）。据联合国防治荒漠化公约组织调研预测，到 2020 年，全球将有超过 5000 万人因居住地荒漠化而被迫迁徙。为防治荒漠化，联合国十分重视库布其的治沙实践。中国将在"'一带一路'防治荒漠化合作机制"框架下，增加项目投入，加大对非洲等国的资金支持力度，加强援外培训和研修，传授中国治沙经验，输出治沙技术，推动南南合作，助力 2030 年全球土地退化零增长目标的实现，"推动共建'一带一路'国际合作，为各国人民创造更多福祉，"① 为构建人类命运共同体贡献一份力量。

表 1-1　世界主要沙漠

名称	面积（万平方千米）	国家/位置
撒哈拉沙漠	180	北非
塔克拉玛干沙漠	32	中国新疆
辛普森沙漠	31	澳大利亚
塔尔沙漠	26	印度、巴基斯坦
奇瓦瓦沙漠	25	墨西哥
柯尔孜库姆沙漠	21	中亚
卡拉哈里沙漠	12	博茨瓦纳
大内夫得沙漠	7	阿拉伯半岛
莫哈维沙漠	6.5	美国
纳米比沙漠	5	纳米比亚

我国是世界上沙漠分布最多的国家之一，沙漠广袤千里，呈一条弧带状绵亘于西北、华北和东北的土地上，总面积约 70 万平方千米。在我国，荒漠化土地主要分布于北京、天津、河北、山西、内蒙古、辽宁、吉林、山东、河南、海南、四川、云南、西藏、陕西、甘肃、青海、宁夏、新疆 18 个省（自治区、直辖市）的 508 个县（旗、区）。其中，风蚀、水蚀和冻融荒漠化分别占荒漠化土地总面积的 69.82%、9.73% 和 13.86%，盐渍化土地面积占 6.59%。我国有 8 大沙漠、4 大沙地，分别是塔克拉玛干沙漠、古尔班通古特沙漠、柴达木盆地沙漠、库姆塔格沙漠、巴丹吉林沙漠、腾格里沙漠、乌兰布和沙漠、库布其沙漠，以及毛乌素沙地、科尔沁沙地、浑善达克沙地、呼伦贝尔沙地。截至 2014 年年底，我国荒漠化土地面积为 26115.93 万公顷，沙化土地面积为 17211.75 万公顷。与2009 年相比，5 年间荒漠化土地面积年均净减少 24.24 万公顷，沙化土地面积年均减少 19.80 万公顷（表 1-2、表 1-3）。总体上讲，我国荒漠化和沙化状况连续

---

① 习近平：《高质量共建"一带一路"》，人民日报，2019 年第 2 期。

三个监测期"双缩减"，呈现整体遏制、持续缩减、功能增强、效果明显的良好态势。

表1-2　中国主要沙漠沙地

分区	名称	地理位置
干旱荒漠地带的沙漠	塔克拉玛干沙漠	新疆塔里木盆地
	古尔班通古特沙漠	新疆准噶尔盆地中部
	巴丹吉林沙漠	内蒙古阿拉善高原西部
	腾格里沙漠	内蒙古阿拉善高原东南部
	柴达木沙漠	青海柴达木盆地
	库姆塔格沙漠	在新疆东部、甘肃西部，罗布泊以南，阿尔金山以北
	乌兰布和沙漠	内蒙古阿拉善高原东北部
	库布其沙漠	内蒙古鄂尔多斯高原北部、黄河河套平原以南
半干旱草原地带的沙地	毛乌素沙地	内蒙古鄂尔多斯中南部和陕西北部
	浑善达克沙地	内蒙古锡林郭勒草原南部
	科尔沁沙地	东北平原西部的西辽河中、下游地区
	呼伦贝尔沙地	内蒙古呼伦贝尔高原西南部

表1-3　中国次要沙漠沙地

名称	位置	名称	位置
布尔津-哈巴河-吉木乃沙漠	新疆额尔齐斯河下游	博克台沙漠	内蒙古狼山北部
塔克尔穆库尔沙漠	新疆伊犁	海里沙漠	内蒙古狼山北部
鄯善库木塔格沙漠	吐鲁番盆地	白音查干沙漠	内蒙古狼山北部
库木库里沙漠	东昆仑山库木库里盆地	河东沙地	宁夏黄河以东，鄂尔多斯高原西南部
河西走廊沙漠	甘肃河西走廊	乌珠穆沁沙地	内蒙古锡林郭勒高原北部西乌珠穆沁旗
亚玛雷克沙漠	内蒙古阿拉善高原东北部	松嫩沙地	东北平原松嫩平原的中西部

四、沙漠文化

　　沙漠文化是在沙漠这一独特的地理环境中形成的文化现象。古今中外，以文学的形式对沙漠的赞美不胜枚举，沙漠如同上天画下最美的曲线蜿蜒流转在地球上。"大漠孤烟直，长河落日圆"，唐代诗人王维用豪情壮志的语言为我们描述了如此壮观神秘又不失恬淡的沙漠景象，让我们领略到了沙漠的壮阔与浩渺。虽然沙漠曾一度被人们认为是"人类最强劲的敌人"，但是不可否认，沙漠也是文明发源的宝地和生态文化的宝库。

沙漠绝非纯粹贫瘠的荒地，它也以其特有的生物多样性、潜在的经济价值和丰富的文化内涵展现在人们面前。塔克拉玛干沙漠是中国最大的沙漠，也是世界第十大沙漠和第二大流动沙漠。塔克拉玛干沙漠表面荒凉、死寂，却埋藏着丰富的历史文化遗存。汉代开通丝绸之路后，丝绸之路南道途经塔克拉玛干的整个南缘。许多考古资料显示，沙漠中静默着许多曾经繁荣文明的遗存。塔克拉玛干沙漠南缘的绿洲，由昆仑山融化的雪水汇集成的尼雅河、克里雅河和田河、亚通古斯河、安道尔河、车尔陈河等水系流入塔克拉玛干沙漠后逐渐干涸，现在人类生存的绿洲区向北 100～200 千米分布着各个时代古代文化遗址、水系沿岸的古国及其交织出的千丝万缕的联系。这使它们和尼雅文明有着相似的命运，共同构成了人类社会的兴衰、迁徙、交往、争夺的复杂而悲壮的历史篇章。

如果放眼世界，沙漠像是大自然有意在各大古老文明间设置的屏障，既是隔离区，又是连接点。历史悠久的中国、印度、希腊、伊斯兰文明汇流在这里，体现出沙漠中斑斑点点的古遗址，像谜一样地显示着这种微妙的联系。各种文化曾在塔克拉玛干沙漠里交相辉映，不同民族的卓越创造留下了沙漠的历史文化。

如果说沙漠中蕴藏的巨大的太阳能和风能使创造新经济成为可能，沙漠文化的价值也足以让人叹为观止。在联合国环境规划署（UNEP）发布的《全球环境展望》报告中指出，沙漠孕育着丰富的生态系统，同时也是多种文化和生活方式的家园。目前，全球有近 5 亿人口居住在沙漠和沙漠的边缘，约占全球总人口的8%。全球 1/3 的干旱区处于荒漠化边缘，困扰着 100 多个国家的 9 亿多人口，荒漠化每年造成的经济损失高达 420 亿美元。全球大规模的荒漠化集中出现在非洲和亚洲，这两个地区人口占地球总人口的 74%。沙漠文化对全球的最大贡献之一是世界三大"经典宗教"——犹太教、基督教和伊斯兰教，这些宗教产生的影响远远超出了诞生地。沙漠具有巨大的价值，其物质价值有经济、旅游、科学等价值；精神价值有审美、启发、警世等价值，体现出沙漠的无穷效能。沙漠中的绿洲孕育出人类文明，也塑造出一种生命精神。胡杨是新疆最古老的树种之一，它主要分布在极度干旱的新疆塔克拉玛干大沙漠周围。胡杨树被维吾尔人称为"托克拉克"，意为"最美丽的树"。由于它能任凭沙暴肆虐、干旱和盐碱侵蚀，以及严寒和酷暑的打击而顽强地生存，又被人们称为"沙漠英雄树"。人们这样赞美胡杨：活着千年不死，死后千年不倒，倒下千年不朽，胡杨有铮铮铁骨、不屈的品质、顽强的性格，更有坚韧不拔的独特美感。

第二节　沙漠生态文化的内涵与缘起

随着人类社会应用科学技术力量的壮大，特别是不加节制的人类活动，导致土地沙漠化程度愈演愈烈。人类是沙漠化的制造者，也是沙漠化的受害者。沙漠化的背后是人类文化观念的错位。当人类从原始文明走向工业文明时，人类的生存法则转向以人类自我生存、自我发展为中心，人类在创造大量物质财富的同时，对自然资源进行掠夺性利用，不断加剧人与自然之间的对立和冲突，导致了环境退化和生态危机。而在解决生态危机的层面，生态思维成为融合人与沙漠相互关系的观念取向。在生态视角下，沙漠从未被排除在地球生态圈的系统之外，并具有独特的内在价值；在精神领域内，沙漠从来都不是毫无文化可言；在生态文化的视域中，沙漠生态文化不仅是切实存在的，而且具有自身的内涵与渊源。

一、沙漠生态文化的内涵

沙漠生态文化是面对沙漠的生态文化。生态文化的核心是生态价值观，而生态价值观体现为生态主义观念的集合，特别是在整体主义和弱的非人类中心主义指导下的环境哲学思想。生态文化正是在生态思维和生态价值观审视下的文化样态。所以，对沙漠生态文化的理解离不开对其观念的解析。

(一)生态文化的内涵

面临日益严峻的生态危机，随着生态学和物理学等学科的发展，人类开始从生态学的角度看世界，在对不同历史时期、不同地域环境的文化的审视、继承和发展基础上，逐步建立起将人与自然协同发展的价值观，生态文化正是立足于此种价值观而逐渐形成的。

所谓生态文化，按江泽慧的界定："是研究人与自然相互关系上的文化现象，致力于在精神、物质、制度、行为四个层面上，构建人与自然共生共荣的关系。生态文化是人与自然和谐共存、协同发展的文化。"[1]生态文化是人类在处理人与自然的相互关系中形成的一种文化现象，其核心和主旨是通过行为、制度、观念等层面的建设，来实现人与自然的和谐共存、协同发展。它既包括了人类在与自然界和谐相处时尊重自然，以自然作为存在性的目的，也包括了人作为复杂生态系统中的调控者，发挥人类的主观能动性、创造性，利用各种技术或者法律手段对大自然进行保护、修复、改造和优化。

---

[1]　江泽慧：《生态文明时代的主流文化——中国生态文化体系研究概论》，第六届中国生态文化高峰论坛特邀报告集，2013年6月，第3页。

在世界观和价值取向上，生态文化也有其自身的特点。首先，生态文化依循"以自然为中心"的原初理念，传承和发展了"天人合一，道法自然"的生存智慧，"仁爱万物，生生不息"的道德意识，"厚德载物，协和万邦"的道德情怀，"和谐共生，与天地参"的道德理想；其次，生态文化摒弃"人类中心主义"，倡导人与自然和谐相处，转变经济发展方式和生产生活方式，践行绿色、低碳、开放、循环发展，追求人类经济、社会的可持续发展；最后，生态文化具有内在和谐性，既坚持人与人、人与社会、人与自然的平等观，又注重代内平等和代际平等观，这种新的文化观要求树立崭新的生态意识，并把它上升为一种道德原则，与教育、科技和制度建设融合，弘扬人类建设生态文明的责任和行为准则。

就生态文化所涉及的是人与自然的相互关系而言，它是文化产生以来就有的内容，而就生态文化的核心在于实现人与自然的和谐共存、协同发展这一维度而言，它又是一种新的文化形态，或者说是文化的最新形态。当人类从原始文明走向工业文明时，人类的生存法则转向以人类自我生存为中心的文化思想，人类在创造大量的物质财富的同时，对自然资源的掠夺性利用，不断加剧人与自然的对立和冲突，导致了日益严重的生态危机和人类生存的困境，使生态环境问题成为当今时代一个重要的热点问题。也正因如此，人们开始反思人和自然的相互关系，发现原来的价值观是错误的，原来的行为方式也是错误的，实现人与自然的共生共存、和谐发展才是正确处理人与自然关系的方式和态度，由此提出新的价值观念和行为方式，以建立新的文化形式。生态文化就是这样一种新的文化形态。

总体而言，生态文化不同于人统治自然的文化，而是人与自然和谐相处、共生共荣的文化。它包括人类文化的物质层次、制度层次和精神层次等一系列新内容。生态文化，作为人类崭新生存方式和价值观念的结晶，既是人与自然和谐发展共存的文化，也是人类文化变革进入绿色发展的新阶段。

(二)沙漠生态文化的内涵

沙漠生态文化是生态文化的一种独特样态，是人类在处理人与沙漠的相互关系中所形成和创造出来的文化，是建立在沙漠生态系统基础上的文化。它具有与沙漠特有性质密不可分的特征。

与此同时，沙漠生态文化也是生态文化进入沙漠界域的表现，是立足于沙漠生态圈的器物、制度、精神与理念的聚合，其核心和主旨是通过行为、制度、观念等层面的建设，积极推进沙漠生态文化建设，是遏制环境危机、保护人类生存、优化沙漠生态的需要。沙漠是人与自然和谐的重要连接点之一，是经济社会可持续发展的外部环境条件。沙漠生态文化为生态文明建设合理面对沙漠的存在提供生态理性基础，增强人们善待沙漠的生态伦理责任，为生态文明建设包容沙漠的生态化提供强大的精神动力和智力支持。

二、沙漠生态文化的缘起

(一)反省与思考

20 世纪下半叶以来，工业化和现代化的大力推动，使人类改造和利用自然取得了一个又一个伟大胜利，但随之而来的是资源短缺、环境污染严重和生态破坏难以恢复等大自然对人类一次又一次的惩罚。生态危机已成为一个全球性的环境问题，它主要表现为对自然的破坏和资源衰竭以及生态环境的污染和恶化，如大气污染、水体污染、森林滥伐和植被减少、土壤侵蚀和沙漠化、垃圾泛滥、生物灭绝、能源短缺、酸雨污染、地球增温、臭氧层破坏等。日益严重的生态危机引发了人类对环境问题的空前关注，人们逐渐意识到人类生存、可持续发展面临严重挑战，于是被迫形成了一次次波澜起伏的环境保护运动，强烈地惊醒了尚处于沉睡中的人们，促使人类进行关于和谐生存、关于融合人与自然之关系的生态文化反省与思考，从而爆发了一场遍及全球的环保运动。在此过程中，有识之士也把眼光投向了曾经被忽视甚至被忘记的沙漠生态，呼吁沙漠并不是可有可无的存在，沙漠生态应该引起足够的重视。

2021 年 10 月 28 日，全国荒漠化防治标准化技术委员会成立大会在京召开。会议提出，"要深化荒漠化防治标准化国际交流合作，积极参与防治荒漠化国际标准制定。建立健全相关制度，加强荒漠化防治标委会及其秘书处的队伍建设。"而今，全球沙漠化治理初见成效，荒漠化的防范也积累了经验，现存不少可以利用的典型实践。国际上防治荒漠化的成功模式有 3 种类型：一是政府主导型，典型国家有美国、加拿大、德国和罗马尼亚；二是科技主导型，典型国家有以色列、阿拉伯联合酋长国和印度；三是产业主导型，典型国家有澳大利亚、埃及和伊朗。

政府主导型：荒漠化治理是宏观性问题，单靠某些个人、企业、组织不可能解决好。美国政府在防治荒漠化过程中充分发挥了主导作用，宏观上控制生产，对土地进行保护。联邦政府颁布一系列政策法令，各州也制定了具有可操作性的土地开发和荒漠治理法，如 1933 年的《麻梭浅滩和田纳西河流域管理法》、1961年的《地区再开发法》。这些法律不仅完善了美国的法律体系，更重要的是为美国西部开发和荒漠治理战略的顺利实施提供了有力的政策法规保障。同时，美国政府还成立了土壤保持局，鼓励各州实施土壤保护措施，并最终取得了比较理想的成效。

科技主导型：先进、适用的科学技术与荒漠化防治措施相结合，能够促进和加快防治速度，获得多方面的效益。有不少国家充分发挥了科学技术在荒漠化防治中的作用。以色列斯旦伯克荒漠研究所不仅研究与荒漠化直接有关的项目，还研究许多间接的项目，涉及太阳能与风能开发利用、污水处理与利用、荒漠建筑、城市降尘、地热及微咸水利用、节水与水资源管理、生物技术、设施农业等20多个专业领域。

产业主导型：在大多数国家，荒漠化防治不仅仅是为了改善生存与生态环境，而且为了发展生产，促进经济发展。澳大利亚充分利用荒漠化地区的资源，大力支持新能源、生态旅游、医用植物等开发利用，加快高新技术成果的转化应用，使荒漠化防治的过程成为新兴产业、特色产业发展和农牧民脱贫致富的有效途径，真正实现了三大效益的有机统一。

习近平指出，"土地荒漠化是影响人类生存和发展的全球重大生态问题。"中国政府历来高度重视防沙治沙工作，作为联合国防治荒漠化公约缔约国，认真编制实施《中国防治荒漠化国家行动方案》，努力推动公约进程。从中央到地方，从管理、生产到科研教学等单位，采取了综合措施，使土地沙化整体得到初步遏制，各地生产、生活条件得到改善。荒漠化和沙化面积持续减少，沙化逆转速度加快。全国荒漠化土地面积年均减少 2424 平方千米；沙化土地年均减少 1980 平方千米。林果业成为沙区经济发展的重要支柱和农民群众脱贫致富的拳头产业。

此外，一些中国的企业也加入拯救荒漠化的进程中。据互联网最新资讯（2018-02-04）显示，2016 年 8 月，支付宝推出了蚂蚁森林，在这款产品上，依靠步行、地铁出行、在线缴纳水电煤费等行为节省的碳排放量将被计算为虚拟的"能量"，用来在手机里养植一棵棵虚拟树。你还可以每天早起"偷能量"，虚拟树长成后，蚂蚁金服和公益合作伙伴就会在地球上种下一棵真树。

而支付宝种梭梭树的地方位于阿拉善，很多人也是通过蚂蚁森林才知道有这个地方，它是内蒙古自治区中面积最大的一个地区，占地面积 27 万平方千米，相当于 7.5 个台湾省，比我国省份面积排名第九的广西壮族自治区还要大 3 万多平方千米。不过，阿拉善大部分地方都是荒漠和戈壁，地理环境相对比较恶劣，所以阿拉善才会成为蚂蚁森林公益造林的第一站。

根据官方数据，截至 2017 年 8 月底，蚂蚁森林用户已经超过 2.3 亿人，在内蒙古阿拉善和鄂尔多斯、甘肃武威等地区种植及维护真树 1025 万棵，种植总面积超过 16 万亩①。

（二）思路的转换

人类对沙漠的认识并不会一步到位。人类处在对现实世界不断理解和改造的过程中，一直在不断地探索事物的本质属性，以期掌握其内在规律，达到全面而

———————
① 1 亩＝1/15 公顷。以下同。

深入地使人类社会与自然界和谐共生的目的，然而，与自然界存在的其他万事万物一样，沙漠也并非总是处在被人类充分掌控的状态。所以，一方面要摆脱彻底征服沙漠之观念与过度利用之作为，另一方面，又要达到对沙漠取之适度的目的，通常就应该充分发挥人类的主观能动性，有意识地利用我们已经积累的工具、方法、理论等，对于那些沙漠生态演化中已经普遍存在的问题加以解决；但当这一方式不能在优化沙漠生态的进程中很好地达到预期功效时，就要转换思路。这就需要在人类先前与沙漠共处的经验基础上对固有的思维模式进行改变，创造性地提出新的解决办法。

转换思路有着客观必然性。首先，转换源于矛盾，源于沙漠生态与人类活动之间的矛盾。辩证唯物主义告诉我们，矛盾是推动客观事物发展的动力，矛盾具有同一性和斗争性，二者相结合共同推动事物的转化。沙漠因人类生活与生产的"恶劣行径"给人类的生存设置了重重障碍，这是矛盾产生的根源。我们同沙漠之间存在着对立的一面，这是矛盾的斗争性。但是否所有的沙漠都要被改造成绿洲，这可能是个牵连整体生态圈的基本问题。人类同沙漠之间有进有退，人类试图以绿化的方式"向沙漠进军"来实现沙漠的转化，自觉或不自觉地以各种方式缩小沙漠的地盘，扩大人类群体的生存空间；另外，沙漠自身的生态圈又在不断地扩张，将"魔爪"伸向四方。于是，就出现了人类同沙漠开展一场无声的拉锯战的场景。例如，为了征服沙漠，抵御风沙和沙丘的攻击，人们开始在沙漠周边培植防护林，种植草坪。如果是在本来就可以生长树的沙化地上植树造林，这是值得宣传的，但若在只适合天然沙漠存在的生态系统条件下，抽取当地的地下水源来灌溉造林，其后果是将造成大范围的地下水漏斗，可能导致相邻地区的天然植被衰亡，最终将会扩大沙漠化面积。几千年来，人类在向沙漠进军的过程中，并非未曾取得过区域性的胜利，但是，整体而言，全球沙漠化的土地一直在逐年扩大，人类已被迫转入防御模式。征服思维的结果显而易见，两败俱伤的结局令人感伤。人类不得不转换思路，以和谐思维置换人类与沙漠的相处方式。但同时，沙漠本身也是一个矛盾的复合体，虽然它恶劣的气候条件对人类来说是个威胁，却也存在着巨大的利用价值，例如，沙漠中取之不尽、用之不竭的风能，强光日照以及高温、干旱等气象资源，都是人类可以利用的无价之宝。所以说，需要我们充分发挥主观能动性，不断地探索沙漠这些特征中对于资源开发与转换有利的因素，要能够化不利为有利，从而实现资源的可持续、高效率利用。

"横看成岭侧成峰，远近高低各不同。"单从漫无边际贫瘠的外表看，沙漠似乎是魔鬼，然而，换一种角度，变一种思路，沙漠就是可以与人类共生共存共荣的天使。毛乌素沙地经过治理成功变为绿洲的事例，便是沙漠治理思路转换的典型。

　　毛乌素，蒙古语意为"坏水"，地名起源于陕北靖边县海则滩乡毛乌素村。由于陕北长城沿线的风沙带与内蒙古鄂尔多斯(伊克昭盟)南部的沙地是连续分布在一起的，因而将鄂尔多斯高原东南部和陕北长城沿线的沙地统称为"毛乌素沙地"。毛乌素沙地是中国四大沙地之一，位于陕西省榆林地区和内蒙古自治区伊克昭盟之间，面积达 4.22 万平方千米。在清代中叶，榆林当地还是水草肥美、风光宜人的牧场。后来由于战乱、气候变迁和 20 世纪 50 年代以来的过度放牧，当地生态环境迅速恶化，就地起沙。沙漠的"治沙工人"采用的植树方法，将树的成活率提高至 60% 以上。不仅制止了沙漠的扩大化，也减少了至少上亿吨的黄沙。如今可以在网上不用出门就在沙漠中种植一棵树的案例，也让这片沙漠变得更加有生机。几十年来，国家和人民不懈努力，在陕北进行固沙工作，引水拉沙，发展灌溉，植树造林，改良土壤，改造沙漠，成效显著。通过各种改造措施，毛乌素沙区东南部面貌已发生变化，慢慢使沙漠变绿洲。

　　21 世纪初持续不懈的生态治理使毛乌素沙漠 600 多万亩流沙"止步"生绿。特别是历史上饱受风沙侵害的陕北榆林市，如今已建设成为"塞上绿洲"。静静的榆溪河流过繁华的市区，两岸杨柳葱郁；浩渺的红碱淖碧波荡漾，湖畔鸥鸟飞翔。陕西省加大了生态治理力度，全省森林覆盖率由 28.8% 提高到 31%。陕西省林业厅 2005 年 6 月公布的土地荒漠化和沙化监测结果显示，与 1999 年相比，陕西省荒漠化土地面积减少 189 万亩，沙化土地面积减少 30 万亩，极重度、重度荒漠化面积减少 1952 万余亩。10 年来，榆林市先后投资上千亿元用于改善城市生态环境和治理沙漠，人工造林 800 万亩，植被覆盖率达 30% 以上，全市生态环境得到明显改善。短短 10 年，榆林这座"沙漠之都"变成了"大漠绿洲"。沙漠变绿洲这一"不可能"，在中国人民的努力下变成了现实！

第三节　沙漠生态文化的特征及价值取向

　　沙漠生态文化涉及人与沙漠的关系。沙漠作为一种自然环境，有其自身的特点，因此，当我们有效转换思路，从生态与文化的正确方面重新审视沙漠，把沙漠与森林、草原、海洋等放在自然界的同等地位看待，领略沙漠生态的整体魅力，就会发现沙漠不仅可以在物质层面上有利于地球，而且在精神层面，沙漠生态文化所具有的丰厚的特征内涵与明确的价值取向同样可以造福人类。

一、沙漠生态文化的特征

(一)立足沙漠生态

首先，沙漠多分布于内陆盆地和高原。我国沙漠约有 75% 的面积分布在乌鞘岭和贺兰山以西的大陆腹地，而且绝大部分都在内陆巨大盆地中，如塔里木盆地中的塔克拉玛干沙漠，准噶尔盆地中的古尔班通古特沙漠；一部分分布在海拔1000米以上的内陆高原上，如海拔1200~1800米的阿拉善高原上的巴丹吉林沙漠和腾格尔沙漠。其次，沙漠的气候特点多是夏季高温、酷热、干燥；冬季干冷；春季风沙多，温差大。当地老百姓生活习惯中有这样的说法，"外出须带三件宝：水壶、风镜、大皮袄"，就是对这种气候特点简洁而生动的总结。最后，沙漠的地貌并不是一片茫茫无边、毫无变化的沙丘，还有多种多样、饶有趣味的风成地貌，即风力对地表物质的吹蚀、搬运和堆积所形成的各种地貌形态，比如，风蚀城堡、石窝和石蘑菇。

(二)放眼地球生态

沙漠并不单纯是一种自然地貌，也是地球上的一种独特生态圈，它与森林、草原、高山、海洋等生态圈共同构成了地球上的生态系统。只是，沙漠生态系统与其他生态系统相比更加脆弱，一旦遭受破坏就很难恢复，且不具有稳定性。因为一个由众多生物物种组成的复杂生态系统总是比一个只由少数几种物种组成的简单生态系统，更能承受人为的干预和自然灾变的打击，从而保持较好的稳定状态。沙漠的生存条件比较恶劣，能够适应在沙漠中生存的动植物也是很单一的，所以，它们对抗灾变的稳定性就比较弱。所以，沙漠脆弱的生态系统更需要我们去重视对沙漠的保护与合理利用。

(三)反思人造沙漠

原生沙漠是在地质时期自然形成的，我国的原生沙漠主要在第四纪更新世形成。例如，塔克拉玛干沙漠形成于中更新世到晚更新世(距今60万至1万年)。在进入历史时期(从距今1万年开始)以后，受人类活动的影响，在原先没有沙漠的地方，也出现了大面积的流沙堆积，称作"人造沙漠"。"人造沙漠"的概念是由原中国科学院副院长、著名的气象学家竺可桢提出来的，现在已被学界广泛采用。例如，我国的科尔沁沙地曾是水草肥美的大草原，被称作科尔沁草原，人类很早便在这里栖息生活，他们在这里留下了许多遗迹，著名的红山文化玉龙就是在科尔沁草原上发现的。然而，科尔沁草原最终演变为科尔沁沙地，主要是由人类活动造成的。人类在草原上过度开垦种植，过度放牧，又不注意草场的保护，使土地表层遭到破坏，造成地下粉沙出露，再经大风吹扬，四处扩散，形成了流沙堆积。通过对沙漠的考古研究，我们了解到当时的水文地理特征、古人的生活习性、文明遗迹，以及沙漠地区的生态变化、环境变迁、历史沿革，这些都是珍贵的文化成果。同时沙漠作为一种自然生态景观，可以进行适当的旅游开发；沙漠中充足的光能、热能和风能经过合理利用，可以成为新的能源资源，都具有生态经济价值。

(四)憧憬和谐共存

唐代著名边塞诗人岑参《白雪歌送武判官归京》诗中"瀚海阑干百丈冰，愁云惨淡万里凝"的"瀚海"就是中国古人对沙漠的美称。自古以来，人们认为沙漠是人类最顽强的敌人之一，每逢它耍起脾气来，狂风肆虐，黄沙漫天，天昏地暗。沙漠肆无忌惮地施展自己的"魔法"，毁灭人们赖以生存的家园，向人类频频发出挑战。面对沙漠的威胁，人类并没有选择沉默、屈服，而是用自己的毅力去改造沙漠、适应沙漠，甚至征服沙漠。纵观人类与沙漠斗争的历史，充满了英雄般的壮举，充满了艰辛与坎坷。然而，人类大多数治理沙漠的努力最终不是徒劳无功，就是愈治愈恶，"而生态环境衰退特别是严重的土地荒漠化则导致古代埃及、古代巴比伦衰落。"①诚然，人类敢于挑战自我、不畏艰难、顽强拼搏的进取精神无可厚非，然而，由于人类总是关注于如何运用先进的工具去战胜沙漠，而忽视了对于整个生态系统内在规律的认识与自身过度干预行为的深刻反省，从而导致尽管人类屡屡与沙漠抗争，但却没能征服沙漠。因此，在征服沙漠的宏图一个又一个破灭之后，一些有识之士终于清醒地意识到，人类根本不可能征服沙漠，与自然和谐相处才是真正明智的选择。既然兵戎相见不能解决问题，何不化干戈为玉帛呢？

二、沙漠生态文化的价值取向

取向，顾名思义，就是选择确定事物的某个部分或方面、方向的取舍态度。人的选择，包括对自然资源、生态系统和环境的保护或者破坏，都基于其价值取向。生态文化以人与自然、人与人、人与社会和谐共生，全面、可持续发展为宗旨，以生态和谐、顺应自然和人文关怀为核心理念，这也是沙漠生态文化的价值取向。

(一)生态和谐

这是我们建设生态文明社会的一个重大目标。虽然沙漠的存在及其扩大化对于人类是一个实实在在的威胁，但沙漠并非总是一副丑陋的、凶神恶煞的面孔，它也有美好的一面。沙漠气候、地理条件的独特，孕育了它独一无二的奇美景观，这同时为那些热爱旅游、探险的人们带来了巨大的精神享受和满足。我们完全可以在保护好原有生态环境的基础上，通过大力推动沙漠地区的旅游产业发展，实现生态效益、经济效益和社会效益相统一的目标，从而促进人与自然和谐发展。

---

① 习近平：《推动我国生态文明建设迈上新台阶》，资源与人居环境，2019年第3期。

（二）顺应自然

现如今，人类对于自然界的认识还远远不够，即使人类依靠最先进的科学思想，应用现今最发达的科学技术，对于地球生态系统的控制能力仍然非常有限。"大自然是包括人在内一切生物的摇篮，是人类赖以生存发展的基本条件。大自然孕育抚养了人类，人类应该以自然为根。"①然而，之前种种无度行为表明人类并没有意识到这一点，也没有预见到自身的某些行为会对自然造成永久性的伤害。常言道："天行有常，不为尧存，不为桀亡。"大自然有其自身的规律，人类处理与自然的矛盾、发挥自身的主观能动性时必须基于某种前提和条件。生态灾难的历史教训深刻地告诉我们，当我们的行为对于生态环境的破坏超出了自然承载的限度，那主宰命运的就不再是人类而是灾难了。所以，在我们尚未完全解析自然界的奥秘之前，应该本着一种对于现状充分尊重的态度，积极地寻求一种更好的解决途径，尊重自然、顺应自然，以更为和谐的方式处理我们人类与自然界的关系。

（三）人文关怀

自然界的资源、景观与生态为人文关怀提供了本然的存在。人文关怀是人类融入自然界后的人际关怀及仁爱行动。它以自然界的整体、和谐、稳定与美丽为前提。所以，作为个人，我们应该有这种大意识、大胸怀，放宽眼界，关乎自然之道，顺乎自然。随着敬畏自然的生态文化价值取向的确立，科学技术范式正在发生转变，已经显现出明显生态化的发展趋势，表明人类已从对自然的控制转向对自我行为的控制。但是，人类在充分尊重和珍爱自然的同时，也应该使自己获得发展。这就决定了我们在寻求与自然界和谐共处的过程中，决不能够忽视现实世界的人为因素，在处理同自然界的矛盾的过程中，应该有所为，有所不为。我们改造沙漠，并不是为了征服沙漠，而是为了人类能够在自然界中更好地生存与发展。

（四）节制有度

不是所有的沙漠都需要改造，也不是所有的沙漠都能够改造。沙漠本身是大自然形成的地貌景观和生态系统，我们在处理与沙漠的关系中要坚持科学、合理、适度的原则，不能违背自然规律，单纯以自己的意志为转移，异想天开、胆大妄为。历史上，那些急于求成，大量抽取地下水，试图将沙漠变为稻田、森林和草原的做法，虽然可能在一定时期取得区域性的成果，但长远来看，大都经不起时间的考验，最终导致行动的失败，造成地下水位急剧下降、沙漠植被枯死、

---

① 习近平：《共同构建人与自然生命共同体》，人民日报，2021年第2期。

流沙肆虐；而在地理位置适当、树种合宜和栽培方式科学的地方，真正出现了沙化土壤逐渐泥土化和新的绿洲生态，拓展了人类生存空间，改善了人居环境。同时，沙漠中丰富的石油、天然气资源并非取之不尽、用之不竭，我们在对沙漠进行开发开采的过程中必须坚持节制有度的原则，以沙漠整体的生态保护为先行的根本点。

第四节　沙漠生态文化的观念谱系

沙漠生态文化观念谱系的立足点表现为沙漠也是自然界的组成部分，人类既要尊重自然，也要尊重沙漠；人类既要善待自然，也要善待沙漠。从沙漠的自然地理环境中产生的沙漠生态文化，是一种独特的文化，其所包含的观念谱系是多元包容的，并在意识、观点与思想层面共同组成了沙漠生态文化的整体。

一、面向生态主义的文化观

在纷繁复杂的意识形态的天空，审视沙漠变迁的生态主义是一颗新星。安德鲁·杜伯森在《绿色政治思想》中描述："这样一些有思想的人——他们一直在致力于阐释人类是如何处理他们与地球（至少在可预见的将来，它是他们的唯一家园）的关系——努力将催生一种新的意识形态"[1]。杜伯森在阐述生态主义这种意识形态的特征时，把敬畏自然的道德诉求视为它的核心部分，但同时也强调，我们的星球在许多重要方面都是有限的，因此，人口数量的无限增长和物质生产的无限扩张是不可能的。根据杜伯森对生态主义的表述，生态主义的一个关键点就是，人类必须生活在地球极限的范围内。

自然保护必须包括沙漠保护。人类若要把所有的沙漠都改造成绿洲是不可能的，而沙漠化若要挤压与侵占人类固有的生存空间也是很困难的。1992 年在巴西里约热内卢举行联合国环境与发展大会，通过了《里约环境与发展宣言》《21 世纪议程》《气候变化框架公约》和《生物多样性公约》，标志着世界环境运动进入了一个新的阶段。与联合国的行动相呼应，各种民间的环境保护组织如绿色和平组织、海洋保护协会、动物基金会、地球优先组织、动物解放阵线等相继形成并壮大，为善待自然、保护环境积极工作并成为一股强大的社会力量。

沙漠生态危机的出现使人们开始重新认识沙漠和反思人与沙漠的关系。而生态全球化进程中环保运动的发展则进一步促进了生态主义思潮的兴起。生态主义（ecologism）就是在对生态危机反思的基础上伴随着现代环境运动的热潮而成熟

---

① ［英］布赖恩·巴克斯特：《生态主义导论》，曾建平译，重庆出版社 2007 年版，第 1 页。

的。因为现代环境运动"和其他许多社会运动一样，是在没有理论准备的情况下发生的。当运动扩展至一定规模并且力图继续推进时，为统一或协调目标、组织、行动，必定会提出理论上的要求。"①它成为 20 世纪 70 年代以后西方社会一种强有力的生态政治和环境哲学话语。生态主义在实践层面就是现代环境运动或生态主义运动，而在理论和意识形态层面则是应生态主义运动的需要而产生的，从一开始就担当着引导和总结运动的角色。本文所探讨的生态主义指的是理论和意识形态层面的生态主义。

生态主义思潮是在现实环境危机的逼迫下应运而生的。自产生之日起，它就承载着转变人们面对自然的思想观念、价值观念和行为方式的使命。虽未明论，理却适之，生态主义思想对人类社会的最大贡献就在于，它为我们提供了一种新的看待沙漠以及自然界更加整体性的方法和原则。在当下多元文化异彩纷呈的大背景下，生态主义文化观可以说是一种颇有忧患意识的文化观，同时它也兼具包容和超越狭隘的品格。它倡导平等，反对霸权；提倡对话，反对封闭；高扬和谐，反对冲突。著名生态学者雷切尔·卡森就主张，人们应该用"生态整体观"来看待地球上的生态系统。这种生态整体主义同样也适用于人类文化生态系统。具体地说，就是应将世界上各种同质或异质的文化看作地位平等的文化生态系统中的不同成员。然而，在对生态主义文化进行的研究进一步走向深入的时候，有专家和学者注意到，单纯的理论研究枯燥乏味，晦涩难懂的专业术语也使这种具有普适性价值的方法论被束之高阁，其理论意义和实践价值因而也难以实现。在这种情况下，生态主义文化观与对沙漠价值的研究相结合就扭转了其脱离社会现实的倾向。

二、人类中心主义的反思

沙漠文化中的一个核心问题即沙漠是否具有内在价值。沙漠价值通常分为两类，一类是工具价值，指沙漠对人的有用性；另一类是内在价值，指沙漠及其存在物本身所固有的价值。

对沙漠价值问题，传统环境哲学很少涉及。沙漠对于人类的价值，在于沙漠对于人类的有用性。"人们所理解的价值，是基于这一物种利益的"②。在古代社会，人们认为沙漠对于人类是无用的，它就像恶魔一样，只会给人们带来灾难，是人类需要消灭的敌人。工业社会时期，沙漠中丰富的石油、天然气等自然资源被人们开采，自此人们开始转变观念，沙漠并不像想象中的那样无用。但是这时人类所认为的沙漠价值仅仅是一种工具性的价值。但随着生态破坏和生态伦理学

① 赵敦华：《哲学门》第四卷，湖北教育出版社 2003 年版，第 167 页。
② 苏祖荣等：《森林与文化》，中国林业出版社 2012 年版，第 61 页。

的兴起，这种观念同样受到了挑战。人们发现，沙漠的价值，远不是我们想象的那样，只有工具价值，而是表现出多样性的价值形态。

对于沙漠具有工具价值，其看法是一致的，但在对沙漠及其存在物是否具有内在价值上则看法各异。人类中心主义认为，只有人类才具有内在价值，并且这种内在价值是一切外在价值或工具价值的源泉。在人类中心主义者那里，价值是人的一种意志行为，只有人类征服自然界的进程，把自己的意志强加在自然之上。人可以在自然界存在的各种可能性中进行选择，让自然按照可能有利于人类自身的方向发展。人筹划了一切，实施了一切。所谓内在价值，即人的实践能力以及对这种能力的自我肯定。

与人类中心主义相反，非人类中心主义认为，价值是内在于自然本身的东西，那种对人而言的价值只不过是实用主义的工具价值。非人类中心主义试图论证非人类的自然存在物具有内在价值。奈斯认为，地球上非生命的良好存在本身就是价值，这种价值是独立于有限的人类目的的工具有用性之外的。总之，沙漠的内在价值是沙漠本身所固有的，是客观的。

沙漠是地球生命系统中固有的组成部分。早在我们人类还没有在地球上出现以前，地球就创造了生命，形成了完整的生物圈，这是地球母体创造出来的极其伟大的自然价值。这种生命支撑系统和生命多样性的价值，对于当今处于生态危机反思中的人类具有很大的启发意义。它告诉我们，地球生物圈具有不依赖于人类存在和评价的固有价值。正像西方环境伦理学代表人物罗尔斯顿所说："这个可贵的世界，这个人类能够评价的世界，不是没有价值；正相反，是它产生了价值——在我们所能想象到的事物中，没有什么比它更接近终极存在。"[①]

工业文明时期，人类对自然进行了开发利用，那时的主导思想是"人定胜天"的人类中心主义的思想。人类中心主义的思想主要有两种：一是墨迪的人类中心主义，这种观点认为人类中心是理所当然的，其文化特性使其能够认识到对自然的间接责任以及所依赖的自然内在价值，相信人类的潜力和生态道德的优越性。二是诺顿强化的人类中心主义和弱化的人类中心主义。这种观点认为基于感性意愿是强化的人类中心主义特征，而基于理性意愿则是弱化的人类中心主义标志。它反对征服自然的强化的人类中心主义，倡导弱化的人类中心主义，其理由在于，弱化的人类中心主义能建立起对感性意愿过滤的评价体系，能够选择某种世界观或某种哲学观念，并创造一种相应的价值判断作为评价的基础。无论是墨迪人类中心主义的观念，还是诺顿强化的人类中心主义和弱化的人类中心主义，它们都在我国沙漠实践层面得以体现。

---

① 钱俊生等：《生态哲学》，中共中央党校出版社 2004 年版，第 235 页。

一方面，暴涨的人口对粮食的需求与日俱增，给土地造成的压力越来越大；另一方面，人类在沙漠上过度活动，沙漠化现象日益严重。据联合国不完全统计，当前沙漠化是一个全球性现象，影响着地球表面三分之一的土地和超过 100 个国家的 10 多亿居民的生活。全世界每年有 600 万公顷具有生产能力的土地变成沙漠，平均每分钟有 10 公顷良田变为沙漠。全世界 35% 以上的沙地面积正处于沙漠化的威胁之中，并将沦为无用或近于无用状态，由此每年损失的农牧业产量价值达 260 亿美元。从 19 世纪至今，全世界荒漠和干旱区的土地面积已由 11 亿公顷增加到 26 亿公顷。这些问题的发生都缘起于近现代文化的世界观和价值取向，近现代文化的主体在看待人类与自然界的关系上是一种人本主义文化，它注重人自身的价值，将自然万物看作主体认识思维的对象，看作相对于人的客体，强调人的价值，并将人看作价值的源泉，其文化价值取向具有主体性特征。但正是这种主体性特征，人类走到极端便发展为个人主义。人类的自私和贪婪对自然界造成了大量的破坏：资源耗竭、环境污染、生态失衡。众多古代文明衰落的警示就在眼前。

人类中心论的立场无论是强化的还是弱化的，其共性就是只考虑人类单一变量，或者说用人类作为唯一尺度来权衡人与沙漠的关系并决定对森林的态度。显然，它具有一定的局限性。因为沙漠生态系统是地球生态系统的一部分，沙漠被破坏必然影响地球的完整和美丽，人类中心主义思想的弊端也逐渐暴露。

沙漠生态危机的出现，使公众开始关注由于人们追求经济增长而造成的沙漠中植物、动物物种加速灭绝现象。一些生态主义哲学家对无视沙漠内在价值和生态环境恶化的境况提出了伦理质疑，倡导走出人类中心主义，建立非人类中心主义。非人类中心主义是针对传统人类中心主义理论提出的一种解救生态环境危机的新伦理学体系，包括动物权利论、大地伦理学、深生态学、生物区域主义、生态女性主义等，说到底就是一种生物中心主义、生态中心主义。总之，非人类中心主义生态伦理学关心的重点不仅仅是人，而是整个自然界。

三、深生态学理念中的沙漠伦理

深生态学的兴起是当代环境运动的一个重要理论进展。其思想不仅体现着现代生态观的纵深发展，而且反映了人与自然关系认知的哲学范式的根本转换，更形成了后现代生态世界观的重要前提，进而从根本上改变了现行的人类环境价值取向和实践模式。"深生态学"由挪威著名哲学家、生态学家阿伦·奈斯（Arne Naess）于 1972 年 9 月在布加勒斯特召开的第三届"世界未来研究大会"上首次提出，现已发展成为一种富有影响的环境伦理学理论。深生态学主张一种生态整体主义思想，追求"自我实现"与"生态中心主义平等"的最高准则，把人与自然协调的价值观作为人类未来的价值方向。深生态学反对近代以来盛行的主客二分的科学主义范式，认为正是主客二分的笛卡尔范式导致了科学"对生态整体的每一个想象的破坏"，致力于机械论世界观向整体主义生态世界观的转变，倡导整体论的生态学范式，主张只有以生态学范式全面取代笛卡尔范式，人类才能够充当大自然"最敏感的神经"，才能实现人和自然的真正的高度的自觉，从而真正确立人在自然中的应有地位。

土地沙漠化带来的生态危机问题，除了自然不可控因素外，主要是人类的过度活动，在过去的几十年里对沙漠采取的态度是坚持主客二分的机械世界观，造成了人们认识上的误区。运用深生态学的理论对沙漠进行改善、治理是当前的重中之重，既要充分认识自然内在的价值，也要充分认识沙漠生态系统具有自我修复能力。从生态学的角度看，土地自然恢复，其植被和生物多样性要优于人工造林。当前大部分地区仍只能以荒地荒山存在，关键是要禁止随意对地表表层和边坡的破坏。生态学的原生演替、次生演替和顶极群落理论就充分说明了这一点。

习近平强调，"荒漠化是全球共同面临的严峻挑战。荒漠化防治是人类功在当代、利在千秋的伟大事业。"我们人类不能坐以待毙，要充分提高沙区人民治理沙漠的积极性，坚持防治并重，治用结合，坚持生物治理与工程治理相结合，科学技术研究与群众的广泛实践治理相结合，长远利益与当前利益相结合的原则，遵循自然生态系统整体主义的世界观和价值取向，协调好人与沙漠之间的关系，达到人—社会—自然的良性循环和发展。

总之，人类征服沙漠的想法，源自人类中心主义认识论，忽视了自然规律及人与自然相互依存的关系，将人与沙漠二者置于对立面，失去了解自然界生态系统整体运行过程的明智，甚至不能掌握人类自身的规律。反省人类对沙漠工具价值的滥用所造成的生态危机恶果，我们应从根本上把自然的内在价值和工具价值有机结合，实现沙漠这个自然生态系统的优化。

四、捍卫生态文明的地球整体系统观

在人类文明的源头，我们看到这样一番情景：那里曾经有着茂密的森林，碧绿的草地，富饶的田畴，宜人的环境，遍地流淌着牛奶和蜂蜜。尼罗河，曾经哺育了一个辉煌灿烂的古文明——埃及文明；与埃及文明互相辉映的美索不达米亚文明，共同开启了人类文明的曙光；印度文明创造了宗教，这块土地上曾涌现出六十余种大大小小的宗教，其中最有生命力的当推佛教。

沙漠在始终表现出它的整体价值，包括地理价值、生态价值等，但当大部分沙漠地区仍然处于原初状态的古代，人类对大自然的态度还是"敬畏自然"。在中国古代道家、儒家的生态哲学思想中，道家主张"以道观之"，肯定人与万物

的平等价值，它是一种有机生成论的世界观，道生万物、道法自然是其基本观念，天人关系是人道论关注的主要内容。天人关系是世界观的重要方面，儒家主要从"天命之谓性""继善成性"的角度阐发天人关系。儒家注重从天人之际考察人的地位和价值，因此，人的价值是儒家生态价值观的重要内容。总之，在人类文明的初期，人与自然的关系还是内在和谐、共生共存的。

当人类认识到如若任性地向大自然索取必将带来严重的生态问题，付出惨重的代价时，科学家、生态学家、哲学家等便提出我们要过渡到下一个文明时期——生态文明。生态文化的地球整体系统观应运而生，一方面，由于近现代物质文化世界观、人类中心主义世界观的局限，已成为现代生态环境危机和人类生存困境的意识根源，这在客观上要求人们重新认识人与自然的关系，探讨新的生态文化世界观和价值取向；另一方面，生态学、复杂性科学等学科的发展也为生态文化的世界观和价值取向提供了较好的科学基础。沙漠化的治理也被提上日程，从人与自然关系的协调发展出发，对沙漠里的植被、生物、动物等进行了综合治理，不断协调好各生态系统要素之间的关系，树立起只有一个地球的整体系统观，并取得了一定的成效。

五、生态公民的沙漠生态文化

生态公民也可称为绿色公民或环境友好公民，是指公民的各种活动以环境承载力为基础，以遵循自然规律为准则，采取各种措施保护或者维护生态环境。生态公民这一概念表达了一种与环境友好型社会相处的发展模式。生态公民能够将实现人与环境的和谐作为其核心理念与基本目标，依法享有生态环境权利和承担生态环境义务，其中也表现为具有参与生态环境公共管理事务并担任公职资格的责任。

现代公民在沙漠生态治理中的地位与作用越发重要，在尊重自然理念的配合下，呼唤着生态公民的养成。同时，这也是生态文明视野下解决生态环境问题的根本出路。培养生态公民的最终目的就是要通过公民自觉的环保行为，减少对自然环境的破坏，实现人与自然的和谐。生态公民在沙漠生态文明建设中具有主体性作用。"'取之有度，用之有节'，是生态文明的真谛。"在生态文明时代，科学技术已经不再是人类征服自然的工具，而是以亲近自然的科技保护生态环境，使人类借以实现人与大自然和谐相处、协调发展的重要工具。

由于西北强沙尘暴源头的内蒙古阿拉善盟和甘肃省民勤县境内生态环境持续恶化，当地一些农牧民失去生产生活的良好环境，被迫搬迁，成为生态"难民"。据国家林业部门统计数据显示，北部青土湖区成了沙漠大举南侵绿洲的通道，流沙年均推进 8~10 米，近 10 年来外流人口达 3.2 万人，有的村庄只剩下零星几家，44 万亩农田一半以上因缺水和沙害弃耕。生存在沙漠地区的人们逐步变为生态"难民"，这不禁让人类思考沙漠化的治理和改善将走向何方？

首先，沙漠化的治理需要突出以人为本的综合治理，贯之完善人—社会—沙漠复杂生态系统。一是在生态脆弱的风沙区要千方百计改变当地农牧民的生产生活方式，使他们由生态破坏者变成生态建设者。二是国家要增加对沙漠地区的生态补偿金，以解决当地民间投资不足，生态者建设贫困的问题。三是对林牧矛盾突出的林区适当实施生态移民工程，拓宽生态脆弱地区农牧民的生活空间，改善他们的生活，以减少植被压力，以防出现生态难民。四是在西北风沙区要搞好生态建设科学规划，建立市场机制，依靠产业拉动。

其次，沙漠化的治理要协调好生态公民与沙漠之间的关系。生态公民要树立生态文化的价值观，并以人与自然的协调发展为价值取向，从道德伦理的角度考虑人在沙漠生态系统中的地位和应尽的责任，把生态公民作为协调各要素关系的调控者，转变生态思维，树立生态价值观和整体系统观；改变生活方式，减少对沙漠的过度放牧和过度活动；改变生产方式，在利用沙漠的工具价值的同时注重内在价值的和谐；不一味地追捧经济的增长和满足消费的欲求；在幸福观上，要求超越将幸福等同于物质消费的观念，追求人自身的全面发展，重视人与人、人与自然的协调发展。

第二章

沙漠与人类的历史及文明

　　沙漠是一个独特的地质与地貌形态，是地球上最干旱、最炎热的地方，宛若生命的禁区。但是，沙漠又是一个高度自适应的自然生态系统。她悄然地繁衍着众多物种及生命，为人类提供了独特的生存空间和丰富的生存资源，与人类历史及文明的兴盛衰亡息息相关，因此在这个意义上，也可以说，沙漠是人类历史的发祥地与精神文化的家园。

第一节　沙漠与人类的历史

　　沙漠自然生态系统与人类的历史源远流长，她孕育并保藏了人类创造的丰富而辉煌的历史及文明。

一、人类沙漠文明的历史渊源

(一)沙漠与人类生活家园

　　沙漠自然生态系统作为人类生活家园的历史，悠远绵长。人类早在远古时代就已在沙漠里活动，留下了不计其数的遗存。考古发现，在中国新疆塔里木盆地，在距今 60 万年至 10 万年的旧石器时代，就有了人类活动，掀开了人类在沙漠繁衍生息的历史篇章。在阿拉伯沙漠里，挖掘出众多旧石器时代和新石器时代的遗存。位于南美洲智利境内的阿塔卡马沙漠，1 万多年前就成为阿塔卡马先民的家园。在非洲西海岸的纳米比亚沙漠里，群居的猎人布须曼民族忍受着酷暑、干旱和荒凉，已经生活了 2 万多年。在澳大利亚沙漠中，世世代代的土著人已经生活长达 4 万年之久。据统计，目前全球大约有将近 5 亿多的人口居住在沙漠和沙漠边缘，占世界总人口的8%①。沙漠家园繁衍、哺育着人类。

　　沙漠自然生态系统造就了人类多种多样的生产生活方式。几乎人类所有传统的生产方式和生活形态——渔猎采集、逐草游牧、定居畜牧和聚居农耕以及商贸交易等，都可以在沙漠里寻找到遗存踪迹。当今，随着人类对沙漠开发利用及各种干预的逐渐广泛与深入，这些生活方式正在迅速地发生改变，一些传统的在转变，或衰弱或消失，同时一些新的则在萌生和发展。逐水草而居的游牧方式，变成了定居放牧；或者过去聚居的猎人和牧场主，转为从事沙漠旅游的商人，等等。

专栏 2-1：世界著名沙漠——亚洲沙漠

　　1. 卡拉库姆沙漠：位于里海东岸的土库曼斯坦境内，阿姆河以西，面积35万平方千米。沙漠中广布沙垄，还有盐沼地、龟裂地和新月形沙丘等。在突厥语中，"卡拉库姆"是"黑沙漠"的意思。沙漠有丰富的天然气、石油、硫磺矿藏。

　　2. 塔尔沙漠：也叫印度大沙漠，位于南亚地区西北部，大部分属于印度拉贾斯坦邦，面积59万平方千米，主要为沙质荒漠，是亚洲第三大沙漠。沙漠中广布沙垄、盐沼地、龟裂地，除此之外还遗存有很多历史悠久的古城堡、王陵和庙宇，而且至今保存完好。

　　3. 克齐尔库姆沙漠：亦称克孜勒库姆沙漠、克孜尔库姆沙漠，位于锡尔河与中亚阿姆河之间的河间地，包括部分土库曼斯坦、乌兹别克斯坦和哈萨克斯坦，总面积约29.8万平方千米。克齐尔库姆沙漠呈现出一片红色，这是因为沙漠主要由沉积红壤的残余物质和崩裂的岩屑构成，沙漠因此而得名。在突厥语中，"克齐尔库姆"的意思是红色的沙子。

　　4. 内盖夫沙漠：横亘于以色列的南方，几乎占据了以色列国土面积的一半以上，面积1.2万平方千米。内盖夫沙漠虽然终年少雨，但并非只是满眼的沙丘和黄沙。在沙漠中能看到大片的绿色，骆驼草、仙人掌屡见不鲜，此外还有点缀在沙漠中的大量历史遗迹、现代化农场和城市，是个充满勃勃生机的沙漠，也是著名的沙漠旅游胜地。

　　5. 约旦沙漠：位于阿拉伯半岛西北部，被伊拉克、沙特阿拉伯、以色列、巴勒斯坦等国包围，占据了约旦80%的土地。沙漠里遗存有大量的沙漠堡垒、沙漠宫殿，这里还是犹太教、基督教和伊斯兰教的发源地，也是孕育人类文明的摇篮。

---

① 邵雪民：《沙漠：一个独特的生态系统》，中国发展，2007年第7卷第1期。

> 6. 阿拉伯沙漠：位于埃及东部、红海、苏伊士运河、尼罗河谷地之间，又称东部沙漠，沙漠大部分位于沙特阿拉伯境内，面积233万平方千米。沙漠中有磷灰石、铁、石油等矿产资源，还有种类繁多的动植物。此外，阿拉伯沙漠是世界上最神秘的沙漠之一，因为这里不仅有变化多端的沙地沙丘、经常出现的海市蜃楼，还有最神秘而古老的游牧民族——贝都因人。
>
> 7. 叙利亚沙漠：分布于沙特阿拉伯北部、伊拉克西部、叙利亚南部与约旦东部，面积约32.4万平方千米。叙利亚沙漠是神秘远古都市的聚集地，都市的年代可追溯到新石器时代或铜器时代，即1万年前至6000年前，比埃及金字塔还久远。

（二）沙漠与人类生命情感

沙漠赋予人类生命和智慧，人类对沙漠饱含着真挚的情感。她如母亲一般孕育繁衍了人类，并且拯救与保护了一些逃亡部落及民族的血脉。她是充满爱和温馨的家园，是安全的港湾。

千万年沙漠家园的生活，使人类认识、了解了沙漠，并爱上了她那独特的自然美和生态美，更使人类学会了如何在沙漠中巧妙地生存，如何智慧地适应沙漠、利用沙漠，与沙漠长久和谐友好地相处。沙漠生态系统不仅是人类生命的摇篮，更是人类精神文化的家园。她影响着人类生活的习惯，塑造着人类的品格、审美情趣，涵养着人类的文明创造。人类依赖着沙漠，而沙漠也离不开人类，正是因为有了人类的涉足和欣赏，沙漠这一特殊的生态空间才被认识和利用，才彰显、焕发出独特的魅力与价值。

二、人类沙漠文明的历史遗存

人类沙漠文明的历史遗存主要指古代人类在沙漠的生产和生活中，曾经制造、建造及使用后，保留（或被后世保存）下来的各种形态及类型的遗物、遗址及遗迹等。其多为物态文化形式，是沙漠这一特殊生态系统孕育及保留下来的，是人类沙漠历史及文明的珍贵见证。

（一）人类沙漠文明及历史遗存的种类

根据考古发现，在今天地球上的很多沙漠戈壁里，很早就有人类的活动，因此遗留下丰富的历史文化痕迹。这些遗存有些依然留存显露于沙漠地表，而有些则已经被深深地掩埋在大漠地下。迄今为止，考古学家、旅行家和探险家们已经发现、挖掘以及探测出众多璀璨的沙漠历史文化遗存。人类沙漠文明涉及政治、军事、农牧经济生产、商贸交往、宗教信仰、文化艺术等诸多方面，所以其遗存的形态也多种多样。一般来说，若从建制上划分，沙漠遗存主要包括古部落与村落遗存、古城与古国遗存等；若从内容上划分，沙漠遗存主要有生产遗存、军事遗存、运输及交通与交往遗存、宗教遗存、艺术遗存、墓葬遗存等类型；若从外在的形态上划分，沙漠遗存又分为建筑遗存、器物遗存、植物及农作物残体及其颗粒遗存、动物及牲畜骸骨遗存、人体遗骨及木乃伊遗存等。

1. 古部落或村落遗存

古部落或村落遗存是指，在一些沙漠地区，沙漠民族以部落或村落形式群居生活的遗迹、遗址，其历史时期不一而同。至今保存得比较完整的村落遗址是阿塔卡马沙漠的圣彼得罗村落遗址。遗址处仍留存着古印第安人居住的房舍、建造的防御工事、行政中心和古道等。在我国新疆塔克拉玛干沙漠周围以及甘肃河西走廊沙漠，均有众多废弃或被沙漠掩埋的村舍遗存，如民勤沙井子村等。

2. 古城(堡)及古国遗存

古城(堡)及古国遗存是指古代沙漠城市和沙漠王国的遗迹或遗址。其在美洲、非洲沙漠里不胜枚举，而在亚洲沙漠尤为众多。诸如最富传奇色彩的撒马尔罕古城、最为壮观的梅兰加尔古堡和被列入联合国世界文化遗产名册的阿伏达特古城等。

在中国沙漠中，古城(堡)及古国遗存更是比比皆是。在新疆境内，有家喻户晓的楼兰国遗址、世界上保存最完整的夯土城市交河故城(被誉为"完美的废墟")遗址等。在内蒙古境内，有阿拉善高原上的巴丹吉林沙漠里残存的古居延城、黑水城等遗迹；鄂尔多斯高原东南边缘毛乌素沙地残存的沙漠古都——统万城遗址等。

3. 生产遗存

生产遗存包括屯田、灌溉、人工种植的林木以及劳动工具等遗存，其在一定程度上反映出当时的生态环境。生产遗存中多见的是屯田和灌溉遗迹。在我国塔克拉玛干沙漠中的河流及绿洲、河西走廊沙漠、河套平原周围的沙漠，以及浑善达克沙地中，都有大量屯田的遗址。在灌溉遗存中最富盛誉的当数"地下运河"坎儿井，它与万里长城、京杭大运河并称为中国古代三大工程，而且至今仍在沙漠绿洲地区的生产和生活中发挥着重大作用。在阿拉伯沙漠中，在海拔几千米陡峻起伏的山腰间，至今流淌着一条蜿蜒 50 多千米的引水沟槽。它是 2000 多年前，智慧勤劳的阿拉伯先民挖掘的。它把渗入地下积聚了 3 万多年的雨水引到地上，并源源不断地输送到阿拉伯半岛腹地，浇灌出一片绿树浓荫、鸟语花香的绿洲。

4. 军事遗存

军事遗存包括军事要塞、烽火台、戍楼碉堡、长城、古战场及兵器等遗迹遗物。这在我国西北大漠里遗存众多，最著名的莫过于万里长城及其沿线的要塞城堡，诸如嘉峪关、玉门关等。此外，在新疆的库车县遗存有克孜尔尕哈烽燧，在塔克拉玛干大沙漠西部墨玉县的麻扎塔格山上，遗存有古代哨卡戍堡，至今还依稀可辨外城、堡楼、烽燧以及用来休息和储存物品的洞厅等。在以色列内盖夫沙漠的古城中，还残留着兵营等遗址。

5. 运输与交通及交往遗存

运输与交通及交往遗存是指，为了运输、交通与交往而修建的陆路、水路等道路的遗址、遗迹，如举世闻名的丝绸之路等。丝绸之路是一条贯通东西方经济、商贸、文化交往之路，在我国境内主要遗存于塔克拉玛干沙漠的南北边缘。"秦直道"也是一条著名的运输交通遗存，由秦始皇下令修建，纵贯南北，沟通边陲中原，今部分残存于内蒙古的库布其沙漠中。

在撒哈拉沙漠里，几百年前，人们为了商贸交往和朝圣，就已经开辟出了交通道路。今天绵延长达 4000 千米、纵贯沙漠的现代化公路，就是沿循并延伸古代骆驼商队的旧路线修建的。苏伊士运河是沙漠中少有的水路运输、交通与交往的遗存。运河穿过撒哈拉沙漠，从远处望去，运河上的一艘艘大船，好像航行在茫茫的大漠上。位于埃及的苏伊士运河是今天世界上使用频率最高的人工运河①。

6. 宗教遗存

宗教遗存即寺庙道观、教堂、塔阁、洞窟、祭坛(台)、祭祀场址等宗教建筑遗迹与遗址，以及宗教用具用品等遗物。丝绸之路上留存下了众多佛教寺庙与石窟，诸如乌兹别克斯坦共和国境内的法耶兹特佩寺院、卡拉特佩佛寺、比比哈努姆修道院等遗址。在我国著名的有敦煌莫高窟、克孜尔千佛洞窟、苏巴什佛寺、苏敏吉林庙等。另外，在科尔沁沙地还发掘出土了红山文化时期的祭祀址、女神庙、积石冢等，以及祭祀用的玉雕猪首龙等宗教用具。

7. 艺术遗存

艺术遗存即创作的艺术品遗存，诸如岩(壁)画、石刻、木雕等遗物、遗迹，以及建造的石窟、艺术娱乐场(馆)等遗址。目前，在全世界的沙漠中，均发现有艺术遗存，数量众多，绚丽多姿，表现出很高的艺术水平。

古老的岩(壁)画是沙漠艺术遗存中最多见且使人惊赞不已的。

诸如撒哈拉沙漠腹地塔西利台和恩阿哲尔高原史前岩画群、美国大盆地史前人类壁画、中国敦煌莫高窟壁画以及贺兰山岩画等。壁画不仅内容丰富，人物与动植物栩栩如生，而且真实地描绘出当时人类生活的情景以及自然生态的状况

---

① [德]哈尔勒德·朗哥文、曼弗雷德·托佛图：《狂野沙漠》，陈华实译，湖北教育出版社 2013 年版，第 44 页。

等，极其珍贵。

8. 墓葬遗存

墓葬遗存包括墓地遗址及其丧葬形制、形态的遗迹，以及所遗存的器具、人体遗骨、动植物残体及颗粒与牲畜骸骨等。世界最著名的沙漠墓葬遗存是古代埃及历代国王的陵墓金字塔，其大大小小有 80 多座，散落在尼罗河下游西岸。著名的有胡夫金字塔、哈夫拉金字塔、孟考夫拉金字塔等。

在我国新疆的沙漠里，分布着很多墓地遗存，有举世瞩目的小河墓地等。在该墓地挖掘出很多干尸木尸、麻毡衣物、草编小篓、麦粒等遗物，这对于了解、研究当时的生态环境和人们的生活，具有重要的科学价值。

9. 建筑遗存

建筑遗存是指各种建筑物的遗迹、遗址，包括人们为了生活、生产、军事、交通运输、宗教及艺术等所有活动而建造的建筑物，诸如屋舍宫殿、亭台楼阁、排水及灌溉系统（水渠、运河等）、道路、城堡城墙、戍楼关塞、长城、寺庙石窟、陵墓等。比如，楼兰古城中政府大厅、宫殿废墟、平民住房等遗迹，尼雅遗址群中房屋和畜圈遗迹等。

10. 器具及物品遗存

器具及物品遗存，即制造和使用的各种器具和物品的残留，具体包括生活、生产、军事、商贸、宗教、交往、娱乐及艺术等用品用具。迄今为止挖掘出的生活用品有衣物及丝织品、饰品、陶器、铜镜、印章、钱币等；生产用具有斧、镰、犁、车马等；军事用具有刀枪、弓箭等；交往物品如文书等；工艺品及艺术品如装饰品、木雕、漆器、乐器，等等。在罗布泊地区的考古中，均发现、发掘出了大量上述器物。在巴丹吉林沙漠（必鲁图遗址）26 处遗迹点中，散落着大量精美绝伦的陶片和石器。陶片大部分为泥质红陶、夹砂红褐陶以及一些彩色陶片，石器多为石核、细石叶等。

11. 植物、农作物残体及其颗粒遗存与动物及牲畜骸骨遗存

植物、农作物残体及其颗粒遗存，以及动物及牲畜骸骨遗存，既包括古人所种植的植物与农作物的残存，或种植地的遗迹，还包括人类饲养的牲畜与驯养的动物的骸骨残存，以及驯养、饲养地遗迹等。如在小河墓地棺椁中残存的麦粒，在尼雅房屋和畜圈遗址中发现的很多麦子、谷子的秸秆等，还有桃核、葡萄园和桑树园的种植遗迹，以及大量零散的桑树枯干、白杨树及柳树残体，等等。这些对研究当时的自然气候及生态状况具有重要意义。

12. 人体遗骨及木乃伊遗存

人体遗骨及木乃伊遗存，即人类的尸骨遗骸，如世界闻名的古埃及法老木乃伊等。在我国新疆大漠的墓地也挖掘出较多尸骨和木乃伊，如著名的楼兰美女、

小河公主等。楼兰美女沉睡了 3880 年，是迄今为止我国最古老的、保存最完好的古尸。这些人类遗骨及木乃伊遗存还有很多未解之谜，极具科学研究价值。

专栏 2-2：世界著名沙漠——非洲沙漠

1. 撒哈拉大沙漠：位于非洲北部，西濒大西洋，北临阿特拉斯山脉和地中海，东为红海，南为萨赫勒，总面积约为 906.5 万平方千米，是世界最大的沙质荒漠，也是世界第二大荒漠，仅次于南极洲。撒哈拉沙漠气候恶劣，是世界上最不适合生物生长的地方之一，因此沙漠植被非常稀少，但也有一些耐旱的树、灌木、草本植物等，还生活着多种野生动物。在沙漠中的塔西亚高原上，遗存一组惊艳绝伦的壁画群，其成画时间在公元前 6000 年到公元前 1000 年。

2. 利比亚沙漠：位于撒哈拉沙漠的东北部，包括埃及中、西部和利比亚东部，面积约 169 万平方千米。利比亚沙漠为自南向北倾斜的高原，南部海拔 350~500 米，北部海拔 100~250 米。沙漠中有多岩石高原和岩石或沙地平原等地貌，有众多的绿洲，如锡瓦绿洲、拜哈里耶绿洲、法拉弗拉绿洲等，还有丰富的石油等自然资源。

3. 纳米布沙漠：位于非洲最大的国家公园——纳米比诺克陆夫国家公园内，紧邻大西洋海岸线，囊括安哥拉西南部，面积 5 万平方千米。沙漠以艳丽的红色沙丘闻名于世。在那马语里，纳米布是"不毛之地"的意思。纳米布沙漠被认为是世界上最古老的沙漠，干旱和半干旱的气候已持续了最少 8000 万年。沙漠中生活着行将消逝的原始社会族群——辛巴族。

(二) 人类沙漠文明历史遗存的生态文化内涵

人类沙漠文明历史遗存蕴含丰富的内容，不仅反映了人类生活的形态、状况与先民的智慧及人类文明的发展程度，而且具有生态文化的内涵和价值。

1. 反映出当时的生态环境及其变迁

我国西北地区众多的古代沙漠村落和城郭遗址，有着优越的地理位置与便利的交通，并且曾经是水草丰美、土地肥沃、生态良好的宜居之地或绿洲。楼兰古城当年所处之地的生态环境非常宜居，有烟波浩渺的罗布泊湖和水量丰沛的塔里木河，有繁茂的植被和发达的农牧业，是一处生机勃勃的绿洲。但是后来，塔里木河改道，罗布泊迁移，楼兰周围沙漠化，楼兰古国也随之消亡。有着同样遭际和命运的还有尼雅精绝古国等。甘肃河西走廊沙漠中，由于有高山降雨和冰雪融水形成的地表径流以及地下水的滋润，孕育出很多绿洲村落和古城，比如，民勤沙井子村、敦煌南湖寿昌县城、瓜州锁阳城等。黄河中游河套平原及其周边沙漠地带的古城，也说明历史上它们曾拥有得天独厚的生态环境和条件：沃野千里，水草丰美，仓廪殷积，群羊塞道，农牧并茂。小河墓地出土的麦粒，通过植物学分析后，表明当时小河地区有丰沛的水源。

2. 反映出人类对原生态的影响及破坏

（1）垦田开发活动对周围生态造成了极大的影响和多重破坏。乌兰布和沙漠东北端的黄河平原地区，属于黄河内蒙古后套灌区的一部分，早在秦代就已被开发成为农垦区，曾出现沃野千里、人民炽盛、牛马遍布的繁荣富庶景象。至西汉末期，随着匈奴的南侵，农耕民族被迫迁出该地，垦区废弃，田野荒芜。被耕犁破坏的古黄河冲积平原的黏土表层，在失去作物覆盖的情况下，风蚀加剧，致使下覆沙层暴露地表，经风力吹扬而成流沙。自汉代农垦区撂荒大约1000年后，即到了唐代，当地土地开始出现了沙漠化。沙深三尺，① 五谷不生，只能长沙米（流动沙丘上首先长出的植物）。至清末，由于大范围深入沙漠开垦（乃至沙丘间平地以及黄河边的很多土地均被辟为耕地），致使沙丘开始活化，活化的沙丘又造成了新的生态恶果。由于乌兰布和沙漠紧邻黄河（在黄河西侧），又盛行西北风，所以在风力吹扬下，流沙源源不断由西向东运移，最终全部泻入黄河，再被河水带到下游，淤积在内蒙古河段，使后套段黄河河底不断增高，地形倒置，这种地势虽利于灌溉但不利于排水，因此造成了土地严重的盐渍化②。

（2）修筑长城，对当地的生态造成极大的破坏。在鄂尔多斯高原沙地的南部边缘，至今残存着蜿蜒起伏的明长城遗迹。元朝灭亡后，为了抵御不时南下侵扰的蒙古族，明朝在公元1465—1487年，修筑了东起鸭绿江、西到嘉峪关、全长7300千米的长城。取用大量的细沙泥土堆砌夯实修筑的长城，经风力的吹扬和分选，不久就被流沙所掩埋。如今，榆林、横山、靖边、定边及宁夏盐池一带的明长城，大多深陷沙漠中，只有个别地方可见颓废的城墙。

（3）建筑城郭，对当时的生态造成不可逆的破坏。在这方面，统万城的建造和兴衰是一个典型的缩影。公元413年，大夏国君匈奴人赫连勃勃在鄂尔多斯草原的朔方水（今红柳河）之北、黑水（今纳林河）之南，建筑规模宏大的都城统万城（夏州城）。当时此地湖泊广布，河水清澈，水草丰美，土地肥沃，生态状况佳美。1975—1980年，考古工作者对统万城城址勘测发现：五胡十六国时期，统万城及其附近的土壤以沙质土为主，并在统万城西城南垣出土了大量的植物标本，除常见于沙区的沙蒿、沙柳、柠条、沙打旺外，还有乔木杨、侧柏、松、冷杉、榆、枣、椿、楸以及高粱。可见，那时统万城周围的植被是丰茂的。但为了建筑城池，砍光了附近的林木，使当地的森林和生态遭受了一场大劫难。此外，

---

① 1尺=1/3米。以下同。
② 王涛、陈广庭：《中国的沙漠·戈壁》，上海科学技术文献出版社2008年版，第178–180页。

修筑城池还取用了当地大量的粗沙和黏土。粗沙取于河流，黏土取于地表和地下，由此造成地下古风成沙暴露，在风力的作用下，成沙飞扬堆积，遂形成地表流沙沉积及流动的沙丘。所以，统万城在建筑之初，便出现了风沙活动，留下了沙漠化隐患。唐朝后期，统万城周围的沙漠化已相当严重。根据唐朝史料记载以及一些唐代诗人的描绘，当时大风飞扬，流沙堆积，高及城堞，而城外已是一片茫茫沙漠景象。到北宋时期，沙漠化的面积进一步扩大，最终，北宋朝廷因统万城"远在沙漠中"而被迫废弃①。

人类沙漠文明遗存是先人留下来的一份宝贵而博大精深的文化遗产，具有考古学、人类学、历史学、社会学及文化学等学科与领域的研究价值。同时，沙漠文明遗存是沙漠自然环境的见证以及生态变迁的产物，因此具有地质学、沙漠生态学、环境史学、生态文化等学科与领域的理论价值，以及生态教育、生态旅游等实践意义。

专栏 2-3：世界著名沙漠——美洲沙漠

1. 大盆地沙漠：位于美国西部高原性内陆盆地——大盆地内，是北美最大的沙漠，面积约 169 万平方千米。其北边为哥伦比亚高原，南边为科罗拉多高原，东边为瓦萨奇山脉，西边为内华达山脉和喀斯喀特山脉。大盆地由峡谷、荒漠和山脉等多种地质景观巧妙组合，还蕴藏有丰富的铁、锌、金等矿产资源。此外，大盆地沙漠遗留有史前人类的岩画，这是美国岩画最集中的地区。

2. 索诺拉沙漠：另译为索诺兰沙漠，又名吉拉沙漠，是北美最大和最热的沙漠之一，因纬度低，又称"低沙漠"，面积 31.1 万平方千米。索诺拉沙漠是世界上生物种类最多的沙漠，是世界上最完整、最大的旱地生态系统之一。沙漠有着浓密的植被，其最有象征意义的是美洲巨人柱仙人掌，其寿命可长达 250 年。还有几十至几百种不等的两栖类物种、当地鱼类、哺乳动物、爬行动物和鸟类。

3. 阿塔卡马沙漠：位于南美洲西海岸中部，在安第斯山脉与太平洋之间，南北绵延约 1000 千米，主体位于智利境内，面积约 18.13 万平方千米。阿塔卡马沙漠气候干旱少雨，最长的一次干旱竟然延续了 400 年之久，因此是名副其实的死亡之地。美国宇航局的专家认为，阿塔卡马沙漠的地表环境与火星十分相似，因此选择在此测试太空探测车。

---

① 王涛、陈广庭：《中国的沙漠·戈壁》，上海科学技术文献出版社 2008 年版，第 188—191 页。

第二节　沙漠与人类的生活

沙漠自然生态系统与人类生活休戚相关。沙漠使人类感悟了与大自然相处的真谛，教会了人类生存的方法和技巧，决定了人类的生产方式和生活形态，影响并形成了人类特有的生活习惯与人文风俗。

一、人类沙漠生活形态

沙漠生活形态是指，人们在沙漠生活中的社会(或群居)组织形式、生存与生产方式以及生活的情形和状况等。它是人类不断适应沙漠的生态环境并优胜劣汰的结果，是在长期的生产和生活实践中逐渐形成的，具有多学科与领域的研究价值。

世界上不同的沙漠地区，人们的生产方式、生活形态不尽相同，但人类历史和社会发展中诸多生产和生活方式与形态，几乎都可以在沙漠生活中窥见一斑。

(一)沙漠生活形态基本状况

1. 游牧与定居畜牧

(1)大致分布情况。地球上大多数沙漠地区的人们，主要以从事畜牧生产，以及与之相适应的生活方式为主。他们或长期定居有水草的河岸及绿洲，或随着季节和河流的变化而迁徙。这在亚洲沙漠和非洲沙漠比较多见。阿拉伯沙漠里古老而神秘的贝都因人，撒哈拉沙漠里古老的图阿雷格人、巴夏里亚人和阿巴比德人，中国新疆沙漠地区的克里雅人以及印度塔尔沙漠(又名印度大沙漠)中的人等，至今仍像从前一样过着游牧生活。

(2)状态及发展。从事畜牧的民族或地区，以放牧或饲养牛羊、骡马、骆驼等牲畜和动物为生，并用驯养的牲畜制作奶制品、肉类产品和皮革绒毛制品等生活和生产必需品。在古代，大多畜牧生产是为了满足自己的衣食住行，到现代则逐步发展成为规模化、专业化、标准化的现代畜牧经济产业，供给社会的需要和消费，如沙漠国家澳大利亚等。先进的畜牧业已成为澳大利亚的主要支柱产业和经济来源，其羊毛产量居世界首位，绵羊数量居世界第二，并向英国、日本、美国、中国等国家出口畜产品。

2. 聚居的农耕

(1)大致分布状况。有很多沙漠国家的民族或地区，以从事和发展农业生产为主。阿塔卡马沙漠中的古代阿塔卡马印第安人，墨西哥最大的沙漠奇瓦瓦沙漠中的印第安人，撒哈拉沙漠地区的人群以及我国西北内陆盆地沙漠的人群等，都世代从事农业种植。

现代沙漠国家以色列堪称当今全球沙漠农业的典范。在沙漠里，他们建造农场，用"大棚"的方式和滴灌方法以及其他先进的农业生产技术，发展现代种植业，种植蔬菜瓜果。不少沙漠农场还养殖鱼虾，并出口国外。以色列建立起的知识密集型沙漠特色农业的先进技术与管理经验，值得人们借鉴和学习。

（2）沙漠农业的显著特征和代表——"绿洲农业"。绿洲是荒漠里特有的地理景观，在世界荒漠地区均有分布，尤以亚洲和非洲较为多见。如我国新疆塔克拉玛干沙漠周围的绿洲，阿拉伯半岛沙漠中沿海的人造斑点状绿洲，非洲埃及的锡瓦绿洲、达赫拉绿洲，利比亚的费赞绿洲群等。水是生命之源，在沙漠里只要有了水，就有生命，就有绿色。绿洲一般生成或坐落于沙漠河流沿岸，或沙漠中地势低洼且有一定储量的地下水涌出之处等。

绿洲农业的特点——以种植富有经济效益的林木果蔬为主。绿洲是大自然恩赐给人类的风水宝地。人们定居绿洲，充分利用肥沃的土壤以及丰沛的地表与地下水资源，开垦、灌溉广阔的农田，并根据得天独厚的地理和气候等条件，种植适合当地沙漠生态环境生长的特种农作物与经济作物，形成了各具鲜明特色的绿洲农业。北美洲尤马沙漠的尤马族人种植苜蓿、枣椰、柑橘、蔬菜、亚麻以及棉花等经济作物；阿拉伯人则种植咖啡、树胶、海枣、芒果、甘蔗和棉花等收益丰厚的作物；我国新疆塔克拉玛干沙漠周围，日照充足，日夜温差大，无霜期长，非常适宜种植小麦、棉花、蔬菜瓜果等农作物与经济作物。

绿洲农业的历史及生态意义——沙漠中很多绿洲农业的发展历史悠久。埃及尼罗河畔的绿洲农业文明长达数千多年，我国的绿洲农业文明发祥得也很早，并且很发达。吐鲁番盆地沙漠地区在公元前 2 世纪，已经利用冲积平原边缘溢出的泉水灌溉农田，开发农业。

开发了农业种植的绿洲，呈现出富有浪漫神话色彩与诗意的沙漠生态景观。在这里，庄稼生长茂盛，果蔬清新芬芳，林木扶苏，鸟语花香，生机盎然，景象优美，宛如世外桃源，与其周围的贫瘠、荒凉、沉寂和无生气等恶劣残酷的生态环境形成天壤之别。绿洲是一道令人心驰神往的风景，更是一处安宁温馨、美丽富庶的家园。正是这样一片绿洲农业的沃土，孕育出沙漠文明的骄傲——绿洲文化。

3. 渔猎

渔猎是人类在沙漠生产生活的另一种方式，一些沙漠民族正是因此而得以在贫瘠的沙漠中生息繁衍。新疆最古老的民族古罗布人，即为渔猎民族。现今他们中有些人依然在沙漠中的海子旁边，以打鱼狩猎为生，传承着数千年形成的原始风俗习惯，由此也被蒙上了一层神秘的面纱。此外，澳大利亚沙漠的很多土著人，以及西非卡拉哈里沙漠和纳米比亚沙漠里，大约 1 万名群居的闪族布须曼人等沙漠民族，依然坚守着较原始的渔猎生活。

4. 商贸

一些沙漠地区的民族或人群，自古就以经商为生。分布在撒哈拉沙漠的柏柏尔族人，以及阿拉伯沙漠中的阿拉伯人等，他们中有些人世代经商。阿拉伯人素以善于经商著称于世，不论是在非洲的撒哈拉沙漠，还是在联通亚欧的丝绸之路上，他们的驼队开创并承载了穿越茫茫大漠的商贸交往的历史，在沙漠中催生出一个个辉煌的王朝与繁华的都市及商贸中心，诸如显赫的纳巴泰王朝、阿拔斯王朝以及麦加、巴格达、廷巴克图等著名的沙漠商贸与文化城市。

专栏 2-4：世界著名沙漠——大洋洲沙漠

1. 澳大利亚沙漠：位于澳大利亚西南部，是澳大利亚最大的沙漠，世界第四大沙漠，主要由辛普森沙漠、吉布森沙漠、维多利亚沙漠与大沙沙漠四部分组成，面积 155 万平方千米。这里虽然雨水稀少，异常干旱，气温奇高，但却拥有 3600 多种植物，因此被誉为澳大利亚的"沙漠花园"。

2. 辛普森沙漠：亦称阿伦塔沙漠，位于澳大利亚中部无人居住的干旱区，以鲜艳的红色沙丘而闻名。沙漠中还遗存着土著先民的岩石雕刻和被沙土掩埋的岩画。

3. 大沙沙漠：位于澳大利亚西部沙漠北带，大部分在西澳大利亚洲。沙漠蕴藏着丰富的能源，此外还生活着一些原住民群落，其中有些土著人还在延续着祖先以狩猎为生的传统。20 世纪，曾经有很多土著人被强制迁离出故土，此后他们再也没能回到原来的居住地。

（二）沙漠生活形态产生及发展变化的自然生态原因

不论是游牧还是农耕，也不论是迁徙还是定居，人类的生产方式与生活形态首先受到沙漠自然生态系统的影响，而水在系统中居于首位。有水才有生命，才能生存，总之，有水才有一切，所以从某种程度来说，水决定了人类沙漠生产生活方式与形态的不同选择。沙漠地区普遍干旱少雨，有些沙漠一年甚至几年无雨。所以，世界上很多沙漠地区的人们无法进行农耕，因此选择对水的需求较为次之的游牧或定居畜牧的生活方式。即使以畜牧为生，人们也要选择有水草的绿洲。沙漠农业更要选在水草丰沛的沙漠河流沿岸，以及河流下游的冲积平地。

受沙漠气候、地质、水资源等自然条件及生态环境的限制，人们生产方式和生活形态的选择不是单一的，而是多种共存的。古埃及人农耕业发达，同时在每年尼罗河水泛滥，无法耕种的季节，也以捕鱼为生。捕鱼成为与稼穑同样重要的一项活动，鱼不仅成为古埃及人的一个主要食物，而且是其文明发展的另一个推动力。世代居住在阿拉伯半岛南端佐法尔山区的游牧民族贾巴利人，在每年的2月来到面朝印度洋的佐法尔海岸，做起了兼职的渔夫。在这个时节，他们能捕到50万吨鱼。而到了七八月的季风季节，则又赶着数千只骆驼，到水草丰盛的地方放牧。

沙漠的生产生活方式和形态不是一成不变的，而是随着沙漠生态条件和生存环境的变化而改变。据史籍记载，以渔猎为生的古罗布人，到了19世纪末20世纪初，则转为农耕与渔牧并重的生产和生活方式，这主要由罗布泊水减少、生态环境恶化所致。

(三)沙漠生活形态的意义及其生态警示

在漫长的历史长河中，沙漠民族和国家不同的生产方式与生活形态，反映出其文明的风貌和发展的程度，孕育和创造出独特而灿烂多姿的沙漠文化，如沙漠游牧文化、沙漠农耕文化、沙漠商旅文化等。这些文化丰富了人类文明的内涵，为其发展进步贡献了力量。

人类沙漠生产生活的方式和形态，在生态文化方面，也给人们留下很多历史与现实的思考、启迪和教益。特别应当引起警醒的是，历史上，由于人类沙漠生产方式的改变，造成了沙漠自然生态的变化乃至恶化的教训不胜枚举。由于人们缺乏生态保护意识，无视所在地的自然状况，违背科学规律，不适当地垦荒种植，使一些地方的植被和水土遭受破坏，成为人为的沙漠，或造成了沙漠的扩张，即沙漠化。我国四大沙地之一的科尔沁沙地，就是一个值得深思的历史教训。科尔沁沙地的开发历史悠久。其地处农牧交错地带，原本是一片土地肥沃、水量丰沛的宜牧草原。在历史上，由于大规模不适宜的农业开垦，使草原在辽代200年时间里，其生态环境从森林草原、疏林草原、草甸草原，退化为疏林草原与草甸草原，个别地方甚至出现了流沙。到了金代，科尔沁草原的植被退化和沙化程度更为严重，呈现出风沙漫天的景象。从13世纪到17世纪，元朝和明朝建立后，政治中心南移，减轻了对草原的生态压力，使沙地植被得以恢复，又变成优良的草原牧场。直至17世纪清初，依然是长林丰草，牛羊驼马成群。但18世纪中叶后，清政府实行垦荒耕种政策，使科尔沁又一次进入了大规模的农垦时期，直接加剧了草原沙漠化。中华人民共和国成立后，在"以粮为纲"思想的指导下，盲目开垦科尔沁草原，导致生态系统恶化，土地沙化面积再次扩大，由此成为我国沙化面积最大的沙地①。科尔沁沙地的沙漠化如果不能得到有效控制、治理而任其蔓延，不仅对东北地区，而且对华北地区，尤其是对北京的生态安全会构成严重威胁。

---

① 王涛、陈广庭：《中国的沙漠·戈壁》，上海科学技术文献出版社2008年版，第205-209页。

可喜的是，经过几十年坚持不懈的治理，科尔沁沙地生态环境得到了明显改善。特别是 2000 年以来，依托三北防护林、退耕还林、公益林保护等国家重点生态工程项目，通过科学和全面综合的治理，不断加大科尔沁沙地植树造林、草原修复和生态保护力度，使沙地治理规模不断扩大，沙地林草盖度持续提高，呈现出流动沙地、半固定沙地减少，固定沙地增加的态势，并且沙地向内收缩，部分地区呈现出"荒漠变绿洲"的景象，实现由"沙进人退"到"绿进沙退"的明显转变和改善，生态环境持续向好发展。

二、人类沙漠生活风俗

沙漠生活风俗指，沙漠地区的人们在长期的衣、食、住、行、婚姻、丧葬、祭祀、节庆、娱乐、交往等物质和精神生活中，形成并表现出的集体的喜好、风尚(风气)、礼节、习惯和禁忌的总和。它是沙漠民族生活经验和生产实践的结晶，也是沙漠民族或沙漠地区的人群，区别于其他生态地区人群的一个重要特征。

沙漠生活风俗内涵丰富。一般来说，可分为饮食风俗、服饰风俗、居住及室内装饰风俗、待客及交往风俗、节庆及娱乐风俗、祭祀风俗、婚姻风俗、割礼风俗、丧葬风俗等诸多类型，可谓异彩纷呈。

(一)沙漠生活风俗形成的生态背景

任何一个地区的人们或民族无不与其生存的自然环境有着直接或间接的联系，而认识自然的深浅、改造自然技能的高低，决定其文化的式样与历程。沙漠民族与沙漠之间始终存在互动依存关系，不同的沙漠生态环境铸就了不同的沙漠风俗文化，沙漠民族的居住风俗便形象地诠释了这一理论。沙漠地区的居舍建筑多突显出适应沙漠气候条件及地理环境的特点：其一具有保温性，以抵御严寒等恶劣的气候；其二坚固耐用，以抵御猛烈的风沙；其三房屋建造得比较简易，因为资源较贫乏；其四就地取材，即方便合理地利用当地有限的原生态的乡土建筑材料。在新疆喀什高台、和田阿以旺，多采用本地盛产的"天然生土"为建筑材料筑屋，称为"生土建筑"，即主要以未经焙烧、加工简单的原状土为材料，建造主体结构的建筑[1]。在"沙漠之乡"于田县的达里雅博依乡，克里雅河哺育了大片的胡杨林。这里的克里雅人便全部使用胡杨原木为材料，营建屋舍。冬天，在房屋墙上抹泥以填补原木墙壁之间的缝隙，便可起到保温御寒的作用，这种房屋被形象地称为"木骨泥墙"[2]。

---

① 潘晶：《论新疆于田县的自然风土与建筑材料》，现代商贸工业，2011 年第 24 期。
② 潘晶：《论新疆于田县的自然风土与建筑材料》，现代商贸工业，2011 年第 24 期。

(二)沙漠生活风俗的生态文化特征与环保意识

沙漠生活风俗深深地烙印上沙漠生态的痕迹。在节庆习俗方面,很多沙漠地区以独特的自然景观和环境,以及深厚的历史文化为优势与资源,形成举办沙漠文化节或沙漠生态旅游节的传统。内蒙古阿拉善高原西部的巴丹吉林沙漠被誉为中国最美的沙漠,其景观丰富而美丽。阿拉善盟以巴丹吉林沙漠特有的高大沙山、奇峰、绿洲、秀湖、神泉、古庙等美景与当地传统美食以及历史文化为资源,举办一年一度的"中国·内蒙古阿拉善巴丹吉林沙漠文化旅游节",每年吸引着众多中外游客前来参加。

在居住方面,不同的沙漠生态环境影响、决定了居住的习惯与居所形式:在绿洲生活的人群,一般以定居方式为主,并建筑固定的屋舍;在荒漠及草原生活的民族,则随季节迁徙、游牧,并多以容易搭建、拆卸和搬迁的临时性帐篷为家。

当今,一些传统的沙漠生活风俗也进行着环保的转变。驯鹰是阿拉伯人一大嗜好和历史悠久的技术,有 4000 多年的历史,很多人对此近乎痴迷。这也使得不计其数的无辜的沙漠动物丧生。今天,阿拉伯人为了保护沙漠的生态平衡,改进了传统的做法,在飞翔的遥控飞机模型上系上活物诱饵,以代替被追逐猎捕的野生动物,这样避免了因驯鹰而把沙漠里的生灵捕杀灭绝。

沙漠风俗是沙漠民族的精神支柱,它指导、规约着人们的生产与生活。沙漠风俗是沙漠文化中最为形象与鲜活的部分,内涵极为丰富。它反映了沙漠民族对沙漠自然、沙漠家园、沙漠生活的热爱,从生态文化视角看,则直观地反映出沙漠的生态环境与状况及其变迁,堪称一部沙漠生态文化的百科全书,亟待我们进行抢救性研究。

三、人类沙漠生存智慧

沙漠民族或沙漠地区的人们,之所以能在几乎是生命禁区的严酷环境中生存生活,不仅在于其坚韧顽强的生存意志与毅力,更在于其有着生态情怀、生存智慧和生态经验的支撑,主要表现在以下方面。

(一)崇拜、敬畏与保护沙漠生灵

沙漠民族对沙漠中的动植物充满敬畏崇拜和爱护,这是沙漠民族最原始的生态意识、情怀,最根深蒂固的生态信仰,最质朴的生态行为。沙漠生灵与沙漠民族朝夕相处、息息相关,有些动植物曾经帮助他们克服了生活困难,或在精神上给予他们生存的勇气和力量,因此沙漠民族认为这些生灵有神力魔法,被奉为神明加以崇拜和保护,并心存感激,祈求得到它们永久的庇护。骆驼对沙漠民族生存和生活的帮助极大,因此最受崇拜敬爱和保护。新疆麦盖提县的刀郎人认为骆驼是专司死亡事宜的天使，故而忌讳吃骆驼肉。贝都因民族也将骆驼既视为神物敬待，又当作宠物般爱护和精心喂养，因为骆驼使他们得以在荒凉的阿拉伯沙漠里生存，同时他们也深知，只有把这种与野生动物的情谊延续下去，才能永远保留住这片美丽的沙漠家园。在植物崇拜方面，表现为对谷物、花草和树木的崇拜与保护。胡杨树崇拜是沙漠民族特有的植物崇拜之一。胡杨树是荒漠里最古老珍奇而独特的树种，属杨柳科胡杨亚属植物，是沙漠里唯一能够生存的高大乔木，粗壮挺拔，生命力极强，素有"一千年不死，一千年不倒，一千年不朽"的美名。胡杨树还能抗御风沙，被誉为"抗击沙漠的勇士""沙漠守护神"。胡杨树的这些特性和美德使沙漠民族对其极其珍爱，崇拜有加，在人们心目中胡杨树是神圣和不可冒犯的。刀郎人对胡杨树非常虔诚笃爱：一提起胡杨树，他们的脸上便表现出由衷的敬意，而且规定不能砍伐胡杨树，不能往胡杨树下倒脏水和垃圾等，否则就会遭到神灵的诅咒。

(二) 守护、治理沙漠的生态环境

沙漠民族敬畏自然的情怀以及动植物图腾崇拜的观念，使他们在沙漠中生活生产与活动时谨小慎微，不敢去肆意妄为地伤害有限的沙漠生物，不敢无所顾虑地破坏所处脆弱的沙漠生态环境，这在客观上具有保护沙漠生态环境的作用，也保护了人类自身及生活的家园，从而使人类得以与沙漠生态和谐共处，与沙漠中的生灵平等友好相待，共同繁衍生息。在内蒙古自治区昭乌达盟地区的白音敖包林区，有一片分布集中、生长茂盛的红皮云杉林，这是我国沙漠中最好的一片原始针叶林。红皮云杉是世界上一种稀少珍贵的树种，能生长在沙漠中而且蓊郁成林，尤为罕见。在古代，这片云杉林被蒙古族奉为"神林"，严加保护，神圣不可侵犯。至今，古云杉林仍郁郁葱葱，遮天蔽日，林中栖息着众多鸟兽，生机勃勃。其周围流沙被固定，牧草丰盛，气候湿润，景致幽美，当地人将这片生长红皮云杉林的敖包山誉为"美丽的山头"和绿色的宝库①。

很多沙漠民族或沙漠地区人们的一些生活风俗和传统，也保护并营造了沙漠的生态环境。居住在城镇的塔塔尔族、乌孜别克族等，喜欢在自家平顶土房院中引来渠水，栽种果木花草，营造花园式院落。而在沙区农村则盛行"四旁植树"的习俗，即在房前屋后、路旁、沟旁、渠旁等零星间隙植树造林，每年的植树量非常可观。这样既不占耕地，又可以防沙固沙，保护园圃，改善局部气候及生态②。在刀郎民族民间，有在陵墓前栽种人、鸟都可以食用的桑树、沙枣树等经济林木果树的风俗，据说这样，亡者在来世就不会遭受痛苦。这些生活习俗不仅

---

① 樊胜岳：《人类用沙漠覆盖自己的历史》，大众科技报，2010 年 9 月 7 日。
② 赵哈林著：《沙漠生态学》，科学出版社 2012 年版，第 289 页。

为沙漠增添了绿意和生机，也为沙漠动物营造了良好的生存环境，更为人类自己创造了一个充满绿色诗意的沙漠生存空间。

当今，全世界的人们都在研究探索，如何更加自觉、理性和科学、有效地保护与治理沙漠。世界上出现了以色列、中国等许多成功治理沙漠的国家。中国历经几十年长期而艰辛的探索和实践，不懈努力，通过精准发力、高效治理，走出了一条"治沙、生态、经济、民生"之路，实现了环境与发展的双赢，取得了举世瞩目和公认的伟大成就。联合国第十七届可持续发展大会指出，中国荒漠化防治处于世界领先地位。中国成为全球沙化土地治理的典范，为全球生态治理贡献了"中国方案""中国经验"，彰显出独具魅力的"中国智慧"。

（三）充分开发利用沙漠的资源和条件

为了适应沙漠的生存，从古至今，人们一直在努力利用沙漠的各种条件，并不断开发沙漠的各种资源。诸如，开发利用沙漠的水资源，发展现代化的沙漠农业；开发利用沙漠的地热温泉，发展养生休闲产业；开发利用沙漠特有的地质地貌景观，开展沙漠生态旅游，或开展太空及月球科学研究试验；利用沙漠可再生能源，开发光能、风能发电；开发利用沙漠的沙资源，进行"沙疗"，以及开发沙区种植和养殖业，发展沙区的生产加工等沙产业，等等，实行"绿富同兴"，切实践行"绿水青山就是金山银山"的理念。

所有这些都是人类适应沙漠生态环境的智慧选择，以及利用沙漠自然资源的卓越创造。正因如此，人类才得以在沙漠里生活千万年之久。沙漠生存的智慧和方法经验，反映了人们对沙漠生态的态度、认识和情感，以及所采取的行动和实践等，是人类对沙漠自然生态系统的能动把握。

综观人类创造的沙漠文明，我们强烈地感受到，从古至今，人类总是不断地探寻和发掘沙漠生存的空间与方法，不断总结沙漠生存的经验教训，更是不断地创造着沙漠生存的极限。

第三节　沙漠与人类的精神文化

沙漠民族性情品格、道德及人生观与世界观的形成，宗教信仰的产生，以及艺术的审美及创造等，都直接受到了沙漠自然生态系统的影响。

一、沙漠民族的性格、伦理道德及心理

日本学者和辻哲郎认为，不同的自然环境塑造人的不同性情。他在《风土》一书中把自然环境分为季风型、牧场型及沙漠型等。他认为：湿润的季风型风土环境，形成了人丰富而细腻的感受和忍辱负重的双重性格，此性格以中国大部分

地区和日本为代表。在风调雨顺的牧场型自然环境下，人的性情能够得到最大的解放，其中以欧洲人为代表。而在缺雨少水、炎热干燥和多风沙的沙漠型风土环境中生活的人们，则更易养成讲实际、意志坚强的性格①。沙漠自然环境对沙漠民族的性格、伦理道德及心理情感等，有着显而易见的影响。

（一）执着的生活信念、顽强的性格和坚韧的耐受心理

这表现在沙漠民族以极强的生理和心理，耐受沙漠里的酷暑严寒以及肆虐的风沙等残酷的自然环境，耐受千辛万苦、不断周而复始的长途跋涉迁徙的生产方式和生活状态，还表现在以极低的生活需求，求得在沙漠里的生存——他们忍受食物和水源的短缺匮乏，居住简陋或简易的屋舍，等等。新疆小河人、北美洲印第安人、澳大利亚土著人等很多沙漠民族，就是在如此险恶的沙漠环境和艰苦的生活条件下，繁衍生息了几百年，甚至成千上万年。

（二）质朴友善、热情好客、慷慨助困

茫茫荒漠，与世隔绝，使沙漠民族得以保有人类最原始和本质的性情——淳朴善良。由于沙漠交通闭塞，人迹罕至，沙漠民族对偶然到访的不速之客，格外欣喜好奇、热情敬待。另外，沙漠中险象丛生，每个人在沙漠里活动时，都随时可能遇到各种困难和不测而束手无策，面临丧失生命的危险。这种共同的生活经历和感受，使沙漠地区的人们认识到，要以一种神圣的、义不容辞的责任来帮助迷路的人和饥寒交迫的人，这逐渐成为很多沙漠民族不成文的乡规和必备的美德。

（三）部落意识、团结精神、荣辱分享

在险恶的沙漠环境中生存，需要群体的力量或部落的作用。这促使沙漠民族每个人都具有强烈的部落意识和团结精神。同甘共苦，荣辱与共，这尤其成为阿拉伯民族对自己部落成员承担保护义务的习规和普遍认同的一种部落主义文化。他们会无条件、拼死保护、拯救部落及其每一个成员的生命、利益与名誉尊严。

（四）豪放洒脱、逍遥无羁的性情

广阔无垠的沙漠以及游牧迁徙的生活方式，形成了沙漠民族无拘无束、逍遥洒脱的性情，这在阿拉伯沙漠民族身上尤其根深蒂固。大约公元 500 年时期，阿拉伯半岛的游侠诗人尚法拉，在其诗歌中表白道："我已下定决心/整好行装/趁着月色/就要登程/宽广天地何处不养爷/我又何必在这里任人欺凌/我敢说天无绝人之路/聪明的人要趋吉避凶/我宁肯饥肠辘辘/也不愿忍气吞声/一颗自由高尚的

①　[日本]和辻哲郎著：《风土》，陈力卫译，商务印书馆 2006 年版，第 3 页。

心/岂肯低三下四不奔前程/雄心、利剑和弯弓/足以伴我纵横驰骋"。①

（五）劫掠习性、尚武好战性格

沙漠生存环境恶劣，水草肥美之地不容易找到，而由于受干旱少雨和炎热等气候影响，农牧业的生产能力有限，造成人们的生活资料匮乏，遇到灾害时更是难以为继。在这种情况下，贝都因人等一些沙漠民族为了争夺水源和牧场，为了生存，便铤而走险去偷盗、抢掠和争战杀伐，这不仅导致了部族、地区之间的相互残杀，而且形成了沙漠民族劫掠的习俗和尚武好战的性格。阿拉伯的古代诗歌便以自豪的口吻歌颂这种习俗和性格，"有人赞赏城居人的文明/可那怎及我们荒漠英雄/有人喜欢牵着毛驴走路/岁月平安/可我们却喜欢跃马横枪/大显威风/我们的骑士劫掠成性/以至于常常欲罢不能/攻击远的敌手难以取胜/他们就向近的敌手进攻/倘若实在找不到别的目标/我们有时也劫掠自己的兄弟"②。今天，我们仍能听到看到，为争夺水草，一些沙漠地区和部落之间的血腥残杀。

沙漠恶劣的自然生态系统造就了沙漠民族独特而又多面复杂的性格、情感及伦理道德。他们既有热情好客、乐于助人、对朋友忠贞大方的一面，又有盗抢好战、凶狠杀戮的一面。无疑，这些有着一定的消极影响与隐忧，势必会导致一些冲突、动乱，危及社会的秩序与人们生活的安宁，危害国家及地区之间的和睦、合作与发展。

二、沙漠民族的宗教信仰

世界上的沙漠民族普遍具有宗教信仰，并在其精神文化生活中占有重要地位，产生广泛而深远的影响与作用。

（一）宗教信仰的特点及地域分布状况

沙漠民族的宗教信仰呈现自由化与多元化的特点：既有笃信本土宗教的，或曰土著宗教，又有信奉外来传入宗教的；既有对原始宗教、传统宗教的虔诚礼拜，同时也接受和尊崇现代盛行的世界经典宗教。总体而言，更多的是信奉现代的世界性宗教。

沙漠民族或地区宗教信仰还突显出地域分布的特色，其具体分布状况表现为：在亚洲沙漠及北部非洲沙漠，大多信奉伊斯兰教；在美洲沙漠，则主要笃信基督教。相对来说，信奉伊斯兰教的沙漠民族或国家居多。这从伊斯兰教在全世界的广泛分布，便可见一斑。地球上有一个无形的伊斯兰教世界，其区域广大，蔚为壮观，有 47 个伊斯兰会议组织成员国，其中一些就是沙漠国家，包括亚洲

---

① 人民文学出版社编，《阿拉伯古代诗选》，仲跻昆译，人民文学出版社 2001 年版，第 7—8 页。
② 人民文学出版社编，《阿拉伯古代诗选》，仲跻昆译，人民文学出版社 2001 年版，第 128 页。

的阿富汗、阿拉伯联合酋长国、阿曼、巴基斯坦、卡塔尔、科威特、沙特阿拉伯、叙利亚、伊拉克、伊朗、约旦、巴勒斯坦等；非洲的埃及、阿尔及利亚、利比亚、摩洛哥、索马里、突尼斯、苏丹等，这些国家都把伊斯兰教定为国教尊奉。从 20 世纪 80 年代以来，南部非洲信仰伊斯兰教的人数逐年增加。据估计，撒哈拉以南非洲穆斯林的总数与北非穆斯林的总数大致相当。我国西北沙漠地区的少数民族也大都信奉伊斯兰教，如回族、维吾尔族、哈萨克族、柯尔克孜族、乌孜别克族、塔塔尔族、塔吉克族等。

信仰基督教的沙漠民族和国家，则主要分布在南、北美洲沙漠和大洋洲沙漠。澳大利亚有 3/4 的人口信奉基督教。非洲的一些沙漠地区和国家也信奉基督教，主要集中在非洲中部及南部。

信奉佛教的沙漠民族和国家属于少数，主要分布在印度沙漠地区以及我国西北沙漠地区的内蒙古、甘肃以及新疆等。

（二）宗教信仰产生的地理背景及生态因素

宗教信仰与自然的关系由来已久。沙漠是伊斯兰教的发源地，其产生的背景和教义，无不与沙漠地区特有的自然地理条件、生态环境以及文化有着直接的关联。严酷恶劣的自然条件以及美丽寥廓的星空天象，是伊斯兰教产生于沙漠地域的地理与生态因素。伊斯兰教诞生于 7 世纪初的西亚阿拉伯半岛，其属于热带沙漠气候，炎热干燥，昼夜温差大，最高气温可达 50 摄氏度以上，酷暑长达 4～5 个月，而且少雨缺水。人类在这样严酷恶劣的自然环境中生活，极其艰辛。因此，人们便寻求精神寄托，幻想能有一位慈悲的圣人或万能的天神，拯救赐福他们，于是上帝和真主应运而生。古代哲学家费尔巴哈曾说，人只有靠眼睛才能升到天上，因此理论是从注视天空开始的，天空是容易使人产生幻想的对象。在西亚地区，纬度较低，空气湿度小，夜晚不仅凉爽，而且能见度好，非常适宜观测天象、凝神静思。当摆脱了白日酷热煎熬的人们，一边享受入夜的清凉，一边仰望寥廓深邃的夜空、浩瀚灿烂的星辰、皎洁宁静的月亮及其周而复始的运行时，不禁身心愉悦，浮想联翩，引发对人生的思考感悟，对生活命运的幻想期冀。他们想象在星空之中有一个天堂，有一只神灵的巨手控制着宇宙的运行系统。有学者戏称，伊斯兰教是沙漠气候下的宗教，甚至有人说，20 英寸的等雨量线，就是伊斯兰世界的界限。所以，教义简单、通俗易懂的伊斯兰教，普遍得到民风淳朴、性格憨厚的阿拉伯游牧民族的欢迎和信奉，并迅猛地在自然环境相似、社会发达程度相当的西亚、北非等沙漠民族和地区中流传盛行起来[①]。

伊斯兰教的某些教义，也明显是在沙漠地区特殊的自然气候影响下而产生的。

---

① 刘志庆：《论世界三大宗教与地理环境的关系》，殷都学刊，2001 年第 1 期。

比如,《古兰经》中规定的许多清规戒律:不吃不洁之物,不吃自死的禽兽牲畜及其血液等,都与当地的自然气候有关。西亚地区天气炎热,食物容易变质腐烂,成为不洁之物,死物则更甚。因此,生活在这里的人们需要特别注意饮食卫生,否则轻者影响健康,重者导致死亡,这些教义就是从沙漠生活中总结出的经验和教训。

同样的自然环境,往往使人具有同样的生活习俗,相同的行为模式、心理结构和思维方式,从而产生同样的向往、愿望、追求和信仰。沙漠景观荒凉单调,气候炎热干燥、少雨,食品匮乏,所以生活在沙漠地区的人们特别渴望绿树成荫、泉水淙淙、清风习习、瓜果飘香的自然环境。《古兰经》中对天堂的描绘,便表达了人们的这一美好憧憬——"有水河,水质不腐,有乳河,乳味不变……有各种水果""时时不绝,可以随便摘食""睡在床上,不觉炎热也不觉寒冷""乐园的荫影覆着他们"。因此,伊斯兰教很快俘获了沙漠民族的心灵。

佛教产生的背景及其教义内容,同伊斯兰教有着鲜明的对比,但也同样佐证了自然地理条件与生态环境,对人类文明具有孕育、催生的作用。佛教诞生在南亚的古印度,那里属于热带季风气候,有凉、热、雨三个季节,交替分明地不断变化,带来农作物和草木生长的"生"—"死"—"生"—"死"之变。如此循环往复,给长期生活在此的人们以人生启示,从而产生了"生死轮回""因果报应"的观念。印度教首先把这些大自然的启示人格化,创造了"人生有轮回,善恶有因果"之说。这些也成为后来佛教的教义,因此佛教轻而易举地占领了东南亚和东亚季风气候区①。

(三)宗教信仰对沙漠生态环境的保护作用

当今全球的生态环境危机,实质上是精神与道德的危机。宗教能够培养人们对自然的敬畏情怀,因此对生态环境的保护具有至关重要的作用。

历史上,自然崇拜是很多沙漠民族的原始宗教,这对沙漠的生态和环境起过很好的保护作用,而且传承至今。诸如在新疆、内蒙古等地的沙漠地区至今仍沿袭着"圣鸟""祥兽"与"神木""神林"等动植物崇拜,这种对自然的敬畏之情及传统,很好地保护了当地的生物与生态环境。伊斯兰教、犹太教、佛教、印度教等现代宗教的产生发展及其教义,与自然、生态有着千丝万缕的联系,其中包含很多固有的普世生态伦理观念和情怀。诸如其对"我们是什么""自然是什么"的基本解释,以及怎样对待他人、怎样对待自然的教导等,形成了沙漠教民对世界、对沙漠以及对自然的正确认识和态度,促使他们虔诚地去保护沙漠的生态及生灵。当今世界,宗教力量与自然保护力量正在进行着强大的联合。世界宗教更加自觉地关心生态和谐与自然保护,尤其是诞生于沙漠地区的伊斯兰教、犹太教、

---

① 刘志庆:《论世界三大宗教与地理环境的关系》,殷都学刊,2001年第1期。

基督教等，对沙漠生态环境及生灵的状况，更是有着切身的了解和感受。一方面，他们对其教义进行再思考，充分挖掘并着重阐发各自宗教传统中的生态伦理内涵，重申其对环境的永恒承诺。意大利阿西西岛天主教方济各会领导人兰弗兰科说："世界上各个主要的宗教代表聚集在这里，不会有人说我们的信仰是共同的，但我们确实相信宗教对生态协调和自然保护的关心，是我们共同的遗产，也是我们的生存权和责任感。"①另一方面，在教义中与时俱进地融入新的生态理念，以可持续原则贯穿其宗教活动及实践，并倡议、教导信徒担负起维护生态平衡的义务。在著名的《阿西西宣言》中，世界五大宗教向亿万教民宣传与教导热爱自然、尊重生灵、保护生态环境的信念和责任。现在，自然保护已经成为欧美地区宗教活动中一项重要内容和课题，许多教民也正是在生态责任的信念下，积极参加各种各样的自然保护活动。

专栏 2-5：《阿西西宣言》

《阿西西宣言》是世界五大宗教(佛教、犹太教、伊斯兰教、基督教和印度教)的环保宣言。阿西西是意大利一个有着上千年历史的宗教圣地，位于意大利中部。1986 年秋，世界野生生物基金会在阿西西岛举办纪念大会，邀请来自 30 多个国家的自然保护组织与各方宗教人士代表数百人参加。五大宗教领袖史无前例地齐聚一堂，并共同向全世界发出了为大自然祈福的呼声。宣言中，五大宗教各自阐述、强调了自身对生态环境的责任和承诺，并动员自己的教民加入自然保护行列中来。宣言旨在将自发的自然保护力量引导到自觉的行动中来，基金会主席菲利普亲王称之为"这是一次宗教力量和自然保护力量的强大联盟。"选自唐锡阳、马霞著：《环球绿色行 美国-为大自然祈福》。

资料来源于七彩云南保护行动网，2007 年 9 月 24 日，见 http：//www. ynepb. gov. cn/color/DisplayPages/ContentDisplay_ 39. aspx？contentid = 20283。

三、沙漠民族的艺术审美

沙漠的艺术审美即艺术视野中的沙漠，是指表现沙漠自然风光和反映沙漠生

---

① 兰弗兰科在 1986 年 9 月 29 日，在意大利宗教圣地阿西西召开的世界野生生物基金会成立 25 周年纪念大会上的欢迎辞，转引自唐锡阳、马霞著：《环球绿色行 美国-为大自然祈福》。资料来源于七彩云南保护行动网，2007 年 9 月 24 日，见 http：//www. ynepb. gov. cn/color/DisplayPages/ContentDisplay_ 39. aspx？contentid = 20283。

活以及历史文化的艺术形式及其作品，诸如沙漠神话传说、沙漠文学、沙漠歌舞、沙漠绘画与雕刻以及沙漠手工艺品及其制作技艺等，具有生态文化等多方面的内涵和价值。

(一)沙漠的神话传说

神话传说是沙漠地区最常见的一种审美形式。沙漠独特和严酷的生存环境及条件，以及沙漠中许多不可理解或无法解释的自然地理现象，使得沙漠民族生发幻想出许多美丽的神话传说。诸如，新疆火焰山传说、沙漠海市蜃楼传说、鸣沙传说、流沙传说、泪泉传说、胡杨树与胡杨泪传说、魔鬼林传说、魔鬼城堡传说、墨西哥仙人掌传说，等等。

沙漠中的美丽神话和故事传说，不仅给人以美的陶冶和享受，也包含着沙漠生活的智慧经验，以及用生命换来的教训和警示。同时，沙漠神话传说还对沙漠的生态具有很好的保护作用。在新疆沙漠民族中，流传着关于胡杨树有精灵神怪庇佑的神话和因砍伐老胡杨树而遭到报应的故事传说，这使得当地的人们不敢轻易毁坏树木，所以在一些沙漠地区生长几百年的原始胡杨林才得以保存下来。

(二)沙漠文学

沙漠民族或曾经生活在大漠中的人们，对沙漠的自然地理环境最为了解熟悉，同时也深深地热爱着生于斯、长于斯的沙漠家园，因此创作了大量的沙漠诗歌(包括民间歌谣、民族史诗)、沙漠散文、沙漠小说以及沙漠报告文学等。

诗歌是沙漠文学中最传统、多见的表现形式。为人们津津乐道的诗歌有：中国古代边塞诗、新疆沙漠地区少数民族史诗以及阿拉伯古代诗歌等。家喻户晓、脍炙人口的边塞诗，不仅为我们描绘了一幅幅或萧瑟悲凉，或诗意烂漫，或雄浑壮丽的大漠戈壁异域图画，还为我们形象而真实地记录了当时沙漠的气候条件、生态状况和当地人们以及守边将士的生存状态。岑参《走马川行奉送出师西征》描绘，"君不见/走马川行雪海边/平沙茫茫黄入天/轮台九月风夜吼/一川碎石大如斗/随风满地石乱走……风头如刀面如割/马毛带雪汗气蒸/五花连钱旋作冰/幕中草檄砚水凝"。其《送李副使赴碛西官军》写道，"火山六月应更热/赤亭道口行人绝"。这些诗篇生动地描写了新疆米泉、库车、车尔成河、吐鲁番等沙漠地带，风沙乱石、酷暑严寒的恶劣生态环境和人们艰苦的生活。古代阿拉伯诗歌(文学)在世界沙漠文学史上独树一帜，具有典型的沙漠文明特质，其一就是创作了很多爱情诗歌。当人们赶着骆驼行走在茫茫荒漠上时，便以吟咏爱情诗句来消除长途跋涉的单调寂寞和疲惫。

沙漠文学展示了古朴神秘的沙漠生活，塑造了独特淳厚的沙漠民族形象，也艺术地描绘了多姿多彩的沙漠自然风光及生态状况。

(三)沙漠绘画及雕塑

古代沙漠民族创作了众多壁画、石刻、石窟等艺术品，著名的有我国甘肃敦煌莫高窟壁画、贺兰山岩画以及遗存在沙漠中的无数石窟石刻等；撒哈拉沙漠腹地的史前岩画；纳米比亚沙漠中，1000多年前的布兰堡山脉岩画；美国科罗拉多大峡谷岩洞中，早期印第安人的壁画；澳大利亚辛普森沙漠中的石刻，以及埋藏在沙土下的岩画，等等。

沙漠岩画生动形象地呈现了当时的生态环境及其变迁。在撒哈拉沙漠的早期壁画中，画有水牛、犀牛、河马、大象等热带和亚热带动物，并有人游泳和划着独木舟捕猎河马的情景。这说明那时撒哈拉气候温暖湿润，水草肥美，或有过水源丰沛的江河，而不是一片沙漠。其后的壁画内容多为成千上万的牛群、牧牛的男子和欢送牧牛者的舞蹈女郎，反映了当时是以放牧生活为主。稍后的壁画中，牛群消失，多为马匹和马拉车，最后马匹又被骆驼所代替，表明撒哈拉地带出现干旱气候，从富饶的草原变成了荒凉的沙漠。考古研究和地质勘测也证实了这点：大约4000万年前，撒哈拉是一片汪洋大海，300万年前则前变成了一片沙漠，7000年前变成如今沙漠的形态。

(四)沙漠民族艺术审美的传承与变迁

1. 方兴未艾的沙漠审美艺术形式

当今，一些古老的沙漠民族的艺术形式依然在传承，同时随着时代和社会的进步，一些新的文化内容和表现手法，也加入沙漠艺术审美队伍中来，诸如沙漠生态小说、沙漠报告文学、沙漠摄影以及沙漠纪录片，等等。

沙漠生态小说，一种以沙漠生态环境为题材和内容的文学创作，它讲述沙漠民族生产生活的故事，表现沙漠地区的历史、文化和风俗，描绘沙漠的自然与生态景象，反映沙漠生态环境的恶化，反思人性及人类的生存状态，表达忧患意识与人文关怀，探索人类与沙漠（自然）和谐共处之路等。我国近几十年涌现出一大批优秀的生态文学作家，郭雪波就是其中一位出生于内蒙古科尔沁沙地的代表作家。他从20世纪80年代即开始创作生态环境小说，著有长篇小说《锡林河的女神》《火宅》《沦丧》《大漠狼孩》《狐啸》，中篇小说集《沙狼》等。其代表作中短篇小说集《沙狐》，入选联合国教科文组织出版的《国际优秀小说选》。《沙狼》《沙葬》《大漠魂》等作品获得多项海内外大奖，翻译成多种文字在国外出版①。享誉世界的法国当代著名作家、诺贝尔文学奖获得者勒·克莱齐奥（Jean Marie Gustave LeClézio，1940—），创作了《沙漠》《诉讼笔录》《战争》《乌拉尼亚》等一系列作品，关注人类生存和地球生态，探讨和思考后工业化时代人类文明语境下，

---

① 王尧：《郭雪波的沙漠情怀》，中国保险报，2003年7月11日。

人与社会、人与自然的传统关系。尤其是小说《沙漠》，通过对沙漠文明的生态审美和对城市文明的生态审丑，从生态整体主义的视角，表达了作家对异化文明的厌弃和对人类回归自然家园的颂扬。作品表现出来的生态人文意识和生态批判思想，体现了一个有良知的作家在当代文明危机下表现出的责任担当①。

沙漠报告文学是我国特有的一种兼有文学和新闻学特性的创作体裁和报道形式，主要介绍报道沙漠治理中的政策法规、切实可行的方法举措和新技术、新成果等内容，歌颂治沙的先进人物和事迹。如肖亦农创作的沙漠报告文学《毛乌素绿色传奇》，以全景式的视角讲述了鄂尔多斯生态治理，特别是毛乌素沙漠治理的感人壮举。其中，详尽地讲述了鄂尔多斯人民漫长而艰辛坎坷的治沙之路，细腻地展示了他们治沙的心路历程，颂扬了他们治沙的执着信念精神和坚韧毅力，以及绿进沙退、封沙固沙的治沙成果。该报告文学反映的治沙事迹非常有代表性，诸如此类的报告文学层出不穷。

沙漠摄影，即利用现代化的摄影技术和设备，拍摄以沙漠的自然风光、沙漠的生活与风俗、沙漠人物等为内容的图片，通俗直观，喜闻乐见，常以摄影比赛和摄影展览等形式集中示人，其影响更大，传播更有效。

沙漠纪录片及电影，即动态影像片，视觉冲击强烈，信息量丰富。主要通过动态的景象画面、文字解说和音乐等元素，展现沙漠的自然景观、地理知识以及生态环境及其变迁，介绍人类沙漠的历史和文化等内容。如《撒哈拉沙漠》考察介绍撒哈拉沙漠的形成及其生态环境的变迁，《狂野阿拉伯》介绍阿拉伯半岛沙漠民族和国家的历史文化及其变化，《滔滔小河》考证新疆小河墓地等，均非常形象直观，引人入胜。以上这些新的沙漠艺术审美创作，很多出自非沙漠民族、非沙漠地区的艺术家之手。

2. 传统的沙漠审美艺术形式的消失

诚然，不可回避的是，一些沙漠先民创造的传统艺术已经陷入失传的境地，或者面临后继无人的窘境。诸如一些民间流传的神话传说和歌谣以及史诗、民间口口相传的说唱艺术、表演技巧较高的歌舞、精湛的手工艺发明及制作(如富有民族特色工艺的家具、乐器、毛毯、饰品)，等等。究其原因是多方面的，其中有沙漠民族自身发展造成的，也有时代社会变化而导致的，还有沙漠生态环境的变迁带来的。

3. 传统的沙漠审美艺术的弘扬

沙漠民族的艺术审美是一笔宝贵的精神财富。现在一些沙漠国家和地区的人们，已经开始认识到它的重要性，并积极行动起来加以拯救和保护。北非沙漠国

---

① 冯克红、许丽芹：《沙漠的人性与人性中的沙漠——析〈沙漠〉中的生态人文思想》，重庆科技学院学报社会科学版，2012 年第 22 期。

家摩洛哥政府，早已开始重视发掘、保护和发展南部地区的沙漠文化。在国王的支持下，在卡萨布兰卡建立了研究和发展沙漠文化的"穆罕默德六世国王机构"。在卡萨布兰卡举办沙漠绘画展、服饰展、工艺品展，举办沙漠文学与诗歌研讨会等，注重研究南部沙漠地区的文学、诗歌和音乐，努力搜集和整理民间流传的关于沙漠豪侠、精灵魍魉，狐狸、羚羊、刺猬等动物的民间传说等①。显然，这些做法对我们开展沙漠生态文化传统的教育、研究及保护等工作，均具有启迪和借鉴意义。

沙漠民族的艺术审美，是沙漠自然生态系统和人文环境共同孕育的产物。它反映了沙漠民族和生活在非沙漠地区的人们对沙漠的热爱与欣赏，艺术地展现了沙漠民族的生活内容情景与历史文化及风俗，同时，也艺术地展现了沙漠的自然美、生态美，包含了丰富的沙漠自然地理知识，以及人与沙漠生态和谐相处的伦理情怀，具有向人们普及沙漠科学文化，宣传保护沙漠生态环境观念，以及熏陶沙漠生态审美性情的教育作用等。

纵观沙漠与人类的历史及文明，亦即人类与沙漠生态相互依存的生态文明史。在这一漫长的进程中，人类对沙漠自然生态系统既有智慧的适应、选择和虔诚的爱护，又有愚昧和错误的改变与破坏。无疑，这些历史的经验与教训，是我们研究和建设沙漠生态文化可资借鉴的宝贵遗产。

---

① 张如昕：《摩洛哥为何重视发展沙漠文化》，中国文化报，2000年9月22日。

第三章

沙漠自然物的文化蕴含

　　沙漠中存在着与沙漠特性相容相包的各类存在物，这些存在物既有自然物，如动植物等各类自然资源，也有人造物，如人类沙漠文化遗存、现代工程等。这些存在物在形态上与沙漠的特性相适应，既深刻影响沙漠的存在，也被沙漠持续影响或塑造。沙漠自然物为人类生存、生活提供了物质基础，也在相对恶劣的生存条件下，与自然环境相适应，呈现独特的面相，直接或间接地向人们传递着沙漠独有的文化气质与精神，为人们提供了丰富的文化解读和想象的空间，激发并生成了人们独特的文化价值与审美体验。

第一节　沙漠自然物的种类

　　自然物也是自然资源。《辞海》将自然资源定义为：天然存在的（不包括人类加工制造的原材料）并有利用价值的自然物，如土地、矿藏、水利、生物、气候、海洋等资源，是生产的原料来源和布局场所。联合国环境规划署将自然物定义为：在一定的时间和技术条件下，能够产生经济价值，提高人类当前和未来福利的自然环境因素的总称。沙漠中的自然物种类多种多样，根据其地理特征可分为生物资源、矿产资源、气候资源、水利资源、土地资源五大类，这里以其具有的文化特征归结为三大类：沙漠动物、沙漠植物和沙漠其他资源。

一、沙漠动物

　　沙漠生态系统中占有重要地位的动物主要为：哺乳动物、鸟类、爬行动物、两栖动物等。由于各个地区沙漠的自然条件和环境的差异，分布的动物种类也有所不同，因此每个沙漠都有自己特有的动物种类或优势动物类群。非洲有非洲象、河马、长角水牛、昼沙鼠、条纹狼、金雕、纳米布蝰蛇等动物生存；美洲常见大型哺乳动物有安第斯驼鹿、叉角羚、野驼羊、黄囊鼠、美洲狮、美洲豹、漠狗、美洲驼、虎斑响尾蛇、沙响尾蛇等；亚洲主要有双峰驼、印度野驴、蒙古野马、新疆马鹿、胖沙鼠、猎豹、大胡狼、秃鹫、印度沙蟒、西藏沙蜥等；澳大利亚有著名的大袋鼠、羊驼、大袋鼹、红嘴斑雀等(表3-1)。

表3-1　不同沙漠类型主要动物或特色动物资源

沙漠类型	沙漠名称	位置	主要动物或特色动物
热带、亚热带沙漠	澳大利亚沙漠	澳大利亚	兔耳袋狸、澳洲野犬、更格芦鼠、袋鼹、短尾矮袋鼠等
	阿拉伯沙漠	阿拉伯半岛	单峰驼、双峰驼、灵猫、埃及秃鹰、火烈鸟、瞪羚、阿拉伯马、豺、跳鼠、小硕鸻、石龙子等
	奇瓦瓦沙漠	墨西哥/美国西南部	无尾大蝙蝠、草原狼、菱斑响尾蛇、庚格芦鼠等
	卡拉哈里沙漠	非洲西南部	沙鼠、猫鼬、跳羚等
	莫哈韦沙漠	美国西南部	大角羊、沙漠陆龟、长腿大野兔、内华达鳞等
	蒙特沙漠	南美阿根廷	豚鼠、美洲山猫、美洲狮、白喉、土古鼠、耳廓狐等
	撒哈拉沙漠	非洲北部	沙鼠、角蛇、努比亚鸨、沙狐、浣熊等
	索诺兰沙漠	美国西南部和墨西哥	美西野猪、沙漠蜥蜴、沙漠陆龟、墨西哥灰狼、长耳鹿、响尾蛇、红尾鹰、狼蛛等
	塔尔沙漠	印度巴基斯坦	单峰驼、印度大鸨、印度刺尾蜥、沙鸡等
海岸沙漠	阿塔卡玛沙漠	智利秘鲁	美洲驼、秘鲁狐等
温带沙漠	戈壁沙漠	中国、蒙古	壁熊、沙鼠、蜥蜴、中亚野驴、毛腿沙鸡、蒙古野马、短趾百灵、雪豹、野山羊等
	伊朗沙漠	伊朗、阿富汗、巴基斯坦	巨蜥、中亚野驴、羚羊、蝎子等
	纳米布沙漠	非洲西南部	条纹蜥、金毛鼹鼠、角响尾蛇、蝰蛇、蹼足壁虎等
寒漠	巴塔哥尼亚沙漠	南美阿根廷	羊驼、美洲驼、巴塔哥尼亚野兔、巴塔哥尼亚鼬等
	土耳其斯坦沙漠	中东	亚洲龟、瞪羚、沙鼠、赛加羚羊等
	南极沙漠	南极	褐色贼鸥、且、螨、跳虫、蠕虫等
半干旱沙漠	大盆地沙漠	美国	大角羊、长腿大野兔、小囊鼠、叉角羚、高山弯嘴嘲鸫等

在体型上，沙漠动物为了适应干旱炎热的气候，形成了特殊的体型特征，如体形小、瘦长、四肢大而长、耳朵长而薄等。例如，兔子、羚羊等，其耳朵长而

薄，血管丰富，大耳朵不仅可以遮阴，而且会辐射多余的热量，由于面积大，即使刮来微风也能让它迅速降温。为了适应松散的地表，沙漠动物的脚部结构也有独特之处。如拟步甲虫，其脚爪尖端有很多细毛，行走时，这些细毛伸展开来，一方面使其着地面积增大，降低单位面积压力，另一方面使分散的沙粒受到细毛固着，减少沙粒分散带来的能量耗损，能在流沙上迅速行走。同时，为了适应风沙天气，多数动物有又长又密的美丽睫毛，或是鼻腔有瓣膜以应对沙尘暴等恶劣天气。

在习性上，许多沙漠动物一生都过着四处漂泊的生活，主要是沙漠哺乳动物，如羚羊、瞪羚、野驴和骆驼等，当然还有一些沙漠鸟类和昆虫也有这种习性。产生这种生活习性的主要原因还是在于沙漠上的植被非常稀少，为了获取足够的食物和水分，这些动物无可选择地只能进行不断的流浪与迁移。一些动物在适应沙漠环境的过程中，也有着自身的生理特性，并依据这些生理特性进行迁徙。有些动物喜欢沙漠夏季的炎热，不喜欢沙漠冬季的寒冷，因此，夏季居住于沙漠，冬季向温暖的地方迁徙；有些动物则相反，它们无法忍受沙漠夏季的炎热，却喜欢沙漠冬季的寒冷，所以冬季居住于沙漠，夏季迁徙到凉爽的地方。当然也有一些动物因为能够忍受沙漠的冬冷夏热而成为沙漠的永久定居者。

爬行动物是沙漠动物群体中种类比较繁多的一个物种。沙漠爬行动物主要是一些蛇类和蜥蜴，也有一些陆地龟类。其中，热带沙漠爬行动物种类较多，有毒爬行动物种类所占比重较大；温带沙漠爬行动物种类较少，有毒爬行动物更少。

禽鸟类更多依据湖泊、河流和湿地而栖息，沙漠中存在着的一些湖泊、河流和湿地，为许多禽鸟类动物提供了栖息场所。依据沙漠分布地域的不同，人们通常将沙漠鸟类按照亚洲沙漠地区鸟类、美洲沙漠地区鸟类、非洲沙漠地区鸟类和澳大利亚沙漠地区鸟类这四种类型来加以区分。沙漠中树木非常稀少，对于沙漠鸟类来说，繁殖是它们面临的最直接的难题。

许多沙漠动物也在人类的发展历史中不断遭受到灭顶之灾。例如，几十年来，为了获取羚角、皮毛、肉，或仅仅为了好玩，军人、商人、猎人们乘着汽车，挥舞着枪支，对弯角大羚羊进行了大屠杀。到20世纪90年代，弯角大羚羊已在野外被消灭得干干净净。现在只剩数千只因被人工圈养而生存了下来，其中大多数养在美国德州的牧场。弯角大羚羊历经数百万年进化而来的那套巧妙的适应方式没有了用武之地。一个物种如果失去了其野外栖息地，丧失了其主要习性，即使能继续繁衍，也只是徒具其形，近乎灭绝。

面对人类与大自然和谐共处的大课题，在拯救沙漠动物方面，已经出现了各种亟待人类去解决的难题。维护沙漠动物生态系统平衡已经变得越来越重要，在人类步步逼近、掠夺沙漠物种的时候，沙漠动物生态系统所能承受的供给极限已经岌岌可危。

二、沙漠植物

沙漠这种看似寸草不生的自然环境中，也存在着独特的植被系统。沙漠常年干旱、炙热，与其他环境中的植物相比，沙漠中的植物显然是承受能力极强的生存大师，在漫长的岁月里，它们用各种让人觉得不可思议的方式慢慢适应了沙漠干燥炎热的气候，成为沙漠自然环境中不可或缺的一部分。

（一）沙漠植物的分布

非洲热带、亚热带的沙漠物种相对较为丰富，北部的撒哈拉沙漠（Sahara Desert）植物物种就多达 1600 多种，但多数植物分布于沙漠边缘的地中海气候区和南缘的半干旱区域。非洲南部还有卡拉哈里沙漠（Kalahari Desert）、纳米布沙漠（Namib Desert）和卡鲁沙漠（Karoo Desert）。其中，卡拉哈里沙漠属于沙质稀树草原，卡鲁沙漠和纳米布沙漠的肉质植物多达 3500 种。

美洲各沙漠的植物特色鲜明。北美西部自北向南的狭长沙漠带依次排列为大盆地沙漠（The Great Basin Desert）、莫哈韦沙漠（Mojave Desert）、索诺兰沙漠（The Sonoran Desert）和奇瓦瓦沙漠（Chihuahuan Desert）。大盆地沙漠纬度最高，温度最低，降水量低于 250mm，植被主要为三齿蒿—滨藜灌丛草原；莫哈韦沙漠是四个沙漠中气候最干燥的，植被以刺果菊—三齿拉瑞阿群落为主；索诺兰沙漠、奇瓦瓦沙漠同属于暖沙漠，而前者最大的特点是仙人掌植物占优势，后者石炭酸植物占优势。南美沙漠是世界上最干旱的沙漠之一，植物种类比较少，包括阿塔卡玛沙漠（Atacama Desert）、秘鲁沙漠（Peru Desert）、巴塔哥尼亚沙漠（Patagonia Desert）和蒙特沙漠（Mount Desert），主要分布于智利、秘鲁和阿根廷三国。

亚洲除中国，可分为南亚、中亚、西亚沙漠。南亚的塔尔沙漠（Thar Desert）为热带、亚热带沙漠，常见植物有伊朗松、大叶合欢、鹰爪豆柴等。中亚的卡拉库姆沙漠（Karakum Desert）、穆云库姆沙漠（Muyunkum Desert）、巴尔哈什湖沙漠（Barr's Lake Desert）、威海卡拉库姆沙漠（Weihai Cara Kum Desert）等，常见植物有沙枣、梭梭柴、沙拐枣等。西亚分布的鲁卜哈利沙漠（Empty Quarter Desert）、内夫得沙漠（An Nafūd Desert）、叙利亚沙漠（Syrian Desert）、伊朗沙漠（Iran Desert）、卢特沙漠（The Root Desert）等，常见植物有扭曲金合欢、椰枣、柽柳等。我国沙漠植物主要有三类：乔木（胡杨——世界三大胡杨林，生长于新疆伊吾、内蒙古额济纳、新疆轮台）；灌木（梭梭、红柳、骆驼刺、沙拐枣、沙棘、白刺）；草本（沙葱、肉苁蓉、锁阳）。

澳大利亚沙漠主要为吉普森沙漠（Gibson Desert）、大沙沙漠（Great Sandy Desert）、维多利亚沙漠（Vitoria Desert）等，由于气候空间变化小、地形地貌较为单一，因而沙漠地区植物物种不是特别丰富。

(二)沙漠植物的特性

在沙漠中生存，植物首先要具备的最基本的能力就是抗旱和耐热，其次还要适应极其贫瘠或盐分极高的沙质土壤。

沙漠中的植物不像其他环境中的植物那样遇水而荣，缺水则枯。它们大都像沙漠动物一样在具备强大的干旱忍受力的同时具有比较强的储水功能。以猴面包树为例：它是非洲大地上最引人注目的植物之一，其树干虽短但是异常粗壮，当干旱季节过长的时候，它会脱落所有的叶子，避免水分蒸发，而它肥大的树干却被结实的树皮包裹成为了一个绝佳的"蓄水箱"。据研究，猴面包树木质内部最大蓄水量竟然可以到达 12 万升！它们有时候甚至可以为口渴难耐的大象提供重要水源。

沙漠昼夜温差变化很大，昼夜间的空气湿度也会随着热与寒的气温交替而发生变化。相对于白天的炎热和干燥，夜间的沙漠正是植物增加蓄水的最好时段。以沙漠中的多肉植物为例：它们在白天酷暑难耐时，会通过自身的组织结构将自己与周围环境几乎完全隔离，在夜间，气温逐渐降下、空气湿度也逐渐增大，无数的小水珠便凝结成露水时，这些植物就会打开蓄水组织上的气孔，然后将水分吸进它们的"蓄水箱"中。

沙漠植物生命周期比较不同，有的沙漠植物因为环境严酷而生命周期很短，一旦下雨它们就会发芽，但不久之后就会消失；有些植物则是典型的"长寿植物"，例如，仙人掌、芦荟和大戟属科植物，它们可以在极其干燥的沙漠环境中存活很多年。在这些植物群中，我们当然更容易把生命周期更为漫长的仙人掌等植物作为沙漠植物的代表来看待。而有些奇特的沙漠植物，甚至可以用荣枯交替的方式存活下去，最为典型的莫过于约旦和以色列境内沙漠区中有着"复活草"之称的耶利哥玫瑰。这种玫瑰在干旱的时段会枯萎，蜷缩成一个棕色、毫无生气的小球，甚至能以这样的状态让生命持续好几年，但是在遇到降雨时，它就会慢慢舒展并在几个小时内恢复成原来的绿色，依旧如原来一般生机盎然。它以一种奇特的方式向人们展示适应沙漠干旱环境的特殊生存方法，以及新奇的生命周期延续方式。

沙漠植物的种群特征是它们为了适应沙漠的极端环境而形成的一种生存模式，它们以不同的数量、分布状态和聚集密度分布在世界各地的沙漠地区，以这种类似于动物群居的形式，谱写着沙漠植物的生活史。沙漠植物种群有的以斑块状分布，有的以广布状模式分布。种群的大小主要受它们的分布范围和密度两个因素的影响，植物分布范围相同时，密度越大，种群数量越多；密度相同时，分布范围越大，种群数量越大。此外，沙漠植物种群有自身的年际和季节变化特点，从这个角度划分，它们主要有年际稳定型、季节稳定型、年际不稳定型和季节不稳定型四种类型。

沙生植物是沙漠植物中占据比例较大的植物类型，它们的外在形态和内部生理结构方面都有着适应沙漠环境的显著特征。有的沙生植物具有复表皮，在复表皮上分布着密集的气孔；有的沙生植物叶子折叠或卷曲，以此来减少水分蒸发面积；有的沙生植物根系非常发达，借助发达的根系组织扩展地下空间增加吸收水分的范围，从而汲取更多的地下水分。沙生植物的生长发育类型特性是人们划分沙漠植物类型和利用沙漠植物进行沙漠治理的依据之一。

在沙漠的植物家族中，绿洲作物也是不可忽视的一个成员。人类从很早的时候就开始在沙漠绿洲中种植作物，包括小麦、大麦、蚕豆、烟草等。在撒哈拉大沙漠里，枣椰树是阿拉伯人重要的绿洲果树，椰枣的营养价值很高，甚至被称为"沙漠面包"。

（三）典型的沙漠植物

仙人掌是美洲沙漠植物的典型，它们历来都是沙漠植物中令人印象最为深刻的植物之首。它们以扇形、柱形、球形等为主要外形，表层多有针状物分布。它们的身体具有很好的自身储水性；它们根系发达，就像一张分布于土壤里的大网一样。

沙漠之树——梭梭，是亚洲沙漠植物的典型，它们有时也被称为盐木，是沙漠居民很好的木材染料，其中的黑梭梭还为羊和骆驼提供饲料。另外，梭梭也是人们整治固定流动沙丘和抵御沙尘暴时常借助的重要工具之一。

木麻黄是澳大利亚沙漠植物的典型，是生活在澳大利亚干旱地区的鬣刺属植物，具有很强的持久耐旱性。它们材质坚重，可供建筑、家具、造纸用材；树皮可提制栲胶，也可制备染料；枝叶还可以作家畜的饲料；此外，它们树冠呈塔形，姿态优雅，为庭园绿化树种。

（四）沙漠植物的作用和功能

从局部看，部分沙漠植物在食用和药用等方面向人类提供了多种便利。为人类提供食材的沙漠植物很多，例如，沙棘果、白刺果、野生核桃等；为人类提供药用价值的沙漠植物也有很多，例如，麻黄、曼陀罗、柴胡等。

从整体看，沙漠植物具有调节地表辐射和能量收支、影响降水和大气湿度、调节沙漠气温等生态调节功能。此外，沙漠植物在水土保持、防风固沙等方面也发挥着至关重要的作用，可以说，它们是人类进行沙漠环境改造和沙漠治理的先遣部队。

综合沙漠植物的特点及其作用，我们在对沙漠文化进行研究时，既要对沙漠植物的价值进行正确的评估和了解，也要在对沙漠植物资源进行开发的同时，对它们采取必要的保护措施，这样才能长久地从沙漠植物资源中获取源源不断的价值。

三、沙漠其他资源

大自然在人类的发展史中一直扮演着不求回报的施予者的角色，它无私地向人类提供着再生与非再生的各种资源，同时也忍受着人类的不断掠夺。沙漠作为大自然中一种独特的存在，作为大自然代表者之一，同样在不断展现着大自然对人类的慷慨。除了有生命的动物和植物外，在沙漠所有的供给物中，无生命的自然资源也是沙漠向人类慷慨解囊的最为宝贵的财富之一。无生命的沙漠资源种类繁多，因地域不同而分布状况各异，在人类的生产、发展过程中所占据的地位和发挥的作用也各有不同。

（一）土地资源

虽然沙漠并不适合人类大面积地居住和耕作，但沙漠作为一种地理区域概念，仍可以被看作是一种特殊的土地资源。自然环境和有限的人类活动作为影响沙漠地区土地资源的两种因素，从不同程度影响着沙漠土地资源的区域性和规律性。在我国，沙漠地区基本上由高原、内陆盆地及周围的山地组成。从人类活动所需和地表植被覆盖情况等角度考察，将沙漠地区的土地资源再进一步细分的话，它主要可以分为耕地资源、林地资源、草地资源、后备资源等类型。

（二）水资源

人们对于沙漠最基本的印象就是"干涸"。其实，在沙漠这种特殊的环境中，水资源也是存在的，与其他自然环境中一样，它以地表水和地下水两种形式存在。

水资源在沙漠中是尤为珍贵的存在，无论是地表水资源还是地下水资源，对人类来说它都是能否将生存足迹延续到沙漠的决定性因素。沙漠地区多分布在干旱和半干旱地带，地表水与地下水之间一样存在着相互转化的关系。沙漠地区的地表水资源来源主要有：降水资源、高山冰雪水资源、河川径流资源等。沙漠地下水资源的存在形式主要有：山前平原地下水、山间盆地和河谷地下水、湖盆地地下水、沙漠潜水、深层自流水等。

（三）气候资源

沙漠的气候资源是沙漠特色资源的代表者，沙漠地区中大部分时间光照强、气候炎热且多风，所以沙漠的气候资源主要有热量资源、光能资源和风能资源。太阳能资源是人类从自然界中能得到的最原始的资源之一，最有效的太阳能利用方式就是将太阳辐射直接转换成热能，其次是利用电池等设备将太阳能储备起来，再进行发电。伴随着科技的发展，人类对天然无污染能源的渴求力度在不断增加，这其中就包括光能资源，建太阳能发电站已成为人类开发沙漠气候资源的主要方式之一。风能资源利用也是人类很久之前就已经开始开发沙漠资源的模式之一，我国是世界上利用风能最早的国家，现在在新疆、内蒙古等地区的沙漠地带，利用风能建成的大小型发电站的项目非常多。

(四)矿产资源

沙漠作为大自然沧海桑田变化的体现者之一，当然也蕴含着惊人数量的矿产资源，主要有：非金属矿产资源(石英砂、石棉等)、盐类矿产资源(芒硝、食盐、钾盐、天然碱等)、油气资源(石油、天然气等)、煤炭资源这四大类。沙漠地区虽然矿产资源丰富，但从其再生速度极其缓慢甚至有的根本就是不可再生资源来看，沙漠矿产资源也是弥足珍贵的。在我国，著名的西气东输工程就涉及我们西部部分沙漠资源中天然气能源的开发。在未来发展的道路上，对沙漠矿产资源的开发和保护是一个任重而道远的过程。

第二节　沙漠自然物的文化内涵

沙漠自然物虽非人类创造，但在其与人类共生的过程中，与人类一道构成了生态文化的重要一环，生成了人化了的文化意蕴。

一、沙漠动物的文化内涵

在沙漠中，不同物种要想生存，就需要具备较强的生存与竞争能力，这种竞争主要发生在物种与所处环境之间。相对于植物而言，动物根据所处环境不断改变自身的能力似乎更胜一筹，这种顽强的生命力量在沙漠恶劣的自然环境中显得更加突出。沙漠动物种类繁多，人类赋予它们不同的文化内涵。

在沙漠动物中，有一种动物最能代表沙漠文化的特征，那就是骆驼。骆驼躯体高大、体毛褐色，极能忍耐饥渴，甚至可以在没有水的条件下生存两周，没有食物的条件下生存一个月之久。它的驼峰贮存着脂肪，足下有厚皮，拥有三个胃，长长的睫毛等，这些生理构造，使骆驼成为荒漠半荒漠地区，尤其是沙漠地区人类生产生活的重要伙伴，被人们誉为"沙漠之舟"。

骆驼曾是我国西部游牧民族家庭的重要财富，是作为运输、贸易和作战的主要工具。我国西部少数民族普遍信仰伊斯兰教，在伊斯兰宰牲祭祀中，驼为大牲，牛为少牲，羊为配牲。作为大牲的骆驼被赋予"五德"：其"舒行而经，踏虫不伤，仁也；一驼未致，群驼不饮，一饮未毕，群驼不去，义也；一驼为之领，群驼从之，不敢先，不敢犯，礼也；风未至而先觉，水未见而先知，智也；约食之期不至不鸣，信也。此之谓五德。"①

西宁东关清真大寺民间又称"骆驼寺"，传说是唐朝西域商人在阿拉伯使臣宛尕斯喻示下，依照骆驼的形状建造而成。在伊斯兰文化中骆驼有着高贵的象征意义，有着吃苦耐劳的精神。

现今，随着越野车性能不断提高，骆驼作为沙漠重要交通工具的作用已逐渐衰微，但作为沙漠象征，骆驼骑乘在沙漠旅游体验中仍占一席之地。埃及金字塔周边的骆驼是其风景画中不可或缺的要素，骑乘骆驼观赏金字塔是非常受游客欢迎的一种参观方式。

二、沙漠植物的文化内涵

沙漠植物生命的顽强远超人类的想象，自然条件恶劣的沙漠，仍然有大量生命的存在，并且成为其他一些生命的乐园，沙漠植物以它们顽强的生命力，构成并维护着沙漠生态系统，启迪人类从一种独特的视角去认识生命的价值与意义。

（一）沙漠植物的精神文化

沙漠植物由于能够在极端恶劣的自然条件下生存，所以被人们认为是坚韧、顽强的象征。如南美的仙人掌，我国西部的胡杨、沙棘、柽柳等。

胡杨主要分布于我国西部干旱地区。维吾尔族语"托克拉克"，意为"最美丽的树"，被称为"第三纪活化石"。林则徐赞美胡杨："树窝随处产胡桐，天与严寒作火烘。务恰克中烧不尽，燎原野火入霄红。"胡杨任凭沙暴肆虐，干旱和盐碱侵蚀，严寒和酷暑打击，仍旧顽强生存，被人们称为"沙漠英雄树"。人们赞美胡杨：活着昂首一千年，死后挺立一千年，倒下不朽一千年，铮铮铁骨千年铸，不屈品质万年颂。胡杨在如此艰苦的环境中，其发散的优雅姿态，顽强的生命展示着不屈的生命力。胡杨在恶劣的沙漠环境中屹立不倒，形成了我国西部沙漠地区的特有景观。尤其在秋季，胡杨绚烂的叶色为摄影爱好者、艺术工作者提供激发艺术灵感和进行艺术创造的素材。新疆轮台塔里木开辟了国内唯一的胡杨林公园。

提到沙漠植物，人们还会想到仙人掌。墨西哥把仙人掌作为国家的标志。仙人掌在墨西哥具有特殊的地位，当地的印第安人把仙人掌视为神灵顶礼膜拜。墨西哥把仙人掌视为民族勇敢、不可征服的象征。墨西哥的国旗、国徽主体图案是一只雄鹰，衔着一条长蛇，停栖在一棵巨大的仙人掌上，墨西哥被誉为"雄鹰和仙人掌的王国"。仙人掌是墨西哥文化的重要组成部分。在玛雅象形文字中就有仙人掌图案，印第安人对仙人掌的利用可追溯到一万年以前。人与植物之间的情

---

① 刘智：《天方典礼》，天津古籍出版社 1988 年版，第 435 页。

感，伴随着日月流转而沉淀、升华。全世界两千多种仙人掌类植物，其中一半左右分布在墨西哥。在高原恶劣的环境中，仙人掌构成了绚丽多姿、生机勃勃的墨西哥高原世界，形成独有的地域风貌。

在墨西哥旅行，随处可见形态各异的仙人掌。墨西哥高原的仙人掌群落，以其独特的地域景观吸引游客前往远足、观光。而各类仙人掌产品和以仙人掌为主要形象的工艺品、纪念品便形成了品系丰富的仙人掌主题旅游商品。

印度有一种叫海娜（Henna）的沙漠植物，在印度、巴基斯坦等中东地区，人类利用海娜作为身体装饰和染料已有 5000 多年的历史。此外，海娜还具有自然冷却的作用，生活在热带沙漠地区的人们，长期以来用海娜制成的膏体涂抹身体以达到降温冷却作用。至今在印度拉贾斯坦邦，海娜身体彩绘也是一道独特的风景，游客往往也会去尝试这种具有浓郁地方特色的身体彩绘，因为这种植物染料会慢慢褪去，不会像文身成为永久的印记。我国新疆地区的维吾尔族姑娘也喜欢用海娜染发和装饰身体。此外，海娜也作为纯植物染料用在现代染发产品的研发，是风靡欧美和日本的纯植物染发剂。

（二）沙漠植物的技术文化

种类繁多的沙漠植物不仅为人类提供食材、饲料、药材等，同时也是重要的观赏性植物基因库。人类在长期的实践中利用自然沙漠植物培育了种类繁多的观赏性多肉植物。沙漠植物园展示了原生沙漠植物、人类栽培品种，并且利用沙漠植物进行防沙治沙等环境治理，是沙漠地区生物多样性的集中体现，同时也形成了富有地方特色的旅游资源。

我国新疆吐鲁番中国科学院沙漠植物园建于 1976 年，该园以固沙植物的引种驯化和扩大繁殖为主，还兼沙害防治研究、沙漠植物普及教育、观赏旅游等功能。目前，该园保存各类荒漠区植物约 600 余种，建有民族药用植物专类园、荒漠野生观赏植物专类园、荒漠珍稀濒危特有植物专类园等多个专类园。该植物园 1994 年加入国际植物园保护联盟（BGCI），现为国家级科普教育基地、全国野生植物保护科普教育基地、全国青少年科技教育基地等，具有科研、科普教育以及游览观光等综合功能。

南非卡鲁沙漠国家植物园（Karoo Desert Botanical Garden）建于 1921 年，坐落在西开普敦省的伍斯特市，是南半球唯一建于自然区域的多肉植物园。每年春季都是植物最为繁茂的季节，春季开花植物纳马夸兰（Namaqualand）植物群就会在此季节浓墨重彩地呈现花的海洋。该植物园还是濒危植物的保育地，园内保护和繁育这 300 多个物种。丰富的植物种类也成为动物的栖息乐园，植物园有多达 90 多种鸟类，长 1000 多米的沙漠观鸟路径每年都会吸引众多观鸟爱好者。

美国凤凰城沙漠植物园，占地 80 英亩（约合 32.4 公顷），收集了索诺拉沙漠最珍贵的物种。植物园的地形处理再现了菲尼克斯盆地的地理特征，和植物园所处的自然荒漠背景相呼应，体现了沙漠植物的种类纷繁和美丽多姿。

综上，沙漠植物园集中体现了沙漠原生植物的保育、品种培育、生物多样性保护、科普及公众环境教育等综合文化功能。

三、沙漠资源开发的文化反思

在沙漠长久地奉献自身资源的同时，人类也在不断主动地向它进行更多的索取，人类与沙漠生生不息的关联，使得今天的人们在思考当下生存与发展的同时，更要深度思考未来人类与环境作为一种命运共同体，应该如何更好地处理彼此之间的关系。

我们知道，生活在沙漠区的人类，需要依赖沙漠中珍贵的水资源才能获得生存。世界区域内的沙漠地带中，很多人通过各种形式利用沙漠中有限、可利用的土地资源进行生存地扩张，在沙漠中建筑城镇、发展经济。可以说，人类自身的生存是第一位的。人类必须首先要解决自身的生存发展问题，但是，最佳的方式是什么，目前看来需要在文化脉络中进行梳理。

人类依靠越来越发达的科学技术，借助风能、太阳能等新能源，主动对沙漠气候资源进行开发和利用，另外，有关沙漠的科研领域也在不断扩大。随着人类深入沙漠的步伐越来越明显，沙漠极其有限的生物资源的利用和保护也已经日渐成为人类合理开发大自然的重要课题之一。

当然，在发展的过程中，人类也需要从大自然的各个板块获得人造品所无法取代的自然矿产资源，适度开采沙漠矿产成为人们现在和将来必须面对的"如何正确对待土地沙漠化"问题的重点事项之一。

从沙漠本身的一些成因上来讲，正常土地的不断沙漠化已经是大自然对人类过分索取的一种惩罚，而如果人类继续这样后知后觉、肆无忌惮地对大自然进行无休止的掠夺，则将会受到大自然更为严厉的惩罚。面对现实，人类应该深刻反思自身的生存与沙漠之间的关系，并形成对大自然的资源供给能力做出正确评估的能力，在利用沙漠资源的同时，将沙漠生态保护放到首位，这不仅关系沙漠的未来发展，更关系人类自身的未来生存和可持续发展。

第四章

沙漠的价值与沙漠伦理

在人类诞生之前，沙漠已然存在。沙漠不仅具有工具价值，还具有内在价值。沙漠的内在价值就在于其囊括丰富的生物品种、自然资源、生态景观、文化风貌等于一体，是自然生态系统的一部分。在生态环境危机凸显的今天，尊重自然、保护自然逐步成为社会共识。沙漠是自然界一部分，承认沙漠的价值，遵守沙漠伦理，是实现人类与沙漠和谐共存的必然要求。

第一节　价值的释义与哲学蕴涵

沙漠蕴含着巨大的价值。价值是用来判定和衡量物体存在意义的。在人类中心主义的观念体系中，物体的价值是用其对人类的有用性来衡量的，所以体现为工具价值。但是，在弱的非人类中心主义看来，在满足人类基本生存需求的前提下，一切物体都有其内在价值，这是人类与自然界其他非人存在物共生共荣的条件。所以，在人类行为对生态环境造成严重破坏的今天，适度的弱的非人类中心主义才是合理的价值认识。毕竟沙漠本身就有内在价值，而且这种内在价值是其他工具性价值的前提。下面，我们结合沙漠的固有存在，对价值的概念释义与哲学蕴含做一些梳理。

一、价值

当客体被主体所需要或能被利用时（即对主体有一定的积极性和有用性），该客体也就具备了价值。一件价值连城的艺术品具有价值，则是因为它能够满足人类的审美需求，同时也就具备了审美价值；在超市里购买的日常生活用品则具有使用价值；森林、海洋、湿地等生态系统具有多种价值，如经济价值、资源价值，等等；沙漠孕育了世界三大"经典宗教"，即犹太教、基督教和伊斯兰教，体现了巨大的文化价值；空气、水、阳光等不可缺少的生存条件具有环境价值；在商品交换的过程中，往往以价格来衡量商品价值的大小，这也是商品交换价值的表现，等等。

"价值只能伴随意识出现"，换句话说，一件事物是否具备价值是由人类的意识来决定的，即是由人主观地给予定义：该事物对人有价值还是没有价值。作为一种价值哲学的伦理学认为，只有人有价值，生命和自然界没有价值。人类中心主义的主要代表之一"强人类中心主义"更是认为由于人是一种自在的目的，是最高级的存在物，因而其一切需要都是合理的，可以为了满足自己的任何需要而毁坏或灭绝任何自然存在物，只要这样做不损害他人的利益即可。"强人类中心主义"还认为只有人才具有内在价值。然而，以泛生态为中心的非人类中心主义观点认为，人并不是价值的唯一主体，自然界中多数物种在目前看来确无价值，但是却在维护整个生态系统平衡中起到了不可忽略的内在作用。总而言之，自然界的一切生物与非生物都是以一定的价值形态存在着，也许有的事物还没出现在人类的视野中；也许有的事物所体现出来的价值微乎其微，然而不管它对人有没有利用价值，它都会与其他的某种特定事物构成特定的价值关系，只要对某种事物具有价值，那它就是有价值的，只是主体不是人类而已。

按照价值的不同特点，我们可以将其分类：根据领域的不同，价值可以分为社会价值、个人价值、经济价值、法律价值等；根据变化方向的不同，价值可分为正向价值与负向价值；根据作用方向的不同，价值可分为使用价值和劳动价值；根据作用时期的不同，价值可分为追溯性价值、现实性价值和期望性价值……难以想象人们若在一个毫无价值可言的社会中生存着，那么一切事物对于人类来说都将是毫无意义。价值是在被需要中产生的，只有人类根据自己的需要合理地使用价值和创造价值，才能达到最优目的，实现社会的可持续发展。

二、自然价值的内涵

自然价值论是环境伦理学的基本理论，泰勒认为，环境伦理学关心的是存在于人与自然之间的道德关系，支配着这些关系的伦理原则，决定着我们对自然环境和栖息于其中的多种动物和植物的义务、职责与责任。关于自然价值，可以从下面三个层面阐述。

（一）自然价值的功利层面的含义

这是从人与自然关系的角度，或主体与客体关系的角度，来表示它对人这一主体的功利含义：生命和自然界具有商品性价值（经济价值）与非商品性价值。这是关于主体—客体（利益或需要）关系的概念。它反映一定的主体（包括人和其他生物)与自然事物的利益(或需要)关系,自然事物作为资源能满足人的需要,符合人的利益。

(二)自然价值的伦理学层面的含义

这是表示主—客关系的主体性概念。生命和自然界也是生存主体,它的自主存在,表示它具有自身价值。它的价值,表示生命和自然界自身生存的意义,它的创造性,创造了地球上适宜生命生存的条件,创造了地球基本生态过程、生态系统和生物物种;同时,表示了生命和自然事物按客观自然规律在地球上的生存是合理的、有意义的。这是生命和自然界的内在价值。当人对这种价值进行评价时,称它为自然界的道德价值。

(三)自然价值的审美层面的含义

这是表示自然价值的真、善、美统一的概念,即人对自然价值的理论评价,这是自然价值最基本的性质。自然价值的哲学含义是对自然价值的抽象概括,以及对它的价值评价,这是它的理论表现形式。自然价值的确认是环境伦理学的基本理论要求,按照上述自然价值概念,环境伦理学认为,不能把生命和自然界仅仅归结为人类的资源,除了它的资源意义,即对于人具有商品性和非商品性价值外,它还具有以它自身为尺度的价值,即内在价值。因而,环境伦理学提出道德目标的双标尺,即人类行为准则:一是有利于人类利益;二是有利于生态平衡。环境伦理学的公正原则的双标尺:一是每一个人都应得到人道的待遇;二是每一个生物物种都应得到类似于人道的待遇。"人与自然共生共存,伤害自然最终将伤及人类。"保护环境、尊重生命、善待自然、适度消费、生态公正,是人类行为新的道德规范。

三、沙漠的价值根源

沙漠价值的根源在于人的存在与发展的需要,即如何从沙漠中挖掘出人类需要的价值,满足人类生存和发展的需要。

沙漠,在很多人眼中,依旧是"漫漫黄沙,寸草不生"的死亡迷宫。我国的荒漠类型主要有风蚀荒漠、水蚀荒漠、冻融荒漠、土壤盐渍化。由于沙漠不同的地形地貌构造、不同的形成原因,致使沙漠中生长着各种各样的植物,生存着各种各样的动物,在大气、地下水以及地形的共同作用下还会形成美丽的湖泊、绿洲等,沙漠的价值正是由于这些特殊的组成部分从而具备了珍贵的价值。沙漠还孕育着巨大的文化价值,沙漠是古文明的发源地,像小河文明、古楼兰文明等在历史的风沙中隐匿。沙漠见证着一代又一代人的进步,以其独有的自然美景和丰厚的历史文化吸引着人们的眼球,其巨大的审美价值和旅游价值亦是不可忽视的。唐朝岑参的"平沙莽莽黄入天",王维的"大漠孤烟直,长河落日圆"都使得沙漠的壮观景色跃然纸上……总之,沙漠里繁多的生物品种和变幻莫测的自然景象,独特的气候与丰富多样的资源,悠久的历史文化和其本身具备的可变性(指的是沙地到绿洲的转变)衍生的意义,促使沙漠成为一个巨大的价值结合体,这也就是沙漠价值的根源所在。

钱学森曾分析道:"沙产业属于第六次产业革命,是21世纪中叶才能开花结果的,那时还要利用生物技术这一刚露头的技术革命。"由此可见,沙漠的美好愿景指日可待,更大的价值将在沙漠这里得以体现。这也指出了沙漠价值的根源在于人的存在与发展的需要。通过开发和利用沙漠,满足人类现阶段的发展需要,同时通过保护和恢复次生沙漠的自然生态系统,实现人与自然的和谐相处。

第二节　沙漠的价值表现

只有承认了沙漠价值的合理存在,才能全面地认识沙漠价值的表现;只有深入认识沙漠的价值表现,才能够真正形成指引人们健全行为的动力。沙漠的价值表现基本可以分为外在价值、内在价值、整体价值,其中每一层又可以细分为不同的价值。对沙漠各种价值的梳理和认识是保护好、利用好沙漠价值的前提。

一、沙漠的外在价值

(一)经济价值

自然界的一切事物对于人和社会在经济上的意义,称为经济价值;沙漠的经济价值也就是指沙漠给人类社会所带来的经济效益。在上一节也提到,沙漠生物具有多样性,如优良的防风固沙树种:梭梭、柠条、霸王、胡杨、籽蒿、骆驼刺等;沙漠还是新能源的重要基地:风能、光能、热能等,这也就使得沙漠具备巨大的经济价值。各种经济资源如银、钨、金和铁矿等,是各种材料与器材的组成元素,企业以及个人可以从中获取利润;沙漠中常见的沙子还可以是建筑场地所需的原材料,其中,沙漠中的石英、长石、角闪石、云母等矿物可用于各种器械、工具的构造;沙漠的昼夜温差大,这有助于植物储存糖分,使得沙漠中的很多瓜果都香甜可口;还有些科幻电影的拍摄地会选择带有神秘色彩的沙漠地带;在我国的古尔班通古特沙漠下面蕴含着丰富的石油资源——"彩南油田",这是我国投入开发的第一个百万吨级的自动化沙漠整装油田。沙漠的经济价值远远不止这些,其潜在的经济价值正在人类的探索中慢慢地显现出来。

(二)旅游价值

旅游价值即旅游形式与活动带给人们的意义。在沙漠里,常常会发生各种奇妙的景象,这源于沙漠的组成结构、风力以及干燥多变的气候条件。地处阿拉伯半岛东南部的鲁卜哈利沙漠是世界上最大的流动沙漠，在强劲风力的作用下，随风飘舞的沙尘就会被卷起几十米甚至百米高，这不禁让人们感受到自然界的雄伟与壮观。同时，沙漠中还会出现海市蜃楼的自然奇观，在极度缺水的情况下突然看到一片无边无际的大海，波涛汹涌，这种空间转换的自然盛景，就是一场视觉盛宴，总让人心驰向往。除此之外，沙漠中的湖泊也会呈现另外一种美，腾格里沙漠是我国湖泊最多的沙漠，在那里会体验到不一样的美。各种各样的植物动物正吸引着一大群爱好者朝沙漠迈进。在美国和墨西哥两国交界处的索诺兰沙漠中的巨柱仙人掌，高十几米，重达几吨，可以存活 200 多年，其体内储存着充足的水分，庞大的身躯给人以强烈的视觉冲击和一种崇高感，让人在惊异其顽强生命力的同时也心生敬畏。

随着科技和文化的发展，沙漠的正面价值也开始为人所知，中国也在利用和传播沙漠价值层面做了一系列努力和尝试，如位于腾格里沙漠南缘的宁夏沙坡头沙漠旅游区被确立为国家级自然保护区，库姆塔格沙漠中的鸣沙山月牙泉是国务院命名的国家级风景名胜区等，都将沙漠独特的价值展示给世人，吸引着旅游爱好者前往体验。

（三）科学价值

沙漠的科学价值即是人们通过一定的科学方法对沙漠中物质和自然现象进行研究，从而可以得出一定的结论，这不仅丰富了人类的知识体系，还可以解决生存问题。在沙漠里面出现的海市蜃楼现象已为人熟知，人们会看到船只、岛屿、楼台等浮现于空中，这是由于特定的气候、大气和光的折射作用产生的，这一现象也吸引着很多科考人员去对其进行更深层次的探讨。在澳大利亚中部阿里斯西南的茫茫沙漠中，存在着一种能报时的巨石，这种巨石通过每天很有规律的颜色改变来告诉人们时间的流逝，一些科学家试图去解释这种怪现象，认为这是太阳光在不同的气候条件下产生的反射、折射的数量和角度的不同变化反映到人眼所产生的。

很多资料显示，沙漠在几千年前甚至更久以前是一片肥沃的土地，更是人类经济活动的发源地，在沙漠中发现了很多的古代遗址。20 世纪初，内蒙古自治区的文物工作者在巴丹吉林沙漠东缘，阿拉善左旗乌力吉苏木一个叫作呼和扎格的地方，发现了一处旧石器时代至商周时期的古人类遗址，在沙漠的东南部还发现了 800 多幅古岩画群，主要是以动物和生产场景为主要题材，显示了中国古代北方游牧民族的生活状况。1980 年，经国务院批准，在狼山北部沙漠建立努登梭梭林自然保护区①，这对古人类遗址的研究具有很大的帮助，可以让人们了解到

---

① 王文彪：《重新认识沙漠》，王文彪编著，内蒙古大学出版社，2011 年。

几千年前的文化；建立自然保护区也为一些科研活动的进行提供了坚实的保障；通过对沙漠的药材原料的采集，并经过科研人员的研发，可生产出更多的新型药物，解决更多的生存问题，还可以引导医学界的飞速革命。这些都是沙漠的科学价值所向。

（四）审美价值

沙漠具有的审美价值亦是欣赏价值，置身于广阔无垠的沙漠里，人们不自觉地会被沙漠中的各种景象吸引，感慨万千。美国的四大沙漠（奇瓦瓦沙漠、索诺兰沙漠、大盆地沙漠、莫哈维沙漠）之一奇瓦瓦沙漠的地下发现了美丽的水晶洞，独特的自然景观也就决定了沙漠独特的审美价值，给人以极大的视觉享受，仿佛置身于人间仙境，让人赞不绝口。在我国的巴丹吉林沙漠中，奇峰、鸣沙、湖泊、神泉、寺庙被誉为沙漠"五绝"。除此之外，沙漠中巨大的峡谷、美丽的沟穴、湍急的飞瀑、奇形怪状的崖壁等自然景观也尽收眼底。

二、沙漠的内在价值

（一）启发价值

思考必须是生活的一部分，若没有思考，没有反省，终究会把人类推向深渊。只有改变我们单向度的思考方式，才有可能改变我们浮躁的生活方式。在人们利用沙漠、治理沙漠、改善沙漠的同时，也要学会理解沙漠乃至整个生态环境。

其一，沙漠是一个巨大的价值组合体，然而沙漠价值具有有限性，人类应合理地利用沙漠。沙漠的价值与人类的不合理行为是成反比的，人们必须要用长远的目光善待环境，善待整个地球，要知道控制我们的自身行为远远比靠自然生态系统的自我恢复要简单容易得多，但这并不是说要求坚持"极端生态中心主义"或"人类中心主义"的片面思想。所谓极端生态中心主义，是指人类社会必须停止改造自然的一切活动。而人类中心主义立足于人的根本要求，把自然当作索取的对象，毫无节制的采掘自然资源。只有合理地利用沙漠价值，才能使得整个社会可持续地、更好更快地进步。

其二，改善沙漠，发展沙产业等都离不开政策、经济、法律以及科学技术上的支持。在1997年，处于库布其沙漠中的亿利资源集团在当地政府的支持下，投资7500万元，修建了第一条全长65千米的"穿沙公路"，在资金的支持下，建设沙漠绿洲，以坚实的理论基础建立沙漠景区创造价值等。我国政府在2002年还颁布了《中华人民共和国防沙治沙法》，一系列的措施对于沙漠的建设是必不可少的，沙漠的建设更离不开深入人心的环境保护意识，在意识和政策、观念和资金技术的有机结合下，才能创造出更大的价值！有数据统计，库布其沙漠森林覆盖率、植被覆盖率分别由 2002 年的 0.8%、16.2% 增加到 2016 年的 15.7% 和 53%，生物种类大幅增加，曾经绝迹的野生动物增加到 500 多种。一方面有企业带着资金想进驻沙漠治沙，另一方面，库布其的治沙模式也开始走向全国。库布其的流沙在减少，中国林业科学研究院资源信息研究所监测结果表明，库布其区域流动沙地面积从 1986 年的 9207 平方千米（占区域总面积的 49%），减少到 2015 年的 4620 平方千米（占区域总面积的 25%），半固定、固定沙地面积明显增加。中共中央政治局委员、国务院副总理马凯在"第六届库布其国际沙漠论坛"开幕式上指出，"中国政府历来高度重视荒漠化防治，党的十八大以来生态文明建设被提升至前所未有的高度，工作力度进一步加大，荒漠化土地面积由 20 世纪末年均扩展 1 万多平方千米转变为目前年均缩减 2400 多平方千米，在世界上率先实现由"沙进人退"到"人进沙退"的历史性转变。"库布其国际沙漠论坛将对全球生态环境改善作出积极贡献。

其三，"生态文明是人类社会进步的重大成果。"人类应加大生态文明建设的力度，树立良好的生态文明价值观和生态伦理思想，即实现人与自然的和谐相处，变"利润最大化"为"福利最大化"。不只是沙漠，而是对于我们赖以生存的一切环境都应该珍惜并加以保护，减轻地球的负重，是人类文明发展的必要前提，是每个地球人都应该承担的责任。

（二）警示价值

第四次全国荒漠化和沙化检测结果显示，截至 2009 年年底，全国荒漠化土地面积 262.37 万平方千米，沙化土地面积 173.11 万平方千米，分别占国土总面积的 27.33% 和 18.03%，五年间，全国荒漠化土地面积年均减少 2491 平方千米，沙化土地面积年均减少 1717 平方千米①。这与人们对现今环境的清楚认识和有效实践有关，虽然沙漠的整体沙化局势到有效地控制，但是我国的沙漠仍占有很大的比率，该形势不容小觑。物种的消失，资源的削减，都时刻警示着我们"适可而止"吧！当环境破坏的局势再也控制不了时，一切也就失去了价值。

沙漠正在无声地提醒着人类，要重新认识保护整个自然界。在 20 世纪 60~70 年代以后，世界范围开始出现生态危机，而出现生态危机原因的本质是忽视了自然的发展规律。恩格斯在《自然辩证法》里曾提道：我们连同我们的肉、血和头脑都属于自然界和存在于自然界之中的；我们对自然界的全部统治力量，就在于我们比其他一切生物强，能够认识和正确运用自然规律。由此可见，人们应该善于把握自然的运行规律，未雨绸缪，顺应自然，杜绝浪费现象；儒家讲究

---

① 王文彪：《钱学森与沙产业：献给中国沙产业之父钱学森院士百年诞辰》，内蒙古大学出版社 2011 年版，第 83 页。

"仁明爱物"，道家讲究"崇尚自然"，老子有言"道大，天大，地大，人亦大"，凡事要顺道而为，"君子爱财，取之有道"也正好印证了人与自然应该是和谐相处且互相尊重的，和谐的一个重要标准也就落实在"度"这个准则下，所谓"凡事当留余地"，不可贪婪，不可自私，要有分寸，懂节制。人与环境或人与自然之间的矛盾就是人与人之间的利益矛盾，能够妥善处理人际利益矛盾对于缓解人与环境的矛盾是极其重要的。

天灾可以避免，但又不能完全避免，事情的发生源其实并没有严格的界限区分，就好像说有些天灾是在人祸的积累下爆发的一样，优点从另一个角度来说就成了缺点，对的事情在不同的价值观及态度下也就成了一个错误。我们完全不必去纠结绝对性的对或错，在乎是天灾还是人祸，是人类的错还是另有原因，而是要以辩证的思维去看待一切。当今社会很关键的也最受人关注的就是"利益"，利益很大程度上决定了人祸，人祸也在一定方面上影响了天灾，但最终还是归结到人类的一切欲望行为这个问题上，我们很清楚地可以得出：灾难基于利益，利益源于思想，思想决定态度，态度构成价值观。总之，自然界是一切价值的产生源，人类应该以崭新长远的眼光，现代的观念去看待这个世界，与自然成为和谐的统一体。

三、沙漠的整体价值

（一）地理价值

地球表层的资源、环境都按照一定的发展规律和分布格局而存在，不同区域拥有的类型、结构、功能及改造、利用和建设方略不同。因此，进行区域划分（区划），成为了认识资源和环境特征以及可持续研究的基础，历来受到人们的重视。我国沙漠（含半干旱区的沙地）、戈壁集中连片分布于北方极干旱、干旱、半干旱区域，这是生态环境十分脆弱而又同时拥有丰富资源的区域。要实现有效防治和合理利用，实现区域可持续发展，必不可少的科学研究工作是搞好区域和进行区分生态——产业结构的设计①。通过对沙漠、戈壁生态地理区划的地理研究，结合一定的地理理论知识，可满足国家的生态建设和资源开发的需求，比如说沙漠地下的古墓群，通过对它历史地理的考察，沿着它的地理位置，解开文化的谜团等。这也正是沙漠地理价值的体现。

沙漠公园的设立便是沙漠地理价值的典型体现。例如，据山西经济日报记者樊晋铁（2015-12-04），山西省林业厅申报的6家国家沙漠公园通过了专家评审。这是国家林业局治沙办按照《国家林业局关于开展国家沙漠公园建设试点工作的

---

① 申元村等：中国沙漠、戈壁生态地理区划研究，干旱区资源与环境，2013 年第 1 期。

通知》和《国家沙漠公园试点建设管理办法》文件规定，邀请中国科学院、中国林科院、北京林业大学、国家林业局调查规划设计院、林产工业规划设计院、中国人民大学的有关院士、研究员、教授，对新疆、甘肃、青海、陕西、山西、辽宁6 省（自治区）申报的 22 家国家沙漠公园进行了评审。山西省申报的 6 家国家沙漠公园分别是金沙滩国家沙漠公园、黄沙洼国家沙漠公园、麻家梁国家沙漠公园、大同西坪国家沙漠公园、左云管家堡国家沙漠公园、天镇边城国家沙漠公园。沙漠公园的评审与设立彰显了沙漠地理的价值尺度，这将为沙漠的地理文化与历史研究提供诸多便利，也为普通大众了解沙漠文化的价值与内涵提供了可供实地观赏的场所。

（二）生态价值

"生态"指生物之间以及生物与环境之间的相互关系和存在形态，"生态价值"是"自然价值"，其包括经济价值（消费性价值）和环境价值（非消费性价值），自然为人类提供了生存的环境，因此对于人类来说，即是"环境价值"。

生态价值，是生态环境的科学术语，是指哲学上"价值一般"的特殊体现，包括人类主体在对生态环境客体满足其需要和发展过程中的经济判断、人类在处理与生态环境主客体关系上的伦理判断，以及自然生态系统作为独立于人类主体而独立存在的系统功能判断①。空气、阳光、沙漠里的戈壁、湖泊、植被、沙地、动植物等都扮演着重要的角色，缺一不可。与此同时，还形成了复杂的事物关系和依赖关系，它们对于维护整个沙漠系统的平衡起着重要的作用，这些环境也同时孕育着沙漠独特的文化，孕育着独特的沙漠人，诡异多变的自然风光更是给每一个前往沙漠的旅客一个极美好的视觉享受和精神享受。生态文明建设已成为当代社会不可缺少的课题，党中央、国务院在 1999 年开始实施西部大开发战略，把生态建设作为西部大开发战略重点之一。

（三）资源价值

资源，即一切物质要素的总称，分为自然资源（天然资源）和社会资源两大类。社会资源包括人力、财力等有形资源和技术、知识、组织等构成的无形资源。自然资源也就是人们从自然界可以获得，并用于生产生活的物质和能量。

以库布其沙漠为例，虽然常年干旱、降水稀少、地表贫瘠，却蕴含着巨大的风能资源、太阳能资源、药材资源（甘草、沙棘、锁阳、麻黄、苦豆籽以及螺旋藻等）以及旅游资源，开发利用的空间极大，而且这些资源均属新型能源，无污染，可持续开采、长期利用。除了这些沙漠原有的可开发的资源，库布其还积极

---

① 生态价值，百度百科，见 http：//baike. baidu. com/link? url＝zhW2sIVHn_ Csy8DlSSayzl0bNLCQO0He1LT1p2t0AGmxyx9xdkYS3PDsdOt9w03LyTOv8PLGoG8Pnmf--8TVfa。

改善原有的生态环境，变沙漠为绿洲。从 2015 年开始，库布其人修建了 38 千米的引水渠、17 千米的围堤，水域蓄水面积达到 11 平方千米。项目建成后，2016 年引水 1298 万立方米、2017 年引水 2260 万立方米、2018 年引水 1500 万立方米，一片绿洲横空出世。经过 30 年的治理，截至目前，库布其沙漠被治理的总面积达 6460 平方千米，超过沙漠总面积的三分之一，库布其沙漠的三分之一变成绿洲，成为世界上唯一被整体治理的沙漠。

亿利资源集团根据国家发展太阳能光伏产业规划，正积极规划在库布其沙漠建立一座更大规模的太阳能聚光光伏电站，首期工程于 2010 年开工建设，可以将沙漠中巨大的光能资源充分利用起来。沙漠独特的地理条件和气候条件，使得沙漠深处蕴藏着丰厚的资源，最显著的当属沙源了，各种各样的动植物，更是成为很多科研人员的研究对象。资源具有双面性特征，即不仅具有多样性，还具有有限性。任凭人类欲望的膨胀，最终也只能打破生态平衡，加快沙漠化。我们不能只看到眼前利益，而忽略了背后隐藏的巨大的灾难风险，任何一个在你我看来无害的决定，其实都很大可能会引发一系列的连锁反应。合理并发利用资源，坚持中国特色社会主义，走可持续的发展道路，是我们不可动摇的方针。

党的十八大以来，根据联合国环境规划署评估，库布其沙漠区地方政府和企业累计为农牧民提供就业岗位 100 多万个，带动超过 10 万名农牧民脱贫，沙漠区农牧民年人均收入由不足 400 元增长到 1.5 万多元。尝到甜头的农牧民成为库布其治沙事业最广泛的参与者、最坚定的支持者和最大的受益者。

经过几代人的不懈努力，库布其三分之一的沙漠区得到治理，沙漠腹地里一棵棵茁壮成长的沙柳，正在见证历史、见证奇迹。目前，沙漠治理面积达 6460 平方千米，涵养水源 240 多亿立方米，创造生态财富 5000 多亿元。近 40 年来特别是党的十八大以来，库布其沙漠成功实现了从"沙进人退"到"绿进沙退"的历史性转变，成为世界上唯一被整体治理的沙漠，被联合国确定为全球首个"生态经济示范区"。在当今艰苦卓绝的治沙实践中，习近平生态文明思想已经化为库布其人的自觉行动。苍凉大漠中绿色意味着生命，意味着希望，已经成为一种信仰，浸润到库布其人的血脉中。

坚持人与自然和谐共生，像保护眼睛一样保护生态环境。库布其以绿色发展理念为指导，打造完整的生态产业体系，生动诠释了"保护生态环境就是保护生产力，改善环境就是发展生产力"，让人们看到了沙漠中蕴藏的发展潜力、致富希望。

第三节　沙漠伦理的概念特征及目标

自然界的语言是无声的，但其自有道德启示。人类对其的认知，在广泛的意义上是生态伦理，其狭义则是环境伦理。如同大地有伦理，沙漠也有伦理，这是进入生态文明社会的人们所需要承认和理解的。沙漠伦理规定了人与沙漠生态系统之间的伦理规范，为人类的行为立下了道德规矩，划定了约束的红线。

一、何谓伦理

伦理，实际上就是指处理人与人以及人与自然的关系时应该遵循的准则和规定。伦理一词最早见于《乐纪》："乐者，通伦理者也。"伦理，简单来说就是所持有的道德与信仰，由伦理引发的看法、评价等就形成了各种伦理观。西方的人文主义伦理观、中国的和谐生态伦理观、当代行政伦理观、营销伦理观、医学伦理观、会计伦理观等都说明了伦理观在各个领域所起的道德性准则和指导性作用。作为社会意识形态之一的伦理学是关于道德的哲学，故又称为"道德学""道德哲学"。现代伦理学出现了很多分支学科，主要有描述伦理学、规范伦理学、应用伦理学、德性伦理学，等等。

二、伦理之于沙漠的可能

环境伦理学认为，人对自然界的行为是能够且可以用道德规范来调节的。戈尔在获得诺贝尔和平奖时说过一句话：环境不是政治问题，而是道德问题。这说明了伦理对于治理环境的重要性。伦理作为人的行为道德准则，所以一切有人类活动的地方都必须存在伦理，面对自然界坚守伦理，既属于道德建设的范畴，可以提升自身素质，同时也是生态文明建设的重要内容，对于保护环境，维持最基本的生存条件有着不可磨灭的作用。正确的伦理观会帮助人们改善沙漠环境，也对发展经济起着观念性的指导作用。一个人需要有适应社会的价值观和原则，才能适应这个世界，减少不必要的冲突，才能达到自己的目的，实现人生理想；一个公司需要在一定的法规道德约束下才能有效运转，实现最大利益；而对于一个国家更是国有国法、家有家规，这恰好说明了伦理在国家进步中的不可替代的作用。伦理对于人类进入沙漠这个生态环境来说，是必不可少的，也是适用于人类与沙漠和谐相处的有效准则。

那么，该如何对待沙漠，以什么样的伦理观看待沙漠呢？我们对整个自然界承担一定的权利和义务，由于战争、乱砍滥伐、肆意开垦、掠夺各种资源等一系列侵略性行为给沙漠带来了巨大的损失，人们有义务去保护沙漠，保护整个自然生态系统，为人类自身曾经逆生态的错误买单。

当人类的生态伦理建设达到一定的高度，当环保行动力到达了某个阶段，必会在社会中掀起巨大的浪潮，这不仅会给人类以充足的自信去保护自然，还能给人类自己提供舒适的生存环境和丰富的精神物质享受，为向"环境友好型、资源节约型"的两型社会的迈进提供动力的源泉，推动社会走向和谐。

因此，伦理对于沙漠具有可行性以及必要性，沙漠伦理更是一门独特的文化。

三、沙漠伦理的概念与特征

沙漠伦理，是人类在处理与沙漠的关系时应该遵守的道德原则和行为规范。那么沙漠伦理具有哪些特点呢？

第一，沙漠伦理具有强制性。这主要是针对国家颁布的一系列保护的法律法规，这是每个人的义务，每个参与者都应该遵守。在沙漠中的一些恢复力比较弱的系统，如草地，政府就应该强制性地制止放牧开垦，随意砍伐，破坏植被，抢夺资源等。对于个人来说，沙漠伦理一旦升华为个人价值观，其在潜意识里面就会告诉人们什么是可以做的，什么是不可做的，并且这种意识会在日常生活中表现出一定的强制效用，使得环保行为成为一种习惯。

第二，沙漠伦理具有保护性。正如西方马克思主义者马尔库塞指出：人类做到的只是"让自然为人服务"，而永远不是"人道地对待自然"。原因在于，人对自然的支配意识太根深蒂固了，人总是一味地企图向自然索取些什么。当沙漠伦理理念扎根于人的思想中，并且产生效用，就可以达到保护整个生态系统的目的，保护沙漠文化，保护一个强大的基因库，保持物种的多样性等，在人类创造价值的过程中，把对沙漠的危害降至最低，既保护了自然，又保证了人类的生存。

第三，沙漠伦理具有可行性和有效性。随着经济的高速飞跃，人们通过牺牲其他价值创造另一种价值的事例数不胜数，在经济价值的保障下，人们可以体验到舒适的物质生活，但物质舒适的同时却可能伴随着生态危机。沙漠伦理的具体体现为：在有效的政策保护和资金支持下，广大人民群众大力发展沙产业，变废为宝，加大技术改进，智能温室技术、电脑控制滴灌技术、多连体塑料大棚技术等，国外先进技术在亿利资源集团已开始大面积推广使用，上千亩温室大棚正在分期建成，部分反季产品开始出棚。这些例子都说明了沙漠伦理的可行性，人们在利用沙漠的同时，不应该把沙漠变成商业利益的牺牲品，而应该是在适度利用的同时不停地加以保护，通过十几年的努力，亿利资源集团绿化整合了3500多平方千米的沙漠化土地，相当于5个新加坡的国土面积，治理面积占库布其沙漠总面积的17%，这便体现了沙漠伦理的有效性，因为保护意识的驱使，才会有今天这个美好的局面，亿利资源集团优化资源配置，针对不同程度的沙漠化土地，因地制宜，让沙漠又变成一片绿洲，创造出"沙漠奇迹"。

四、沙漠伦理与人的权利

庄子曰"天地与我共生，而万物与我为一。"人类和自然相互依存，是一种和谐的朋友关系，人们可以向自然这个朋友借东西，但不许浪费，不能只图一味地索取。人类享有拥有自由、平等和充足的生活条件的基本权利，人们有权对沙漠进行开发、利用，创造出更大的财富，人们有权享受沙漠独特风光，有权利用沙漠资源生存下去，这正体现了自然工具的价值，同时人们也有权对沙漠化进行一系列的保护工作，这种权利也是一种保护义务，人对自然的权利和义务是相辅相成、紧密联系的。人类在享有对自然的权利的同时应该也必须履行对自然的相应义务。人对自然的权利和义务主要包括三方面的要求：其一，人类享有在适宜的环境中生存的权利，同时负有保护和改善自然环境的义务；其二，人类享有在适宜的自然环境中发展的权利，同时负有可持续发展的义务；其三，人类享有利用自然资源的权利，同时负有保障自然资源合理开发利用的义务。人对自然的权利和义务问题的实质是利益问题。

由于之前人类对沙漠伦理认识不足而且对其了解具有局限性，致使沙漠化的进程不断加速，那么沙漠伦理和人的权利是以什么样的关系存在的呢？沙漠伦理不漠视人的权利，它能明确地告诉人们什么是处于道德范围之内，什么是超乎道德的边缘，它对于环境保护有着重要的作用。沙漠伦理还告诉了人们对自然应承担的义务，沙漠伦理即是在道德准则下，人类对沙漠所采取的行为，可以看出，人的权利受限于沙漠伦理，同时沙漠伦理又在人的权利和义务下得到完善。两者的关系就相当于理论和实践的关系，只有在正确的理论指导下，一系列的实践活动才不至于对社会造成危害，人的权利才能得到保障。可以看出，在形成沙漠伦理之前，人类任凭自身的能力施展对权利的摆布，认为只有人类自己才具有价值，而自然界就只能是为人类服务的工具。虽然人类具有利用沙漠创造价值的权利，但是必须在沙漠伦理的有效控制和约束下，才能更好地利用资源，保护生态平衡，两者共同作用，服务于社会。

五、沙漠伦理如何达成

一是要求能够熟练掌握沙漠伦理的理论知识，即提高熟知度。具体做法是：在社会中广泛地宣传环保理念，开展多种环保活动，使得理念深入人心；加大人们的道德文明建设，从而减少人类的侵略性行为等。恩格斯曾说：不要过分陶醉于我们人类和自然界的胜利，因为对于每一次这样的胜利，自然界都会对我们进行报复。

二是国家应该制定必要的政策，以及提供必要的资金帮助。"生物多样性使地球充满生机，也是人类生存和发展的基础。"①澳大利亚政府制定了一系列保护性政策:《草原管理条例》《土壤保护和土地管理法案》《澳大利亚生物多样性保护国家战略》等，并且在环境保护中扮演着重要的角色。我国已制定和颁布了《中国生物多样性保护行动计划》《全国生态环境保护纲要》《中国水生生物资源养护行动纲要》和《中国国家生物安全框架》等生物多样性保护法律、法规20多项，来保护生物多样性和整个生态系统。保护沙漠环境是每个国家和每个个体应尽的义务，我们应该义不容辞地去完成它。

三是应加大技术创新，引进先进的科学技术，吸收先进的科学理念，对沙漠进行合理的利用，以求达到"双赢"（自然与人类都获利），在转"治理沙漠"为"开发沙漠"中，实现人类进步。

四是要求人们遵纪守法，严于律己，积极响应国家方针，时刻保持警惕性，树立危机意识等。一个再完美的法律面对人们的不屑一顾也只能是个摆设。

六、沙漠伦理的目标

沙漠伦理的目标有以下三点。

第一，应该重新认识人与沙漠、人与自然是"万物相合，和谐共生"的关系。古语曰"天行有常，不为尧存，不为纣亡"，指出了人们进行的一切活动都应该顺应自然规律。人是自然的一部分，是自然界的一种存在形式。歌曲《万物生》还代表了一种回归自然，与天地万物融合在一起的境界。其实，很多机构、企业、个人都认识到了环境的严峻性，环保理念也深入人心，环保工作也进行得如火如荼，提倡进行垃圾的分类、减少塑料的使用等。人与沙漠、人与自然界的万事万物都是和谐共存的关系，我们不妨从和谐生态伦理观中反省自身，是不是还在不自觉地做着伤害自然的事情，还在以一种自私的态度对待自然。

第二，应该以正确的态度、价值观对待沙漠——"平衡协调，包容互鉴"。从社会整体利益出发，协调各利益主体的行为，平衡其相互利益关系，以引导、促进或强制个人目标和行为运行在社会整体发展目标和运行秩序的轨道上，从而达到人与沙漠的和谐。在平衡协调的基础上，人与沙漠也要包容互鉴，当然沙漠有其自身独特的运行方式，与人的主动思维具有很大的差异性，所以更多时候需要人去积极地引导沙漠、适应沙漠，相信在汲取历史经验教训和适当运用现代先进科技的帮助下，人与沙漠一定能达成平衡协调、包容互鉴的良好局面。

第三，尊重自然，适度利用。人是自然的一部分，是这个巨大生态系统中的

---

① 习近平:《共同构建地球生命共同体——在《生物多样性公约》第十五次缔约方大会领导人峰会上的主旨讲话》，中华人民共和国国务院公报，2021年第30期。

关键一环，人的所作所为会对这个系统产生巨大的正面或负面的影响。所以应该合理适度地利用自然，《古兰经》中指出世间万物皆由真主所创，人是自然的一部分，代真主管理大地，人应该合理适度地利用自然，反对穷奢极欲和浪费，最具代表性的话是"你们应当吃，应当喝，但不要浪费，真主的确不喜欢浪费者"。① 人类应该摒弃一切形式的消费主义和虚无主义。楼兰文明的衰退，正是不尊重自然无节制索取的恶果。这些都表明了只有尊重自然的人才能获得自然的无私馈赠，否则只能承受滔天的洪水或整日以沙洗面，最终在大自然的惩罚下灰飞烟灭，黯然退出历史舞台。

第四节　沙漠伦理的启示

沙漠伦理是人类在生产生活过程中处理与沙漠之间关系所体现出的内在德性与外在行动准则。沙漠伦理是用来遵守的，而不是超越的。数千年来，多少灿烂文明消失在茫茫黄沙之中。如今，人们依旧面临着土地沙化造成沙漠蔓延扩张所带来的生态失衡之威胁。惨痛的教训和严峻的形势是人类必须考虑的，遵守沙漠伦理才能让人类与之和谐共处，才能开创地球整体家园美好的未来。

一、沙漠伦理的启示

生态文明是一切文明的基础，古巴比伦、古埃及、中美洲玛雅文明等古文明失去了往日的繁华正是因为没有落实"共生"这个理念，一切不合理的破坏最终都会导致整个生态系统的瘫痪，导致人类自身的异化。只有重新认识人与自然的关系，明确对自然的权利和义务，才会达到万物相合的和谐目标。可见生态伦理观是人类前进道路上不可缺少的指南针。

以生态文明为基准的生态伦理的价值观是对近现代工业文明价值观的超越。近现代工业文明价值观是一种人类中心主义的价值观，是一种物质主义与个人主义的价值观。正是这种近现代社会被商业主义所绑架的价值观在人与自然关系上的人类中心主义立场，导致了人类对自然界肆无忌惮地掠夺和征服，沙漠自然资源的过度开发，人类开发沙漠的过度活动，也导致沙漠化现象日益严重。

沙漠伦理的生态文明价值观作为对工业文明价值观的反思和超越，克服了以人或个体为本位的价值立场，肯定人、自然万物的内在价值，肯定人与社会、自然的整体性价值；主张从自然界整体性的高度认识人与社会、自然的关系及其协调发展。

---

① 潘岳：《生态文明知识读本》，中国环境出版社 2013 年版，第 10 页。

二、超越沙漠的局限

地球是由地圈、水圈、气圈及各种生物生态系统组成的一个生态系统，这个生态系统是一个可以自组织的系统，在一定的范围内，对于外在的干扰超出这个范围，这个生态系统将会受到难以弥补的伤害，这是生态学的哲学理论基础。沙漠，是地球生态系统的类型之一，沙漠生态系统的整体性和多样性的统一规律、资源循环和可再生规律以及生态平衡规律是沙漠文化的哲学基础。沙漠文化是人与沙漠之间建立的相互依存、相互作用、相互融合的物质联系与精神关系，以及由此创造的物质文化与精神文化的总和。

《第七届库布其国际沙漠论坛共识》表示，"荒漠化治理、应对气候变化与生物多样性保护是一个系统工程，需要全社会的共同努力和广泛参与。"超越沙漠的局限，也正是重新认知沙漠的价值并理解沙漠文化的精神所在。人类在享受沙漠带给人类的各种价值的同时，将沙漠人格化，将其中值得我们学习的东西，逐步演化成道德规范，深入人的内心世界，形成一种世界观。这种沙漠文化精神是沙漠文化的精华，是沙漠文化的支柱。沙漠生态文化属于生态文化，体现了生态文化所具有的自然特征。在未来的生态文明中，生态文化是文化的主流。沙漠生态文化作为自然生态文化的重要组成部分也会逐步为人类所了解和建构。

生态文明建设是中国社会主义建设的重要内容，一直受到党的高度重视。党的十六大将"可持续发展能力不断增强，生态环境得到改善，资源利用效率显著提高，做到人和自然的和谐，推动整个社会走上生产发展、生活富裕、生态良好的文明发展道路"作为全面建设小康社会的目标之一。党的十七大明确了生态文明建设的战略任务，首次将"生态文明"写入了党代会报告，倡导生态理念，树立生态意识，繁荣生态文化。党的十八大指出"必须树立尊重自然，顺应自然，保护自然的生态文明理念"。原环境保护部副部长潘岳指出：生态文明是人类积极改善和优化人与自然关系，建设相互依存、相互促进、共处共融生态社会而取得的物质成果、精神成果和制度成果的总和，是科学发展观实现人与自然、环境与经济，人与社会的相互依存，促进共处和谐催生的智慧之花，是在科学发展观指导下形成的重要的关于人和自然和谐相处的马克思主义经典理论，是科学发展观统筹人与自然发展的观念形态和实践形态的结果。习近平指出"荒漠化防治是关系人类永续发展的伟大事业。国际社会应该携手努力，加强防沙治沙国际合作，推动全球环境治理，全面落实 2030 年可持续发展议程，还自然以和谐美丽，为人民谋幸福安康。"①

---

① 习近平：推进生态文明　建设美丽中国《习近平总书记重要论述摘登（三）》，节能与环保，2019 第 9 期，第 1 页。

三、开拓人与自然和谐共处的新局面

正如路德维希·维特根斯所言：躺在成就上就像行进时躺在雪地里一样危险，你昏昏沉沉，在熟睡中死去。在人们为取得的各种成就欢呼时，应该清醒地认识到，或许这所谓的以牺牲自然为代价的成就往往指引着通向死亡的道路。所以，"尊重自然，合理利用"已是当代世界不可缺少的伦理准则，它将鞭策我们、激励我们向着环境友好型社会迈进，只要万众一心，人与自然和谐美好的灿烂未来定会实现。

沙漠生态伦理追求的是人与沙漠、人与社会、人自身的协调发展。首先，在人与沙漠协调发展的价值取向上，转变人类中心主义价值观为人与沙漠共生共荣、协调发展的价值观，它是建立在社会—经济—自然复合生态系统本身的整体性认识基础上，不仅考虑当下人类的利益，而且考虑子孙后代生存发展的可能，以生态中心为价值立场。其次，在人与社会协调发展的价值取向上，人与社会的协调发展是人自身发挥和协调发展的前提，沙漠具有的一系列的审美、经济、生态、科学价值等，使得人类看到了沙漠的使用价值，对沙漠进行了开发和利用，带动了当地经济的发展，但也带来了生态危机的问题。审视人与社会的关系，我们不得不在发展经济的同时对我们所利用的沙漠进行修复和改良。最后，在人自身的协调发展的价值取向上，人自身是一个相对独立的、多层面的复杂性生命系统，不仅有与沙漠内在相关的生命系统、精神系统，而且有与社会环境密切相关的社会意识系统。生态文化的不断兴起，生态伦理价值观由"人为物化"价值观、发展观向"以自然与人和谐相处"的价值观、发展观转型，以发挥人的潜能，实现人自身的协调发展为目的。沙漠生态伦理的价值取向就是要关注到人们的生态文化教育和内容，使人在沙漠中找到自己生命和精神的家园，从人自身生存发展的终极关怀高度，将经济与社会、物质与精神、个体与社会、人与自然有机统一起来。

第五章

绿洲文化

　　绿洲以其独特的气候、水源、地貌等地理环境，滋养了生命，为生命的存续和繁衍提供了适宜的环境和资源，是沙漠生物生存、生长的重要依托，也是沙漠人民繁衍生息、生产生活的主要基地，更是人类文化得以产生、发展、传承的重要载体。绿洲文化不仅是沙漠文化的重要组成部分，更是沙漠文化的精华所在和集中体现；不仅是干旱区荒漠或沙漠地带文明起源的中心，更是人类文明起源的中心之一。研究和探讨绿洲文化有利于我们更加深入而全面地理解和把握沙漠生态文化。

第一节　绿洲文化释义

　　绿洲是存在于干旱、半干旱区的一种独特地域环境和地理单位。绿洲文化是人们以绿洲为特殊背景和空间，在长期繁衍生息、劳动实践和历史发展过程中创造出的物质财富和精神财富的总和，包括人类在有意识地认识、适应、开发、利用绿洲的实践过程中形成的所有成果。在整个人类文化谱系中，绿洲文化属于地域文化。绿洲独特的地域环境既是绿洲文化形成的根基和背景，也深深地承载和影响着绿洲文化的根本性质和特征。绿洲文化塑造着生活在这片土地上的人们的精神面貌和行为方式，镌刻着独特的文化内涵和特质。绿洲文化遍布全世界，构成人类文化的重要组成部分，与此同时，在人类文明史上，绿洲文化也是人类文明起源的中心之一，对于人类文明的进步与发展有着举足轻重的影响。

一、何谓绿洲

(一)绿洲的词源含义

　　"绿洲"一词并非中国本土词汇。它源于希腊文，在拉丁文中写作"Oasis"，意为在荒漠中能"住"和能"喝"的地方。最先使用 Oasis（复数 Oases）于正式地理文献中的是英国人。

在汉语中，"Oasis"起初被译为"沃洲""沃土""沃野"。如 1948 年周立三的《哈密——一个典型的沙漠沃洲》一文即以"沃洲"代指绿洲。20 世纪 40 年代年陈正祥的《西北区域地理》一书将绿洲称为"沃野"等，现通称"绿洲"。在汉语中，"绿洲"是一个合成词。所谓"绿"，许慎在《说文解字》中释曰："帛青黄色也，从糸。彔聲。""帛"在古文中是丝织品的总称，故而，"绿"字的本义当为丝织品中的一种青中带黄的颜色。

然而，在汉语中"绿"作为一种颜色其所指涉的远不止于丝织品，其所内含的意蕴远也不止于颜色。《康熙字典》引《释名》曰："绿，浏也。荆泉之水於上视之，浏然绿色，此似之也。"绿也可用于描绘水深而清澈的样子。此外，汉语里，"绿""青"往往混而不分。对于"青"字，《释名》曰："青，生也。象物之生时色也。"青也是一种颜色，所绘的是事物初生之时的颜色，象征着生命。而"绿"乃植物出生之色，故而，青也可指绿色，与"绿"经常混而不分。绿色在汉语中亦象征着生命和希望。古往今来，"绿"字曾无数次被文人墨客借用，用以表征生机勃勃、充满活力、春意盎然的意境和情状。如王安石的《泊船瓜洲》云："春风又绿江南岸，明月何时照我还？"郭沫若的《新华颂·多谢》语："同志，我多谢你们兄弟姊妹般的热情……是你们的热情促进了，也绿化了我的生命。"所谓"洲"，《尔雅·释水》云："水中可居者曰洲，小洲曰陼（同渚），小陼曰沚，小沚曰坻。"洲即水中可供人居住的地方，按照面积的大小，洲可以有不同的称谓。又《释名》释洲曰："聚也，人及鸟物所聚息之处也。"洲是一种聚居地，是人类、鸟类及其他生物的聚居、生息之地。综合"绿"与"洲"可知，绿洲是有水的，有生命迹象的，适于人或其他生物生存的地方，有明显的生命、生活的象征。

（二）绿洲的内涵

以上是从词源上对"绿洲"一词进行解析。至于绿洲的内涵，学者们的概括和解释不尽相同，大致可分为两大类：

一类是仅仅将绿洲作为一种地理系统或区域进行研究和概括。如《中国的沙漠和绿洲》一书主张：绿洲是一种独特的地理景观，指在干旱荒漠中有水源，适于植物生长和人类居住，可供人类进行农牧业和工业生产等社会经济活动的地区。作为一种地理系统，比较一致的倾向是认为绿洲是存在于干旱区荒漠或沙漠地带，有比较稳定的水源供给和植被覆盖，气候和土壤、地貌等自然环境比较适宜人类及其他生物生存的一种特殊的生态地理区域。绿洲存在的范围是干旱区的荒漠或沙漠地带。"那些存在于干旱区山区，特别是中亚地区的山区地带所形成的森林和广阔的草场，并不能被称为'绿洲'"①。绿洲或者被沙漠所包围或者存在于沙漠边缘。绿洲一方面与沙漠同属于干旱区，共同具有干旱区一般的气象特征，如降水量少、蒸发量大、日夜温差大等；另一方面，依赖一定的地表水或地下水形成稳定的水源供给和一定的植被覆盖，以及适宜的气候、土壤、地貌等条件，绿洲又与其周围的沙漠环境形成鲜明的对比。绿洲既寓于沙漠之中，又异于沙漠，这也正是沙漠地区绿洲的特殊性所在。绿洲以其独特的气候、水源、地貌等地理环境，滋养了生命的存在，为生命的存活和繁衍提供了比较适宜的环境和资源，成为干旱区荒漠或沙漠地带人类繁衍生命，进行生活、生产的沃土，成为人类活动最集中的核心地区之一。由于绿洲的形成受水文、土壤、植被和气候等多种因素的综合影响和限制，尤其是受水文条件的制约，在广阔无垠的沙漠地区，绿洲往往散布于其中，彼此在空间上相互独立，相互分割，似大海中的岛屿。如新疆大大小小的绿洲数以百计，大的绿洲往往有数十万亩，甚至上百万亩的面积，因而是地(州)、县的行政、经济中心(如库尔勒、喀什、和田等)。有些小的绿洲面积只有数百亩甚至数十亩，可能仅仅是一个自然村或生产点。尽管现代化的交通工具可以克服这些地貌环境上的障阻，但绿洲和外界的联系，以及绿洲之间的联系毕竟不如沿海地区、平原地区那样便捷。绿洲也正因为此被称为镶嵌在广阔荒漠或沙漠中的"绿色岛屿"或"绿色生命岛屿"。

另一类是将绿洲作为一个包含自然、经济、社会、人文等多重因素共同构成或者互相作用而形成的具有高效能的复合整体进行研究和概括。作为一个高效能的复合整体，自然地理因素与人文社会因素共同构成绿洲存在的核心要素。如"绿洲是在干旱半干旱地区荒漠半荒漠背景上特定时段内具有生物或人类频繁活动和较高的产出量的镶嵌系统。"②《甘肃绿洲》一书认为绿洲是干旱自然地理条件下，利用外来补给径流(地表和地下)而发展的自然植物和(或)灌溉经济的社会区域。在此，比较一致的倾向是在承认绿洲是存在于干旱区荒漠或沙漠地带的一种独特的自然地理系统之外，强调人文社会因素，尤其是人类的生产实践活动赋予绿洲的独特性。绿洲独特的自然环境加上生活于其中人类及其实践活动使得绿洲的功能明显高出于、优越于其所处的沙漠地区。绿洲的独特性不仅在于其独特的自然环境，更在于相对荒漠而言人类在绿洲中的生产实践活动所具有的功能的高效性。

这两种解释在很大程度上概括出了绿洲在不同的发展阶段具有的不同特征。绿洲首先是作为一种存在于干旱区荒漠或沙漠地带的一种适于人类繁衍生息的特殊地理区域而存在。而后，随着人类的社会、经济、生产实践活动的深入和发

---

① 黄盛璋：《绿洲研究》，科学出版社 2003 年版，第 14 页。

② 刘秀娟：《对绿洲概念的哲学思考》，新疆环境保护，1994 年第 4 期。

展，逐渐成为一种高效能的复合系统。

二、绿洲文化的内涵

绿洲不仅是一个自然的地理单位，同时也是人类繁衍生息、生产劳动的重要场所。在数千年的历史中，人类有意识地认识、适应、开发、利用绿洲，使绿洲发生改变，也形成了底蕴深厚的绿洲文化。

就文化的"属人"性而言，一切人自身以及人为的事物都可以涵盖在内，都可以具有文化内涵，而完全自然存在的事物被排除在文化的范围之外。相应的，绿洲想要具有文化内涵，就必须打上人类的意识、目的的烙印，被赋予人的思想、感情，被施加人的实践活动。如果是纯天然形成的，未有任何人迹和人为因素并且其中的存在物只是自然存在物，并不具有文化内涵。因此，就外延而言，绿洲文化所涵盖的是那些掺杂了人类的意识、目的的绿洲以及绿洲上的存在物。绿洲文化既体现在人类在绿洲上所创建的生活世界、生活方式中，也体现在人类有意识地认识、适应、利用、改造的绿洲的实践活动中。这可以说是绿洲文化的外延，它在广义上包括人类在绿洲这一背景和空间上所创造的一切物质成果和精神成果。

综合而言，绿洲文化是人们以绿洲为背景和空间，在长期的繁衍生息、劳动实践和历史发展过程中所创造出、积淀成的物质财富和精神财富的总和，包括人类在有意识地认识、适应、开发、利用绿洲的社会实践过程中形成的所有成果，如人们的认识、观念、思想、意识、心态，以及由此而生成的生活方式，包括经济结构、法规制度、衣食住行习俗和语言文学艺术等形态，都属于绿洲文化的范畴。绿洲文化塑造了生活在这片土地上的人们的精神面貌、行为方式，使生活在这片土地的人们的精神面貌和行为方式镌刻着独特的文化内涵。

三、绿洲文化属于地域文化

（一）何谓地域文化

文化是一定人群在特定的时间和空间范围内创造出来的，它的产生需要以特定的地域环境为空间背景和根基，地域环境是其赖以形成的基础。不同的水文、气候、地貌等自然地域环境因素对于生活于其中的人们的精神气质，性格习性有着不同的影响，对于构筑于其上的社会的组织形式、人口分布、生产方式，民俗风气、文学艺术等也有着不同的影响。

对于地域环境对文化的影响，国人早有认识。《礼记·王制》云："凡居民材，必因天地寒暖燥湿，广谷大川异制。民生其间异俗，刚柔、轻重、迟速异齐，五味异和，器械异制，衣服异宜。"梁启超在《中国地理大势论》一文中论及南北文学风格时指出:"燕赵多慷慨悲歌之士,吴楚多放诞纤丽之文,自古然矣。自唐以前,于诗于文于赋,皆南北各为家数。长城饮马,河梁携手,北人之气概也;江南草长,洞庭始波,南人之情怀也。散文之长江大河一泻千里者,北人为优;骈文之镂云刻月善移我情者,南人为优。盖文章根于性灵,其受四周社会之影响特甚焉。"①南方地处亚热带,气候温湿宜人、山清水秀、灵秀慧敏,在此基础上形成了其委婉细腻、文静灵秀的文学风格。北方地处温带,气候干燥爽朗,天高地广,雄浑壮阔,在此基础上形成了其慷慨激昂、粗犷奔越的文学风格。除此之外,梁启超在多方面论述了由于地域环境的差异所带来的南北方文化的差异。

西方社会也有类似的观点。在西方思想史上,18世纪的法国启蒙思想家孟德斯鸠的"地理环境决定论"将地域环境对人类社会、对人类文化的影响抬高到无以复加的地步。在孟德斯鸠看来,人及人类社会都是地理环境的产物,都受地理环境的影响和制约。从人们的脾气、性格、品行到整个社会的生活方式、政治制度、法律性质都受到地理环境的决定。"不同气候的不同需要产生了不同的生活方式;不同的生活方式产生了不同种类的法律。"②对此,他对不同地理环境下人们的性情和特质进行了分析,"土地贫瘠,使人勤奋、俭朴、勤劳、勇敢和适宜战争……土地膏腴使人因生活富裕而柔弱、怠惰、贪生怕死。"③孟德斯鸠凸显了地理环境对人类社会,人类文化的重要作用,在当时的启蒙运动中确实起到了积极的意义,但这种完全忽略了人类的自觉能动性和创造性的观点有过于偏狭之嫌。诚如黑格尔所言,"我们不应该把自然界估计得太高或者太低;爱奥尼亚的明媚的天空固然大大地有助于荷马诗的优美,但是这个明媚的天空不能单独产生荷马。"④地域环境对社会,对文化的制约和影响并不是绝对的,它还需要人的参与,需要与人的能动性和创造性相互作用。

文化虽然形成于人们的创造和实践活动,但也要受到其所处的地域环境的影响和制约。特定的地域环境往往制约和影响着该地区文化体系最根本的性质和特征。不同地域环境塑造出不同的生存方式和地域风情,以至于不同的文化类型由此而形成不同的地域文化。地域文化是在特定的地域环境中所形成的文化,是人们认识、适应、改造、开发某一地域环境而形成的,是人与地域环境相互适应,相互协调的产物,是人类文化在特定的地域范围内的积累。各地域文化之间的差异不仅是人文因素差异的重要表现,也深深地镌刻着不同的地域环境的作用痕

---

① 梁启超:《饮冰室合集·文集之十》,中华书局1989年版,第86页。
② [法]孟德斯鸠:《论法的精神》上册,张雁深译,商务印书馆1961年版,第235页。
③ [法]孟德斯鸠:《论法的精神》上册,张雁深译,商务印书馆1961年版,第284页。
④ [德]黑格尔:《历史哲学》,王造时译,商务印书馆1963年版,第123页。

迹，这一点尤其体现在文化的塑形期①。

（二）绿洲文化的地域属性

在整个文化谱系中，绿洲文化属于地域文化，是人们在绿洲这一独特的地域环境中创造和积淀而成的。绿洲以其对独特的气候、水文、地貌等地理环境，为人类生命的繁衍和实践活动的开展提供了适宜的环境和资源，也为文化的塑造、发展和传承提供了重要的依托和根基。绿洲文化以绿洲独特的地域环境为基础和背景，并且深受绿洲独特的地域环境的影响和制约，小至食物、服饰、居室，大至生活方式、社会结构、价值信仰等无不印刻着绿洲地域环境的独特性。

绿洲这一地域，其独特之处首先表现为其是在干旱区荒漠或沙漠地带背景下形成的人类聚集区，既有干旱区荒漠或沙漠地带的一般自然地域特征，又有对人类而言的宜居性。在这一地域中，人与自然之间既存在着一种相适应性，又存在着一种对抗性。正是在这种人与自然之间的特殊矛盾关系的作用下，人类不断地发挥和施展自身的能动性和创造性，不断地认识、适应、改造、开发绿洲，从而创造出独具特色的绿洲文化。在此过程中形成的绿洲文化也必然内含相互矛盾的文化因素，在各种相互矛盾的因素的作用下形成一个复杂多元的统一整体。与此同时，绿洲作为一种独特的地域，由于深受人类活动的影响而具有相对于沙漠其他地区的高效能性和复合性。在这一地域中，自然、经济、社会、政治等多重因素相互作用，相互影响，由此而形成的绿洲文化也必然是由多种复杂因素共同构成的复合体。因此，在某种程度上可以说，绿洲文化作为一种地域文化，是具有多元性和复合性的。

作为地域文化，绿洲文化是一种世界性的文化，是人类文化的重要组成部分。在全世界干旱区的沙漠地带几乎都有绿洲的分布。以这些绿洲为基础和中心，经过一代又一代人类的创造，历经数千年的历史传承与积淀，绿洲文化在全世界范围内生根发芽、薪火相传、经久不衰，成为人类文化谱系中不可或缺的部分。绿洲不仅是沙漠地带的重要组成部分，更是其精华所在。如新疆的绿洲面积仅占总面积的9.7%②，却集中了全疆90%以上的人口和绝大部分的经济活动。绿洲曾经为干旱区荒漠或沙漠地带的发展乃至人类社会的进步与发展做出过重要的贡献。而构建其上的绿洲文化也是干旱区荒漠或沙漠地带文明起源和发展的中心之一，甚至是整个人类文明起源的中心之一。曾经的文明古国，如西亚两河流

① 地域对文化的意义和作用更多的是在文化塑形期。当文化已经基本定型，形成了自己的特质，并一脉传承下来，地域对文化的影响作用逐渐减弱，尤其是在当代社会，科学技术的发展已经在很大程度上打破了地域界限，地域之间的差异越来越模糊，对于新的文化的产生地域因素的影响已经非常微弱了。

② 该数据来源于人民网：《新疆绿洲面积已从4.3%增至9.7%》，2015年08月03日，详见http：//scitech.people.com.cn/n/2015/0803/c1007-27399378.html。

域的巴比伦、北非尼罗河流域的埃及、西南亚的波斯、阿拉伯等或者起源、发展于绿洲之上，或与之密切相关。

第二节　绿洲文化的主要类型

绿洲文化作为一种世界性的文化，有绿洲的地方就有其存在，在不同的地域与人文环境下形成了不同的类型。对于绿洲文化的主要类型，我们将主要从中国和世界其他地区两个维度来进行介绍，以期对绿洲文化的类别有一个比较全面的概述。

一、中国的绿洲文化

中国的绿洲文化历史悠久。按《汉书·西域传》记载，早在 2000 多年前，在现在的南疆地区，就有大大小小的绿洲王国三十六个，即所谓的"西域三十六国"。

（一）中国绿洲文化的分布

中国的绿洲主要分布在西北干旱区，在新疆、青海柴达木、宁夏、甘肃河西走廊、内蒙古西部等地均有分布，其中以新疆地区的绿洲分布面积最广，达16.10 万平方千米①。其次是甘肃河西走廊、内蒙古西部、青海柴达木，宁夏分布的面积最少。

受水源等自然条件的影响，绿洲的面积都比较小，而且无论是从其所在的地区而言，还是从整个中国而言，绿洲所占的比重都非常的小。然而在这些"渺小"的绿洲上，却生活着众多民族。据统计，在有绿洲分布的新疆、甘肃、青海、宁夏、内蒙古五个省区居住着包括汉族、回族、维吾尔族、蒙古族、哈萨克族、柯尔克孜族、塔吉克族、乌孜别克族、达斡尔族、俄罗斯族等多个民族。其中绝大多数民族集中分布在绿洲平原地带。如新疆各民族的人口主要分布在塔里木盆地周缘的山前冲洪积扇中下部、河流冲积平原地带，准噶尔盆地周围以及吐鲁番盆地、哈密盆地、焉耆盆地、伊犁谷地等。在这些星罗棋布的绿洲上各民族人民世代繁衍生息并且创造出了历史悠久、光辉灿烂的绿洲文化。看似微不足道的外表下却孕育着历史文化的沃土，深藏着横贯东西，纵观古今的渊源文脉。

（二）中国绿洲文化的特征

1. 典型的内陆文化

中国的绿洲地处欧亚大陆腹地，远离海洋，周围有阿尔泰山、天山、喀喇昆

---

① 该数据来源于人民网：《新疆绿洲面积已从 4.3% 增至 9.7%》，2015 年 08 月 03 日，详见 http：//scitech. people. cn/n/2015/0803/c1007-27399378. html。

仑山、昆仑山、祁连山以及贺兰山等高山横亘环绕，这些高山发育着山地冰川，为绿洲的形成和发展提供丰富的水源，为绿洲文化的形成提供了丰厚而又坚实的基础。在这一内陆地域环境之下，中国的绿洲文化也具有典型的内陆文化特征，浓厚的农耕文化色彩就是明证。

2. 多元文化的交汇

从中国绿洲文化的内在结构上看，它是多元文化的交汇。中国的绿洲身处欧亚大陆腹地，是东方与西方，以及与南亚、北亚、西亚和东亚的交汇点。独特的地缘区位，加上自西汉以来丝绸之路的开通带来的物质与文化的交流与融合，使得中国的绿洲文化成为内陆地区多元文化的结合部。对此，季羡林先生在《敦煌学，吐鲁番学在中国文化史上的地位和作用》一文中，曾有过精辟的论断："世界上历史悠久、地域辽阔、自成体系、影响深远的文化体系只有四个：中国、印度、希腊、伊斯兰，再没有第五个；而这四个文化体系汇流的地方只有一个，就是中国的敦煌和新疆地区，再没有第二个。"①

（三）中国绿洲文化的构成

1. 浓厚的农耕文化

绿洲独特的自然地理条件使得在绿洲生活的人们往往采取定居的农耕生产方式，灌溉农业是绿洲地区经济的主要依托。农耕生产方式的施行，同时也为绿洲文化增添了浓厚的农耕文化色彩，如维吾尔族的世俗节日播种、庆丰收、喝水节以及萨依勒节等，带有浓厚的农耕文化的印记。

2. 繁盛的商贸文化

沙漠地区的大环境使得绿洲时刻处于与沙漠的紧张对峙之中，一个个孤立又封闭的绿洲并不能完全满足的人们的各种需要。人们还需冲破自然环境的封锁，跨越茫茫的戈壁和浩瀚的沙漠去谋求发展，在定居的农业生产之外，人们还会开展游牧和商贸活动。而且由于地处欧亚大陆的腹地，茫茫大漠中的大大小小的绿洲便成为东西方商客往来的必经之地和群集之地，尤其是随着汉唐时期丝绸之路的开辟。在这条古老的丝绸之路上，人们穿梭于苍茫的大漠与秀丽的绿洲之间，"驰命走驿，不绝于时月；商胡贩客，日款于塞下"。原本孤立又封闭的绿洲被串联起来，成为中转市场。在新疆盛行的"巴扎"的就是绿洲商贸文化繁盛的见证。"巴扎"是维吾尔族语，意为"集市"。按照维吾尔族的传统，哪里人多，哪里热闹，哪里就有巴扎。而巴扎也有一定的专业分工，如有柴草巴扎、牲畜巴扎、小刀巴扎等。随着时代的发展与进步，巴扎不仅是绿洲地区商业活动开展的重要场所和商业产品的集散地，同时也是绿洲地区文化交流和传播的重要舞台，

---

① 季羡林：《敦煌学、吐鲁番学在中国文化史上的地位和作用》，红旗，1986 年第 3 期。

使得不同地域的特产风味、民俗风俗集聚于此。这给农耕文化带来了商贸的元素，也促进了商贸文化的开拓与发展。也正基于此，来自东西方的各种不同的文化开始在此出现、渗入、碰撞，呈现异彩纷呈之貌，极大地丰富和繁荣了中国绿洲的文化。

3. 多彩的宗教文化

得天独厚的地缘区位和地理环境同时也为绿洲文化带来丰富多彩的宗教文化。除了世界三大宗教佛教、基督教、伊斯兰教，其他具有广泛影响力的宗教如道教、印度教、犹太教都曾在此地寻找到安顿之所，它们出现、传播、繁盛，并且不断地融合、交融。

4. 独特的艺术文化

在文学艺术方面，尤其是舞乐方面，中国绿洲文化也有其独特之处。如玄奘在《大唐西域记》中曾赞扬龟兹乐曰："管弦伎乐，特善诸国"。《旧唐书·音乐志》用"声振百里动荡山谷"来形容龟兹乐所表现的游牧民族豪迈奔放的抒情气势。作为龟兹乐独特体系的延续和发展，维吾尔族人民创作的《木卡姆》大型套曲集，集独唱、合唱、说唱为一体，有独奏、合奏和齐奏，是歌、舞、乐的完美结合，是娱乐、抒情的集中体现。与此同时，几千年历史风云的激荡造就了生生不息的绿洲文化，在这片神奇的土地上塑造了一个又一个绿洲历史文化名城，如敦煌、张掖、吐鲁番等，其间文物古迹、名胜景点不胜枚举，在人类文明史上写下光辉的篇章。

中国的绿洲文化孕育和发展于中国的西北地区。与以中原为中心的华夏文化相比，西北地区处于边缘地带，处于核心文化之外。然而，远离核心文化区也为绿洲文化的发展带来更多的自由和选择的空间，使绿洲文化具有了多维文化交汇并存和发展的条件，成为整个中国文化体系中的一枝独秀和奇葩。而在中西方文化交流中的枢纽和中介地位，也使绿洲文化成为中国文化向外传播和吸收境外优秀文化的重要媒介和载体。可以说，绿洲文化同时也是整个中国文化保持生命力和活力的关键所在。

二、世界其他地区的绿洲文化

在中国以外，世界的绿洲主要集中分布在北非、西南亚、亚洲中部、西南非、北美中西部、南美西南部和澳大利亚 7 大区域。其中自北非的撒哈拉，经过西南亚的阿拉伯半岛、伊朗、印度西北部到中亚形成一个几乎连续不断的亚非绿洲带，是世界上绿洲主要的分布区。在这些星罗棋布的"绿色岛屿"之上，人们冲破沙漠这一"死亡之海"的魔咒，用自己的双手和智慧，开拓出不可胜数的生命之洲，创造出历史悠久的绿洲文化。

(一)西亚两河流域的绿洲文化

西亚的底格里斯河和幼发拉底河的两河流域不仅孕育了享誉世界的两河文明，也产生了璀璨夺目的古巴比伦文明。在黄沙漫天的阿拉伯沙漠的边缘有一片发端于两河流域的沃土。因在地图上形似一弯新月，因而，被称为"新月形肥沃土地"，这些区域有一些实际上就是绿洲。在这片神奇的土地上，世界上最早的文明被创造出来，最早的绿洲文化也诞生于此。

两河文明主要由苏美尔、阿卡德、巴比伦、亚述等文明组成，其中以古巴比伦文明最为突出，公元前 4000 年—前 2250 年是其发展的鼎盛时期。公元前 3200 年左右苏美尔人发明了世界上最早的文字之一的楔形文字。人类历史上最早的成文法典《乌尔纳姆法典》也创生于此，虽然大部分内容未能保存下来，但法典本身的存在就在向人们昭示法律制度在当时已经为人们所重视，制度文化建设已经成为国家生活的一部分。公元前 1776 年左右古巴比伦国王汉莫拉比颁布了《汉莫拉比法典》，这个被称为迄今发现最早的，保存较为完整的成文法典则进一步说明了两河流域的法律制度或者说制度文化之发达。与此同时，两河文明在天文历法、数学、物理学、哲学等方面也有突出的成就，希腊人、犹太人、阿拉伯人都曾以其为学习和效仿的对象，这在客观上推动了两河文明在世界范围的传播和扩散。如苏美尔人制定了太阴历，以 29 或 30 天为一个月，12 个月为 1 年(6 个月为 29 天，6 个月为 30 天)，每年 354 天，并发明闰月。在亚述时期，他们提出了星期的名称和 7 天为 1 周的规定。在城市建设方面，古巴比伦城曾经一度成为世界上最繁华的城市之一，这里宫殿壮丽、城垣雄伟，还有被列为古代世界七大奇迹之一的巴比伦"空中花园"，亦称"悬苑"，充分显示了古代两河流域的建筑水平。宗教亦是两河文明的重要组成部分，为了实现风调雨顺，国泰民安，两河流域人民倾向于把希望寄托于神，他们祭祀诸神，建造神庙供奉诸神。很多时候，一国之中，庙宇往往是仅次于王宫的最好建筑。希罗多德在他著作中描述的巴比通天塔，就是最具代表性的神庙。

除此之外两河文明，尤其是古巴比伦文明还在学校教育、政治制度、园艺等方面都有非常辉煌的成就。公元前 605 年，新巴比伦王国灭掉亚述帝国，此后又经过波斯、马其顿、罗马与奥斯曼等帝国的统治，在 224 年—651 年的萨珊王朝时期，美索不达米亚成为干涸的陆地和沼泽，曾经辉煌的文明被沙尘所掩埋。第一次世界大战后，其主要部分成为独立的伊拉克。

(二)北非尼罗河流域的绿洲文化

北非的古埃及文明孕育于尼罗河流域带来的绿洲带，是典型的绿洲文明。尼罗河流域的西面是利比亚沙漠，东面是阿拉伯沙漠，南面是努比亚沙漠和飞流直泻的瀑布，北面是三角洲地区没有港湾的海岸。在这些自然屏障的庇佑下，古埃及人得以安全栖息。再加上尼罗河纵贯南北，两岸谷地和三角洲面积达 4 万多平方千米，构成肥沃绿洲带。肥沃的绿洲带在为埃及人们带来丰厚的物质生活保障的同时，也为埃及人民孕育了历史悠久的古埃及文明。在古代埃及，农业始终是其最主要的社会经济基础，因而其文化也有浓厚的农耕文明印记。在文字方面，古埃及的文字起源于象形文字，经过长期的演变，形成了由字母、音符和词组组成的复合象形文字体系。宗教是古埃及最重要的精神生活，也是古埃及文明的重要组成部分。古埃及人们崇拜太阳神，以法老（国王）为太阳神的化身，法老具有最高的权威。神王合一、追求永恒是埃及宗教文化的一大特点，无论是庄严肃穆的金字塔还是宏伟壮阔的神庙又抑或是考究精致的木乃伊都彰显着古埃及人们对神灵的敬畏，对永恒的追求，也凸显了古埃及人们庄重、严谨的内在精神气质。虽然随着王国统治时代的终结，古埃及文明逐渐走入历史，但它却浸润于古希腊与古罗马文化之中，传播至全欧洲，成为西方文化发展的渊源之一。

（三）南亚印度河流域的绿洲文化

早在 50 万年前，远古居民的足迹就已经出现在印度次大陆上，他们刀耕火种、渔猎采集，世代繁衍生息于此。迨至 1 万多年前的新石器时代，人们就已经开始了聚居生活，他们从事农业生产，驯养家畜。古印度最早的文明——"印度河文明"正是在此基础上诞生的。印度河是世界上最长的河流之一，它东北临喀喇昆仑山脉和喜马拉雅山脉，东南接印度塔尔沙漠，西北为阿富汗兴都库什山脉，西南为俾路支高原，南临阿拉伯湾。由印度河冲击而成的印度河平原，大部分位于广阔的塔尔沙漠之中。然而，正是这条藏身于沙漠，人迹罕至的河流在茫茫的大漠中为人们带来片片绿洲，为人类孕育出曾经无比璀璨耀眼的文明。与西亚两河流域文明和北非古埃及文明相比，其产生的时代较晚，约公元前 3000 年—前 2500 年。其遗址主要集中在哈拉帕和摩亨约—达罗两地。由于它的遗址首先是在印度哈拉巴地区发掘出来的，故而也称"哈拉巴文明"。一般而言，印度河文明繁荣期约为公元前 2300 年—前 1750 年。从已出土的文献来看，印度河文明属于青铜器文明。从匕首、矛头等武器到镰刀、锯子等生产工具都是铜制的。灌溉农业是当时人们重要的生产方式。与此同时，商业在当地也非常的兴盛，在两地发现的大量关于商贸往来的印章或者文字就是明证。制陶和冶金业也比较发达，他们所使用车辆，几乎包括已知所有常用驯化动物，并且善水能航。印度河的文字以"印章文字"著称，一般认为印度河文字属于表意文字和音节文字，或者是两者的结合。目前共收集到大约 500 个印章文字，他们从右到左书写。那些印章的主要用途就是表示货物所有的，另外一些则是具有宗教或巫术意义。

随着时代的变迁，人类智慧的提升，自然环境的变化，绿洲文化也不断地发生演变。昔日光彩夺目的文化有些已经悄然消失，隐没在历史的长河之中，有些则薪火相传，在新的时代再创往日的光辉，也有些在发展中巨变，以新的精神面貌示人。虽然发展形态和趋势并不相同，但是他们仍然属于绿洲文化，绿洲文化的属性不会改变。在世界的各个角落中，在片片绿洲之上，不同肤色、不同种族的人们正在以他们特有的方式创造着、传承着形态各异的绿洲文化，推动绿洲文化的发展与繁荣。

第三节 绿洲文化的特质

自人类的足迹踏入绿洲这片沃土之上起，绿洲文化便孕育而生，成为人类文化体系中的一员。绿洲文化贯穿于人类文明发展的始终，可谓历史悠久、底蕴深厚。与此同时，自然与人文融为一体，不同的自然地域与社会历史环境孕育了不同类型的绿洲文化，形态万千、异彩纷呈。然而，由于它们都是在干旱区荒漠或沙漠地带这一独特的地域环境上经人类实践创造而成的，这异彩纷呈的绿洲文化背后也存在着一些共性，一些所有的绿洲文化所共享的特质。

一、多元性

多元性是绿洲文化的重要特质。不同的自然地域与社会历史环境孕育了不同类型的绿洲文化。绿洲文化不仅外在表现形态是多元的，就内在结构而言，也是极为多元、复杂的。绿洲文化可以说是世界上各种文化要素最为活跃、最为集中的地方。

（一）绿洲文化外在形态的多元性

在茫茫戈壁沙漠中，绿洲点点滴滴镶嵌。一般而言，绿洲具有地貌上的封闭性和地域上的分散性等特点。绿洲无论大小都有绿洲地理、地貌格局存在，内部都会有其独特的人文系统对其适应或改造，从自然生态系统到人文系统都容易自成体系。而且以灌溉农业为主体的经济生产方式，容易形成自给自足的社会体系，导致社会的封闭性和独立性。这使得每一个绿洲地区都有可能成为一个独立王国，形成不同的文化体系。据史料记载在古代新疆的绿洲上生活过塞族、月氏、乌孙、羌、匈奴、汉族、柔然、突厥等民族。而在此曾建立了非常多的国家，如"楼兰"（后被称之为鄯善）"且末""精绝""抒弥""于阗""皮山""莎车""疏勒""姑墨""温宿""龟兹""乌垒""尉犁""焉耆""车师"（魏晋后为高昌）等。

这些王国彼此独立，从文字到语言，从社会制度到宗教信都有所不同。每一个绿洲国家或区域的文化体系都各具特色。如在乐舞方面，几乎每个国家都有自己的乐舞，为了凸显特色，它们往往以本国的国名来命名，如龟兹乐、于阗乐、高昌乐、疏勒乐、伊州乐、鄯善乐等。在语言上，即使早期居民使用印欧语系人种居多，但是各国各有取舍和演变，即便是大体相同，也有差异存在，如于阗和疏勒均使用塞语塞文，语言上属于东伊朗语支，即使同属于东伊朗语支，于阗的塞语与疏勒塞语的区别也很大。而鄯善国使用两种语言文字系统，汉语文和怯卢文都通行，怯卢文的语言是西北印度的方言系统。龟兹和焉耆使用吐火罗语文，同属于西伊朗语支，但是龟兹语和焉耆语有方言上的区别，因此把龟兹语称之为B吐火罗语，而把焉耆语谓之A吐火罗语。在原始宗教信仰方面，于阗崇拜神鼠，龟兹信仰双马神，高昌信仰伏羲女娲。即便是在家家门前皆佛塔，国国佛教林立的佛教独尊时期，这些绿洲国家对于佛教的尊奉仍然存在多元化的特点，如于阗的佛教是大乘佛教，而龟兹的佛教则是小乘佛教。

在当今时代，绿洲文化的多元性特质依然突出。在我国的绿洲上分布了众多民族，它们在千百年的繁衍生息过程中，根据自己所处的绿洲环境和本民族的特色，形成不同的生活方式，造就了不同的文化类型。从服饰建筑到歌谣舞蹈再到宗教信仰，每个民族都有自己的文化个性。有些内容也许与其他民族是相近或相似的，有些则相去甚远。即便是同一民族因为部落不同或居住地不同在许多方面也有很大差异。在千差万别的绿洲之上形成了形态各异的民族文化，而这些多姿多彩的民族文化使得绿洲文化具有多元性。众多民族生活在绿洲这一空间上，使绿洲成为杂居民族区。聚居和杂居在空间上插花分布，使绿洲文化呈现多元色彩。

同样，从西亚到北非，从西南亚到南亚，虽然同处于干旱区荒漠或沙漠地带之中，生活在这里的不同民族造就了各地风格迥异的文化类型。古埃及人们有尼罗河的馈赠，生活比较稳定和安逸，故而人们在宗教信仰上更多的关注死亡和来世，他们崇拜太阳神，修建金字塔，制作木乃伊为来世做好物质准备，由此而形成光彩夺目的古埃及文明。而生活在西亚阿拉伯半岛热带沙漠地区的阿拉伯人则没有这么幸运，面对沙漠地区严酷恶劣的自然环境，人们更多的关心的是美好富足生活的实现，仁慈、万能的真主便成为人们的精神寄托，成为人们崇拜的对象，遍及世界的伊斯兰文明也正孕育于此。而且与古埃及人截然不同的是，阿拉伯人偏爱月亮，伊斯兰教以新月为象征，不止一般清真寺的顶端都装有一个新月架，很多的伊斯兰教国家也以新月为其国旗的图案。这种多元并存的文化现象，与有的历史学家将中世纪初期欧洲的政治地图比喻为"一条政治上杂乱拼缝的坐褥"有些相似。

（二）绿洲文化内在结构的多元性

就绿洲文化的内在结构而言，它也是多元的。随着人类需求的不断增加，绿洲农耕文化的有限性和单一性不能满足人们的各种需求，人们需要打破绿洲的封闭性和独立性，寻求与外部的联系。故而，绿洲也具有一定的开放性。那些有着不同的文化背景的人们穿行于此，也带来了文化的交流和碰撞，各种不同的文化元素集聚于绿洲之中，为绿洲文化增添了多元性，从物质文化到精神文化再到制度文化都充满了多元性。

以吐鲁番的绿洲文化为例。就地理位置而言，吐鲁番的北面是天山山脉，天山山脉东段的博格达主峰终年积雪，融化的雪水为吐鲁番带来了稳定而又充足的水源，再加上土壤肥沃，吐鲁番的绿洲在很早的时候就已经成为人们理想的栖息地。在地缘上，吐鲁番位于塔里木盆地的东北部，随着横贯东西方的"丝绸之路"的开通，这里成为必经之地之一，由此而成为东西方交流的要地。凭着天时与地利，吐鲁番早在公元前 2 世纪就已经发展成为一个农业发达，人口众多的绿洲地区，绿洲文化建设也已经初见规模，并且由于地处东西方交流的要道，深受来往于此的各种文化要素的影响，具有浓厚的多元化色彩。农耕与游牧共同构成其主要的生产方式。依靠博格达主峰融化的雪水带来的稳定水源，吐鲁番本地居民主要采取灌溉农业的生产方式。然而，9 世纪中叶回鹘的西迁，原先漠北草原上的游牧民族西迁至吐鲁番，在适应吐鲁番的农耕文化的同时，回鹘仍然保留了其游牧文化。吐鲁番的绿洲文化即是农耕文化与游牧的文化的一种杂糅。《周书·高昌传》在论及高昌王国人们的服饰特点时云："丈夫从胡法，妇女略同华夏。"男子的服饰依从北方胡人之法，而妇女的服饰则与内地汉人相似。无独有偶在《梁书·高昌传》亦有相似的记载，其书论及高昌人云："面貌类高丽，辫发垂之于背。前长身小袖袍，缦裆裤。女子头发辫而不垂，着锦缬、璎珞、环钏。"其中男子的"小袖袍，缦裆裤"与北方游牧民族的服饰相似，而女子的"锦缬、璎珞、环钏"则与汉族女子的服饰相似。可见，高昌的服饰文化同时兼具华夏农耕文化与胡族游牧文化的特点，两种原本异质文化在此实现了多元共存。这种胡汉杂糅的多元性亦体现在其典章制度、语言文字之中，《周书·高昌传》云："文字亦同华夏，兼用胡书。有《毛诗》《论语》《孝经》。置学官子弟以相教授。虽习读之，而皆为胡语。"

吐鲁番地区曾经流行过多种文字，其文化的表现和传承也受多种文字形式的影响。德国突厥学家葛玛丽在研究中指出，光是在高昌回鹘时期，这里就曾流行过"突厥文、汉文、粟特文、回鹘文、福音体文字、摩尼文、婆罗迷文、藏文等多种文字。"[①]就宗教信仰而言，几乎所有的世界性宗教都曾在吐鲁番留下足迹和影响。《魏书·高昌传》记载高昌的宗教习俗时云："俗事天神，兼信佛法"。此处的"天神"按学者们的考证，通常认为其所指的是"火祆教"。"佛法"即指佛教。其中"火祆教"又称"祆教"，亦可称之为"琐罗亚斯德教"，公元前 6 世纪由波斯

---

① ［德］葛玛丽：《高昌回鹘王国》，耿世民译，新疆大学学报(哲学人文社会科学版)，1980 年第 2 期。

人琐罗亚斯德创建，该教崇拜火，以火为至善之神的代表，主要流行于西亚、中亚等地。佛教于公元前 6 世纪至前 5 世纪，由释迦牟尼创建于印度。两种宗教传入吐鲁番的具体时间已经难以确证，但可以肯定的是这两种不同的外来宗教都是人们宗教信仰的主要内容。除了祆教和佛教，基督教、伊斯兰教、摩尼教以及道教都曾是吐鲁番人们宗教信仰的一部分。摩尼教因其创始人摩尼而得名，是公元 3 世纪在波斯兴起的世界性宗教。从吐鲁番地区出土的众多用不同的文字，如中古波斯文、回鹘文、栗特文书写的摩尼教文献，可知摩尼教也曾在此地兴盛过。基督教的聂思托利派，又称景教或秦教，在高昌故城曾发掘出一块比较完整的景教壁画，画的是基督教重要的宗教节日——"棕枝主日"的情景。

这些宗教不仅以多元的形式共存于吐鲁番地区，而且也构成了吐鲁番人们宗教信仰的多元色彩。不同的民族或信仰不同宗教，或信仰同一种宗教；同一民族或信仰一种宗教，或信仰多种宗教。对于吐鲁番绿洲文化的多元性特质，德国学者克林凯特曾有过深刻的论述："从文化上说吐鲁番好像一块海绵，它从各个方面吸收精神内容与文字形式，而并不一定要把它们统一化、规范化。引人注目的是，这个绿洲的文化传统极富国际性。"[①]

二、混合性

(一)绿洲文化混合性的成因

绿洲文化的多元性能够带来文化的交流与碰撞，为不同文化之间的互融互补创造条件，激活绿洲文化的内在生机，使之出现空前的繁荣与发展。然而，由于绿洲往往彼此独立，一定的文化只在小范围内适用，呈小规模发展态势，很难形成统一且具有权威性、强势性的文化要素，容易受外来文化的影响和冲击。

与此同时，受绿洲地区生态环境脆弱性的影响，绿洲文化本身也具有很强的不稳定性。在干旱区荒漠或沙漠地带，绿洲周围的自然环境本身是非常严酷和恶劣的，如气候环境的改变、河流改道、人为不合理开发利用、自然灾害的加剧、水源枯竭等，其中任何一个因素或者几个因素的综合都有可能对绿洲带来灭顶之灾，使绿洲变成沙漠。绿洲的生态环境是比较脆弱的，而这也为绿洲文化的传承和积淀带来不稳定性和易变性。一些曾经在历史上显赫一时的绿洲王国如楼兰、精绝、古且末等，如今早已湮没在漫漫黄沙之下，而曾经的王国文化也随之而被掩埋在大漠之中。迨至千百年后，随着考古发掘的深入，昔日璀璨夺目的文化才有机会重现于世，但人们只能寻得其文化的蛛丝马迹。

此外，绿洲上人口的迁徙和流动则进一步加剧了绿洲文化的不稳定性，同时

---

① ［德］克林凯特：《丝绸之路古道上的文化》，赵崇民译，新疆美术摄影出版社 1994 年版，第 177 页。

也使其发展呈现出无序性的特点。在绿洲上，民族迁徙、人群流动经常发生，他们或者因为战争，或者因为自然灾害，或者因为政府的组织。在每一次民族迁徙与人群流动的背后，绿洲地区的民族结构、社会组织都有可能发生调整和转变。就文化的发展而言，亦有可能带来文化的流动与传播，也有可能造成一定文化的消亡，显现出无序性的特点。如9世纪中期的回鹘西迁，回鹘汗国解体后，回鹘人分三路西迁。其中迁往吐鲁番地区的一支，起初信仰摩尼教后来又适应当地佛教文化改信佛教，由此加速了与高昌、龟兹等地原有居民的融合，形成高昌回鹘的民族群体。而迁往葱岭西的另一支回鹘，则联合其他操突厥语的民族部落建立了喀喇汗王朝，他们同样放弃了原有的摩尼教，接受了伊斯兰教，并将伊斯兰教推广到塔里木盆地的西部和南部。一次又一次的民族迁徙、人群流动使得某些文化在某些时期比较繁荣发达，而某些文化又在某些时期则相对滞缓，甚至消亡，在这多元文化并存的背后，是一种缺乏体系性和历史积淀的文化形态。

总体而言，分布的独立性、生态环境的脆弱性、人口的流动性使得绿洲地区的文化具有很强的不稳定性而且极易受到外来文化的影响和冲击，难以形成一以贯之且自成体系的"积淀型"的文化。由此，在相当长的历史时期内，绿洲犹如一个宽松自由的文化贸易市场，各种文化要素都能汇聚于此，很少受到强势文化的排斥、打压，有时候甚至能反客为主，改弦更张成为主流文化。在这起彼伏的文化交流与碰撞中，旧的、新的、本土的和异质的文化要素不断地混杂，使得绿洲文化具有鲜明混合性，合成色彩浓郁。

（二）绿洲文化混合性的表现

以中国新疆地区的绿洲为例，在长期的历史发展过程中，不断地有来自东西方异族的、异国的、异文明的文化集聚于此，影响和冲击着当地文化，并不断混而合之。

来自东方的中原文化对绿洲文化有着深远的影响。自西汉起，随着中央王朝对西域控制的加强以及丝绸之路的开辟，包括官员、将士、商旅等大批汉人进入绿洲地区，来自东方的中原文化亦随之传入。这些文化在很多时候是以优势文化的形态进入，在很大程度上影响甚至是改变了当地的文化。《汉书·西域传》在论及西域地区各国的职官制度时说道："最凡国五十，自译长、城长、君、监、吏、大禄、百长、千长、都尉、且渠、当户、将、相至侯、王，皆佩汉印绶。"这里有些官职如大禄、且渠乃当地原有，也有很大一部分如都尉、将、相、侯等是中央政府所有。又《周书·高昌传》记载当时的麴氏高昌王朝的社会风貌，云："其刑法、风俗、婚姻、丧葬与华夏小异而大同"。《隋书·高昌传》亦云："其都城周回一千八百四十步，于坐室画鲁哀公问政于孔子之像。"可见，随着历史的发展中原文化已经渗透到绿洲人们社会生活的各个方面之中。

来自南亚的印度文化为绿洲文化带来了佛教和犍陀罗艺术。印度是佛教的发源地，在创立之初，佛教的传播范围仅限于印度恒河流域一带。约公元前1世纪，经克什米尔地区传入新疆地区的于阗，而佛教在东方世界的广泛传播也正肇始于此。4至5世纪各绿洲地区佛教的发展进入到全盛时期，东晋高僧法显在《佛国记》一书中①，描述了在于阗的见闻"其国丰乐，人民殷盛，尽皆奉法，以法乐相娱；僧众数万人，多大乘。"可见，其时于阗佛教之兴盛。在其他绿洲地区，佛教也颇为盛行，如《晋书·龟兹传》云："龟兹城其城三重，中有佛塔寺庙千所。"玄奘在其《大唐西域记》中记高昌国云："伽蓝虽少，亦有数千"，记疏勒国云："谆信佛法，勤营福利。伽蓝百十所，僧徒千人"。佛教的兴盛使当时的绿洲地区成为佛教文化的一大中心地。与此同时，伴随着佛教的传入，印度的犍陀罗艺术也随之传入，对绿洲的文化艺术影响至深。犍陀罗艺术可以说是希腊罗马文化与印度佛教的融合，是一种希腊式的佛教艺术。犍陀罗艺术的传入为绿洲的绘画、雕刻、建筑、工艺美术带来了希腊罗马风韵。

来自亚非两洲之间的阿拉伯文化为绿洲文化带来了伊斯兰教。与其他世界性宗教相比，伊斯兰教传入绿洲地区的时间比较晚，10世纪伊斯兰教才开启了在新疆绿洲地区的传播之路。伊斯兰教传入之时，绿洲地区人民的宗教信仰多以佛教为主。然而，这并不影响伊斯兰教传播的步伐，经过与佛教的长期对峙与抗争后，最终以后来者居上的气魄，取得胜利，赢得了广大人民的信仰，成为16世纪以来绿洲人民，尤其是维吾尔族的主要信仰。经过数百年的传播与巩固，伊斯兰教的教义、礼仪、习俗等宗教制度已经渗透到绿洲文化的各个方面，如禁食猪肉，过古尔邦节、肉孜节，实行割礼等宗教习俗已经完全成为维吾尔族的民族风俗。

来自西方的希腊罗马文化对绿洲文化也有一定的影响。我们不仅可以在龟兹的石窟壁画和尼雅遗址的封泥浮雕中看到一些古希腊神话中的经典形象，也可以在克孜尔千佛洞中看到体现希腊罗马人裸体审美文化的裸体人物形象。"包括用以供养的天宫伎乐或称乐神（克孜尔第163窟、7窟、80窟、178窟、179窟）、以及佛传和姻缘故事中的舞女（克孜尔163窟、98窟、186窟、189窟）、宫伎以及王妃、魔女等。"②裸体本身与佛教的"禁欲"思想大相径庭，因而，不可能源自佛教文化本身。然而，对裸体的欣赏与推崇正是希腊罗马文化的一大特色。从裸体竞技到裸体人物雕塑，在希腊罗马文化中裸体被赋予了无限的美感和神圣的意义。这些数量众多，形象生动的裸体人物形象正向我们昭示着希腊罗马文化在此地踪迹。

---

① 此书又名《法显记》《历游天竺记》《昔道人法显从长安行西至天竺传》《释法显行传》《历游天竺记传》。

② 尚衍斌：《西域文化》，辽宁教育出版社1998年版，第110页。

新疆的绿洲文化可以说是绿洲的本土文化与中原汉文化、印度文化、伊朗波斯文化、西亚阿拉伯文化、欧洲希腊罗马文化的大混合、大杂糅。

三、内向性

(一)绿洲文化内向性的成因

外部物质生活条件的困苦和艰辛使得绿洲人们更加注重寻求内在的、精神世界的慰藉和安顿。虽然与沙漠地区相比，绿洲的水文、土壤、植被、气候等自然条件相对要优越一些，但是一走出绿色屏障，便是广阔的沙漠、风沙弥漫、冬季严寒、夏季炎热、干旱缺雨、日照强烈。只有绿洲才是人们安全的栖息地和理想的生活场所。可是，在广袤无垠的大漠之中，绿洲的空间是非常有限的，而且生态系统比较脆弱，时刻面临着沙漠的威胁，稍有不慎便有可能为沙漠所淹没。此外，在历史上绿洲地区也往往是民族战乱和民族迁徙之地。

严酷恶劣的外部环境、动荡不安的社会结构、极为有限的生存空间为绿洲人民的物质生活带来很多的困苦和艰辛，极易让人们感到悲凉、彷徨甚至绝望。这一点在中国的传统文化里体现得尤为明显。在中国，绿洲主要分布在西北地区，而西方又是日落之方。无论是"夕阳无限好"，还是"长河落日圆"，都为日落增添了孤独、悲凉之意。在文学意向中，日落常常与黑暗、孤独、衰败、偏僻、无望等情绪、感受联系在一起。而自秦汉以来，在传统社会，绿洲所在的西北地区也通常被当作流放、贬斥之地。

在这种情况下，绿洲人们更加关注和渴求的是内在的、精神世界的安顿和慰藉，转移对现实的不满甚至是绝望，面对和承受人和自然、人和社会、现实和理想的分离所造成的各种精神压力。由此而形成的绿洲文化也具有鲜明的内向性。

(二)绿洲文化内向性的表现

1. 丰富多彩的音乐歌舞文化

音乐歌舞近乎是绿洲文化的代名词。绿洲地区有丰富多彩的歌舞音乐文化，也正是借助音乐歌舞绿洲人民获得精神上愉悦与寄托。有感于沙漠地区苍凉的自然环境以及人类在大自然面前的渺小，人们往往借助音乐舞蹈来抒发内心的情感，驱散苍凉的愁云，重拾生活的乐趣与希望。

以我国新疆为例，在绿洲上几乎不存在没有音乐舞蹈的绿洲。历史上重要的绿洲王国或城镇，如哈密、吐鲁番、库车、莎车、喀什、和田等地同时也是音乐文化重镇。汉唐时期，哈密有伊州乐，吐鲁番有高昌乐，库车有龟兹乐，和田有于阗乐，莎车和喀什则是十二木卡姆的故乡。其中十二卡姆是我国最主要的绿洲民族——维吾尔族最具代表性的歌舞乐曲。它由170多首歌舞乐曲和70多件器乐演奏，是一部巨大的音乐史诗，从头至尾演奏一遍，至少需要20多个小时。

此外，和田的顶碗舞、喀什的刀郎舞、吐鲁番的鸡鹅舞、哈密的鸡舞等也都是维吾尔族音乐歌舞的代表。

就绿洲音乐舞蹈的风格而言，尽管不同地区、民族的音乐舞蹈的呈现形式有所不同，但它们的共通之处就是歌唱、舞蹈、音乐三者综合为一体。如在维吾尔族的"麦西热甫"活动中，有木卡姆演奏、民歌演唱、猜谜语、对诗、跳舞、杂技表演等诸多内容。在维吾尔族的音乐舞蹈中通常以星星、泉水、绿地、月亮为歌颂和赞美的对象，而对太阳的赞美则极为罕见。苍凉幽怨、柔情缠绵的音乐更能激发起绿洲人民的共鸣，漫长的夏天、炎热的气候，使得星星、泉水、绿地、月亮这些预示着阴凉柔美的事物为人们所珍视。

"哭也是歌、笑也是歌，生也是歌、死也是歌，绿洲人的一生和音乐结下了不解之缘"①。音乐舞蹈构成绿洲人们生活的主体。

多姿多彩的活动内容，动听的音乐，热情洋溢的舞蹈动作，生动有趣的即兴表演等，为绿洲人们的生活带来了无尽的乐趣和生机。

2. 浓厚的宗教文化

除了音乐歌舞，宗教也是绿洲人们寻求精神寄托的一种有效方式。诚如钱钟书先生解马克思观点所言"宗教乃人民对实际困苦之抗议，不啻为人民之鸦片。"②严酷恶劣的生活环境和极为有限的生存空间为绿洲人民的生活带来很多的困苦和艰辛。于是，人们寻求精神的寄托，幻想能够得到外在的、异质力量来拯救和庇佑他们，由此，宗教信仰应运而生。绿洲人民正是要借助宗教来实现内在的、精神的安慰，来排解现实的艰难和困苦。

绿洲地区自古以来就是一个宗教比较兴盛的地方，有着浓厚的宗教文化色彩。几乎所有的世界性宗教，如伊斯兰教、佛教、基督教、景教、拜火教都曾在绿洲地区留下足迹。而且几乎所有的绿洲民族都有自己的宗教信仰。他们或者在不同的时期信仰不同的宗教，或者在同一时间时期信仰不同的宗教。虽然随着时间的流逝，很多传统的宗教信仰在绿洲地区已经逐渐隐退，甚至是消亡，但是这种对宗教的虔诚在绿洲人民心中并没有改变。

在绿洲地区，宗教对人民生活的影响几乎是全方位的。宗教渗透到人们社会生活的方方面面。如维吾尔族的音乐舞蹈按照功能主要分两种，一种是具有功利性的宗教乐舞，一种是非功利性的民间乐舞。前者主要是娱神，而后者则是娱人。绿洲的节日也有宗教节日与民族节日之分，而且相对而言宗教节日更加多样化，占的比重也更大。如肉孜节、古尔邦节、圣纪节、巴拉提节、盖德尔夜、阿舒拉日、都瓦节都是伊斯兰教方面的节日。跳火节则有萨满教色彩。在文学创作

---

① 周吉：《木卡姆》，浙江人民出版社 2005 年版，第 6 页。

② 钱钟书：《管锥篇》（第一册），中华书局 1982 年版，第 21 页。

中也有浓郁的宗教色彩，如著名的维吾尔族叙事长诗《福乐智慧》，该诗由维吾尔族诗人玉素甫·哈斯·哈吉甫创作完成，全诗共 82 章涉及哲学、道德、政治等多方面的内容，主要以四个主人翁的对话展开，而统摄全诗的核心和主线便是对真主的绝对崇拜和颂赞。

宗教之于绿洲人民及绿洲文化有着非凡的意义。在绿洲地区宗教的作用已经不仅仅在于为人们提供精神寄托和慰藉，它同时也为人们提供了一整套价值观、人生观和世界观，引领人们认识世界，帮助人们寻找到人生的价值，规范人们的思想和行为。宗教是绿洲文化的重要内容，甚至是核心内容。宗教在很大程度上决定和制约着绿洲文化的走向。

第四节　绿洲文化的历史演进及其启示

绿洲文化的历史演进既与人类社会历史的演进息息相关，也与绿洲地区特殊的自然与人文因素的变化关联。绿洲文化的演进受内在机制与外在机制的双重影响。绿洲文化的建设与发展应该充分把握好和协调好两方面因素的关系。

一、绿洲文化的历史演进

绿洲文化历史悠久、源远流长。绿洲文化演进的历史过程主要可以分为萌发与兴起、发展与繁荣、失落与复兴三个阶段。每一个历史阶段都凝聚了无数的人类智慧，每一次的历史演进和更替都伴随着人类社会历史的变迁。

(一)绿洲文化的萌发与兴起

绿洲文化自古有之。当人类的足迹踏上绿洲，开始有了自我意识，并进行劳动创造，哪怕极其简单和粗糙的劳动创造，使得绿洲有了文化迹象，绿洲文化也进入了萌发阶段。人类的祖先孕育于 700 万年前的非洲乍得，而人类开始在绿洲上进行文化创造大概始于 300 万年前。

公元前 8000 年，位于底格里斯河和幼发拉底河之间的美索不达米亚平原上率先升起了人类文明的曙光。在这片位于沙漠边缘的平原上产生了早期的绿洲文明，也是早期的人类文明，如苏美尔文明、阿卡德文明、巴比伦文明和亚述文明。也正因此，美索不达米亚被称为"世界绿洲文明的摇篮"。公元前 3200 年，在北非的沙漠之中，尼罗河孕育出了古埃及。绿洲文化开始在北非的沙漠之中冉冉兴起，闪耀世界。而在欧亚大陆腹地，在中国西北地区的绿洲之上，绿洲文化也早在数万年前就进入了萌发期。从考古发现的"河套人"化石和石器来看，数万年前"河套人"就已经开始了聚居生活，而这也是我国在沙漠地区发现的最早的人类活动遗迹。在新疆的克里雅河流域的上游发现的黑色硅质打制成的侧刃刮削器、手刃刮器和尖状器等中石器时代的遗迹，表明在 8000 年前的新疆绿洲上已经有了较为普遍的人类活动，绿洲文化已经逐渐兴起。而在河西走廊的绿洲上发现的公元前 3000 年的东林乡马家窑文化遗址和公元前 2300 年的前永登蒋家评马厂文化遗址中，分别出土的青铜刀则表明在公元前 3000 年我国的绿洲文化已经发展到了青铜时代。

在萌发和兴起阶段，绿洲文化还处于比较落后的状态，当时的人类也还处于蒙昧时期，对自然环境的依赖性比较强，他们仅仅依靠生存于天然绿洲上的动、植物资源来生存和繁衍。原始农业是此时绿洲人民的主要生产方式，他们逐水草而居，先是以狩猎、捕鱼、采集为主，逐步过渡到游牧与半农半牧。在甘肃河西走廊中部的民乐东灰山遗址发现的公元前 3000 年的大麦、小麦、高粱等农作物表明农业已经成为此地居民的主要生产方式之一。又如《汉书·西域传》曰："自且末以往皆种五谷，土地草木，畜产作兵"。在南疆地区的绿洲上农耕和畜牧同样是人们的主要生活方式。受自然条件的限制，此时的绿洲都比较小，发展极为缓慢。

在宗教信仰方面，此时的人们还停留在原始信仰阶段。他们崇拜的对象有风雨雷电、日月星辰等自然现象，也有动植物等自然事物，比如高车、突厥、蒙古都以狼为崇拜对象，而维吾尔族的神话故事《神树母亲》则体现了对树木的崇拜，此外，还有图腾崇拜和祖先崇拜等。其中萨满教是新疆古代居民普遍信仰的原始宗教，它是新疆地区原始宗教信仰逐渐发展和丰富而形成的一种民间信仰。从无生命的自然物、自然现象到有生命的动植物再到各种神灵都是它的崇拜对象。没有成文的经典、没有宗教组织和特定的创始人，没有寺庙，也没有统一、规范的宗教仪礼，具有比较浓厚的自发的原始宗教特征。

（二）绿洲文化的发展与繁荣

公元前 5 世纪到 13 世纪，随着各大帝国的相继崛起，绿洲文化也逐渐脱离了原始的蒙昧和低级阶段，迎来大发展、大繁荣时期。公元前 550 年，亚洲西部伊朗高原上一个新兴的帝国——波斯帝国崛起了。公元前 4 世纪，希腊人进入马其顿王朝时期。公元前 332 年，马其顿的亚历山大占领埃及，在古希腊城邦时代的辉煌的基础上，西方世界迎来了马其顿帝国和罗马帝国的强盛。公元前 221 年，秦始皇统一中国，开启了秦汉至唐宋数千年中华文化的辉煌，尤以汉唐时期为盛。

各大帝国的崛起在促进当地社会经济发展的同时也推动了文化的发展与繁荣。公元前 2 世纪，汉武帝设武威、酒泉、张掖、敦煌河西四郡，开通西域，将河西和新疆地区收归领土，大量中原汉族进入，与本地人民共同开发绿洲，推动绿洲的开发与社会发展。在农业生产方面，汉人为绿洲人民带来大量先进的水利技术、生产工具和农业生产技术，促进了灌溉农业的发展。中原的犁耕技术正是在此时传入新疆。在新疆的吐鲁番地区常见的"坎儿井"就是汉代"井渠法"的产物。据王国维考证，当年汉武帝在陕西关中开龙首渠，因渠岸易崩塌，故而改用"井下相通引水"之法。据《汉书·地理志》记载，西汉时河西四郡已有居民 61270户、280211 人，武威亦成为河西地区最富庶繁华之地。与此同时，绿洲地区的城市建设也得到极大的发展。在此之前，虽然绿洲人民已经开始了聚居生活，但在城市建设方面非常薄弱。河西走廊真正意义上的中心城市出现始于河西四郡的确立。7 世纪至 19 世纪，绿洲及绿洲文化的发展迎来一个新的高峰。唐代延续汉代对绿洲地区的开发与发展，唐初推行均田制，并在凉州、甘州等地继续屯田，兴修水利。唐天宝初年，凉州人口达 137493，比西汉末年增加近 1 倍，而河西走廊也成为"农桑繁盛，士民殷富"的区域。

对于绿洲和绿洲文化而言，西汉以来陆上丝绸之路的开通与繁荣是帮助和促进其实现大发展和大繁荣的根本。凭借着强大的国家政治和军事实力，汉武帝开通了以西安为起点，跨越陇山山脉，穿过河西走廊，通过玉门关和阳关，抵达新疆，沿绿洲和帕米尔高原通过中亚、西亚和北非，最终抵达非洲和欧洲，横贯东西方，连接亚非欧三大洲，绵延数千里的丝绸之路。丝绸之路的开通不仅促进中原地区与西域地区，东方与西方世界的物质和文化的交流和碰撞，同时也为沿线绿洲地区的文化的交流与发展带来重大契机。由于雪山与浩瀚沙漠的阻隔，绿洲地区的千年古老文化难以传播，一切都是自生自息、保守封闭的。然而，蜿蜒绵长的丝绸之路正像一条丝线将原本分散独立的绿洲相联相串，使各绿洲的生命活力和文化精髓得以互相传递，形成一个巨大的文化圈。来自不同地域、不同民族、不同国家而又各具特色的文化在丝绸之路上汇聚、交流、碰撞、激荡。绿洲人民不仅有机会接触到更多地外来的、异质的文化，而且可以自由地进行选择、吸收、学习甚至是改造。

丝绸之路不仅促进了先进的农业生产技术的传播，也为绿洲地区带来了一种新的经济形式——商业贸易。丝绸之路的开通也许最初有浓厚的政治和军事意图，但却在客观上极大地刺激了中原与西域、东方与西方的商业贸易的发展。古往今来，无数商贾带着自己的奇珍异品，不远万里、不辞辛苦，来往于此。他们的到来不仅为绿洲人民带来了新奇的物品，也为绿洲文化带来了生机和多样的文化元素。通过丝绸之路，中国的丝绸、冶金技术、火药、镜子和其他豪华制品传入西方，而西方的葡萄、核桃、胡萝卜、胡椒、胡豆、菠菜（又称为波斯菜）、黄瓜（汉时称胡瓜）、石榴等的传入则极大地丰富了东方人的农作物和蔬菜品种，为东方人的日常饮食增添了更多的选择。

商品的交换同时也是一种文化的交流，商业贸易在绿洲文化的交流与传播中有着非常重要的作用。很多文化元素的传入都是以商人为媒介。如摩尼教在回鹘的传播就要归功于信奉摩尼教的胡商，又称九姓胡商。伊斯兰教在绿洲地区的传入主要缘于阿拉伯商人。除了伊斯兰教和摩尼教，佛教和基督教以及中国的道教几乎都是经过丝绸之路得以传播和交汇的。也正是得益于这些宗教的传播，绿洲人民逐渐摆脱原始的宗教信仰开始向世俗化、人文化的方向发展。而在文学艺术方面，通过敦煌石窟、柏孜克里克千佛洞、克孜尔尕哈千佛洞等我们可以看到当时的绿洲精彩绝伦的绘画艺术和高超精湛的雕塑艺术。这些艺术佳作同时也是当时中西方艺术相互影响、相互渗透的明证。而在音乐艺术方面，绿洲文化也实现了广纳百川，蓬勃发展。乐器如琵琶、胡琴、五弦、横笛、铜钹、贝等来自波斯、印度和埃及。乐曲方面，龟兹舞与龟兹舞曲，仍是我国民乐的保留节目。许多著名的唐乐，如《秦王破阵乐》等，都融合了当时西域音乐的风韵。

（三）绿洲文化的失落与复兴

《吕氏春秋·博志》曰："全则必缺，物极必反。"事物发展到极端，便会朝相反的方向发展。绿洲文化在经历了将近千年的大发展、大繁荣后也难免停滞不前甚至是走向衰落。绿洲文化的失落主要是发生在公元 14 世纪至 20 世纪。公元 14 世纪教会神学统治了近千年的欧洲人民开始进行文艺复兴，反思和寻求文明发展的方向。经过数百年的努力，文艺复兴运动取得了巨大的成功，欧洲逐渐成为世界的政治、经济和文化中心。一大批新兴的资本主义强国如葡萄牙、西班牙、荷兰和英国等应运而生。而此时中国的明清、印度的莫卧儿帝国和阿拉伯的奥斯曼帝国则逐渐褪去昔日的光环和辉煌，开始走向衰弱。

"覆巢之下，复有完卵乎"？随着帝国的衰弱，绿洲及绿洲文化的发展也随之衰弱。元末战争频仍，社会动荡不安、民不聊生、田地荒芜、人口大减。明朝国力较弱，对西北地区的开发与管理较为消极和松懈，绿洲地区的发展大都呈消弭甚至衰弱状。此外，元明时期海上丝绸之路的繁盛，也对绿洲及绿洲文化的发展造成较大的冲击。昔日过戈壁、越沙漠、翻丛岭，商队络绎不绝、车水马龙的丝绸之路不复往日的繁荣，开始逐渐淡出人们的视野，归于沉寂，而由丝绸之路所激发的文化交流与融合也相应地处于冷却之中，绿洲文化也逐渐回归到封闭和保守。迨至清朝，由于政府实行了减轻赋税，奖励开荒等一些有力的措施，人口大增，水利、畜牧、商贸俱兴，绿洲地区经济和文化才得到一定程度恢复。但是，在这短暂的复兴后，在清末、民国时期，军阀混战、外敌入侵，社会重新回到了动乱不安，民生凋敝的状态，绿洲地区也再次走向衰弱。

20 世纪中期以来，在两次世界大战的洗礼下，世界各国、各民族迎来新时代的曙光。绿洲文化也迎来新的发展契机，逐渐走向复兴，重拾昔日的辉煌。就我国而言，自新中国成立以来，我国政府在绿洲地区开展了一系列针对性的改造和改革，也实行了一系列行之有效的开发建设战略和文化政策，绿洲地区进入到历史发展的新时期，逐渐由农业社会过渡到工业社会，而绿洲文化也逐渐迈入工业文明阶段。新时期，随着西部大开发战略的施行，绿洲地区的开发与建设也迎来新一波高潮。随着一条起自我国东海岸连云港，穿越黄土高原、河西走廊、新疆的沙漠与绿洲，直至欧洲荷兰的鹿特丹港，以陆路沟通太平洋与大西洋的亚欧大陆桥的现代"丝绸之路"的开通，绿洲文化将再次迎来复兴与繁荣，再次演绎其独特的地域文明。

二、绿洲文化演进的机制

在历史的长河中，绿洲文化不断的更替和演进。然而，这种更替和演进并不是任意的、无序的，而是在一定的机制的作用和推动下发生的。绿洲文化演进的机制主要有内在和外在两种。这两种机制在任何时期和地域都同时发挥着作用，只不过在不同的时期或地域，两者的作用有大小之别。

(一)演进的内在机制

绿洲文化作为地域文化，是绿洲人民在不断地有意识的认识、适应、开发、绿洲的自然环境的基础上创造出来的，是绿洲独特的自然环境因素与社会人文因素相互作用的结果。因而，绿洲文化的演进首先受其内部的自然环境因素与社会人文因素的影响。两者的变化，尤其是社会人文因素的变化如生产力水平的提升、人口的增长等是推动绿洲文化演进的内部机制。

自然环境因素是导致绿洲文化演进的基础。一般而言，自然环境因素是一个比较稳定的因素，它对文化的影响也是稳定而持久的。但是干旱区荒漠或沙漠地带的周边环境使得绿洲的自然环境容易发生改变，甚至是恶化。其中沙漠化始终威胁着绿洲。自然环境，尤其是水文条件的变化对绿洲以及绿洲文化的兴衰有着至关重要的影响。在历史发展的初期，绿洲文化往往是在自然条件较为优越的绿洲上萌发和兴起的。尔后，如果自然环境不变或者是更好，建构其上的绿洲文化则有机会继续发展、传承。如果自然环境发生恶化，绿洲文化则会受到负面影响，走向衰落甚至是灭亡。历史上很多曾经璀璨耀眼的绿洲文化就是随着绿洲自然环境的恶化而走向衰落的。而且自然环境因素的变化对绿洲文化最直接的影响体现在对生产方式和人口分布的改变上。

社会人文因素的变化是推动绿洲文化不断演进的主导因素。社会人文因素是一个外延比较广的概念，它包括政治、经济、人口等多方面的因素。其中政治因素包括统治阶层的政策、政治制度，政局环境等。如在中国的汉唐时期，政府对绿洲地区实行了行之有效的管理与开发制度，尤其是开通了丝绸之路，绿洲地区获得极大的发展，绿洲文化也得以有机会吸收来自东西方的各种文化要素，从而进入繁荣期。而在元明时期，绿洲地区社会动荡不安，管理与开发也比较松散，绿洲文化也陷入低迷、失落。可见，绿洲文化的发展需要以绿洲地区稳定的政治环境和有效的政治制度为依托。

经济因素包括生产关系、生产方式、生产技术发展水平等。如佛教在新疆绿洲王国的推行在很大程度上就是因为当时的西域各国已经过渡到封建制，包含等级制的佛教比原始的萨满教更能适应新型生产关系的需要，故而受到统治者的推崇。此时的绿洲文化也因此具有浓厚的佛教色彩。再如商业贸易的兴起打破了绿洲农耕生产方式的封闭性，为绿洲文化增添了开放性和多样性的元素。而在现代社会，随着绿洲工业化的发展，绿洲文化也随之由农耕文明逐渐迈入工业文明。人口因素则包括人口的分布与人口的质量。人是文化得以创造和传承最重要的主体。人口结构和素质的变化对绿洲文化的发展有着比较直接的影响。绿洲在存在形态上具有地域上的分散性和封闭性，因而人口的流动和迁徙对于绿洲文化的交流与发展有着至关重要的作用。千百年来，亚欧大陆上的民族大迁移，促进了各民族的互动、融合。各民族在丝绸古道上的东来西去，集聚和消散，衰弱和兴起是一部东西方文化交流的古书。与此同时，以农耕为主要生产形式的传统绿洲文化对于人口数量的依赖性也非常大。进入到工业化时代，人口的素质则成为影响和制约绿洲文化发展的关键。

(二)演进的外在机制

在整个人类文化谱系中，文化的种类是繁多的。绿洲文化并不是孤立存在的，在历史的演进过程中，除了受内在的自然与人文因素的影响，外部的文化要素或文化体系的冲击和碰撞也有着重大的影响力。绿洲文化演进的外部机制主要是外部文化体系或者文化要素的变化。

绿洲在自然存在形态上的封闭性与分散性，加之以灌溉农业为主体的经济生产方式，容易形成自给自足的状态，使得绿洲文化具有孤立和封闭的一面，一定的文化只在小范围内适用，呈小规模发展态势。在这种情况下，文化的交流与碰撞对于绿洲文化的发展而言显得尤为重要。以新疆地区的绿洲为例，在文化的萌发与兴起阶段，绿洲文化的发展水平非常低，大部分绿洲民族没有自己的语言，宗教信仰停留在原始崇拜之上，生产力水平落后。尔后，随着丝绸之路的开通，来自东西方各种不同地域、民族和国家的文化元素的传入和渗透，绿洲文化的内在生机被激活，不断地吸收和融合，在数千年历史风雨的冲刷下，逐渐形成了连接东西方文明的枢纽，成为东西方文化的多元交汇地，出现了空前的繁荣与发展，形成了独特的新疆风情。而一旦来自外部文化的冲击与交流被阻隔，绿洲文化也逐渐回归至封闭与孤立，而走向衰落。

绿洲的分散与孤立造成了文化布局的分散，有限的文化资源难以发挥集聚效益。绿洲地区很难形成统一且具有权威性、强势性的文化要素，容易受外来文化的影响和冲击。因而，外部机制在绿洲文化演进的过程中作用也是非常大的，甚至一度超过内在机制而成为主导因素。

三、绿洲文化演进的启示

绿洲文化的发展对于推动绿洲地区乃至整个沙漠地区的发展有着至关重要的作用。发展绿洲文化既是促进绿洲经济发展的手段，更是根本目的。绿洲文化的建设与发展应该建立在对其演进机制的遵循上。纵观绿洲文化演进的内在和外在机制，从中得出的启示主要有以下三点：

其一，良好的自然生态环境是绿洲文化发展的基础和保障。绿洲文化的发展有赖于良好的自然生态环境。自然生态环境是绿洲存续的根本，同时也是绿洲文化兴衰的关键。随着人类劳动和社会实践活动的深化，人类活动对沙漠地区以及绿洲地区的自然生态环境的影响日益加深。保持绿洲的繁荣与稳定，首先是改善生态环境，因此，需要更多有针对性的加强生态体系建设和保护的措施，以更好地促进绿洲地区的可持续发展，为绿洲文化的发展提供保障和支撑。

其二，有利的社会人文因素是绿洲文化发展的内在驱动力。社会人文因素是推动绿洲文化发展的根本动力。绿洲文化的发展首先需要来自政府政策上的大力扶持和正确引导。与东、中部地区相比，处于大西北的绿洲地区相对发展滞后，再加上绿洲地区分布的少数民族众多，民族问题与宗教问题也比较敏感和突出。有效的政策扶持和正确的民族和宗教政策的引导是实现绿洲地区稳定和绿洲文化发展的前提。改革开放以来，我国西北绿洲区域所在的各省区根据中央制定的路线、方针、政策，结合本地区和民族特点，成功地进行了一系列重大改革，有力地推动了绿洲及绿洲文化的现代化发展。绿洲文化的发展同时也需要以绿洲经济的建设与发展为根基。无论是绿洲的农业还是工业又抑或是工矿业在建设的过程中都应该充分考虑和顾及绿洲地区比较脆弱的生态环境，因地制宜。既要提高当地的生产力水平和居民的物质生活水平，也要保护好绿洲地区的自然生态环境。与此同时，合理的人口布局和较高的人口素质也是推动绿洲文化发展的关键。绿洲有限的生存空间和比较脆弱的生态环境，使得绿洲的人口承载量是有限的。这就要求在某种程度上需要对绿洲人口进行合理的规划和布局。而较高的人口素质则是知识经济时代加强绿洲文化建设所亟须的。总体而言，在文化教育水平上，绿洲地区要相对滞后，还有很大的提升和进步空间。当前，我国正在大力推进"一带一路"的发展战略，处于"丝绸之路经济带"的绿洲地区将迎来新的发展契机。

其三，积极的文化交流与碰撞是绿洲文化发展的外在推动力。

　　加强绿洲文化与其他文化的交流与碰撞是推动绿洲文化发展的强大动力。新时期，在保持绿洲文化独有的特色和优良传统的同时，还需要加强新文化、新思想和新技术的传播、推动文化的交流与碰撞，促进现代社会中西新文化在绿洲区域的相互渗透和交融。"一带一路"发展战略的推进将不仅有利于沿线国家和地区的经济合作与联动，也将大力推动文化的交流与碰撞。绿洲文化的发展也将迎来新的发展阶段。

第六章

沙产业发展的生态文化理念与实践

人类对沙漠的认识是一个渐进的过程，沙漠的价值也是人类在实践中不断发现的，随着人们生态环境意识的增强，科技的进步，人类在寻找既能带来物质财富的增长又有利于沙区生态环境保护的生产方式。沙产业理论的提出，实践中沙产业的发展迅速，为人类与沙漠和谐共生带来了机会。

第一节　沙产业概述

1984 年，著名科学家钱学森立足于人类产业发展的整个历史进程，从战略高度提出了沙产业理论，并大胆预言："沙产业属于第六次产业革命，是 21 世纪中叶才能开花结果的，""用 100 年时间来完成这个革命，现在只是开始，沙漠地区可以创造上千亿的产值。"沙产业构想的提出推动了人们以辩证的思维重新认识沙漠地区的独特自然条件和资源，指明了我国沙漠和沙漠化地区的可持续发展思路，开启了运用现代科学技术治理、开发沙漠的新篇章。

一、沙产业的定义

1991 年 3 月，钱学森在北京香山召开的沙产业学术研讨会上，明确了沙产业的概念："沙产业就是在不毛之地上搞农业生产，而且是大农业生产，是一项尖端技术"，也就是"利用现代生物科学的成就再加上水利工程、材料技术、计算机自动控制等前沿高新技术，能够在沙漠、戈壁开发出新的、历史上从未有过的大农业，即农工贸一体化的产业生产基地，创造上千亿元的产值"。

中国科协原副主席、中国科技发展基金促进沙产业管理委员会主任、著名沙漠专家刘恕认为："沙产业有四条标准：一要看太阳能的转化效益；二要看知识密集程度；三要看是否与市场接轨；四要看是否保护环境、坚持可持续发展。一般而言，沙产业是指利用沙地、荒漠半荒漠地区的独特优势进行经济开发，由社会投资并实现自我循环的经济运行活动"①。

中国治沙暨沙业学会副理事长兼秘书长朱俊凤认为："在沙区利用生物的机能，采用高新技术，满足生物生长条件，提高太阳能的转化率；经过人工培育和科学管理，使其不断发展和再生，为人类提供产品；通过资源合理利用、优化配置，形成以产品生产、加工和经销为主要内容的产业链，实现规模效益，并不断优化升级、持续发展，则称为沙产业。"②

甘肃省治沙研究所高级工程师常兆丰认为："沙产业是利用沙漠、戈壁土地资源和光热资源的产业，是知识密集型产业，是大农业组合，是节水型农业产业，即资源保护型产业。综上，沙产业就是在沙漠这个'不毛之地'上搞科学化大生产，而且是先进的产业化生产。利用沙漠面积大、阳光充足的有利条件，采取用水少的高新技术，在温室大棚内，生产出我国日常需要的蔬菜水果、花卉和中药材等。利用太阳能生物转化器微藻——进行产业化生产，使不毛之地的沙漠也能创造出亿万产值"③。

综上所述，沙产业可以总结为：利用沙漠特有的资源，基于生态系统承载力的条件下，以沙区水土资源合理利用和提高光能利用率为目的，进行以防护性林业、荒漠半荒漠畜牧业、荒漠半荒漠经济类植物培育、沙漠旅游等产业为主的综合开发，形成以产品生产、加工和经销为主要内容，具有一定规模效益和持续发展的产业体系。

二、国外沙产业发展概述

(一) 高效节水农业

在沙漠绿洲区，高效节水技术的运用是沙产业发展的重要前提。以色列通过在沙漠发展滴灌和微灌技术，建立起以提高光合利用效率、减少水分损失为特征的沙漠农业。1990 年，以色列的滴灌面积占全国总灌溉面积的 60%，无论是温室大棚、地膜覆盖的大田，还是公路两旁植树种草的护坡、花坛、绿化带，随处可见滴灌系统。该国采用滴灌和微灌技术生产的大田作物每公顷产棉花 6000 千克、花生 6000 千克、小胡萝卜 $6 \times 10^4 \sim 7.5 \times 10^4$ 千克、青椒 $7.5 \times 10^4 \sim 10.5 \times 10^4$ 千克、西红柿 1.2×10^5 千克、马铃薯 5.5×10^4 千克，鲜果产品柑橘、橄榄、番石榴、芒果、香蕉、荔枝、柿子、苹果、梨、柠檬、柚子等可一年四季供应给世界

---

① 刘恕：《我对钱学森沙产业理论的理解》，科学管理研，2003 年第 2 期。
② 朱俊凤：《沙产业理论概念及其内涵的探讨》，中国沙漠，2004 年第 5 期。
③ 常兆丰：《试论沙产业的基本属性及其发展条件》，中国国土资源经济，2008 年第 11 期。

五大洲的食品店，被誉为"欧洲的冬季橱窗"。

1995 年初至 1996 年底，埃及从以色列引进了节水灌溉技术，结合当地生产实际，形成了以合理开发利用沙漠地区水、土、沙资源为基础，喷灌、滴灌、渗灌、微灌等相结合的高新技术灌溉农业。埃及生产的蔬菜、水果等绿色食品深受消费者青睐，成为效益很高的出口创汇产品。日本沙地总面积约为 $24×10^4$ 公顷，其中耕地面积占 34%，通过运用现代化的灌溉设备，日本沙地农民的人均年收入达 300 万日元。

(二)设施农业

设施农业是发展高新技术农业的一大特色。早在 20 世纪 60 年代初，在沙漠地区利用植物固定和转化太阳能，克服效率不高和土壤盐渍化等难题，美国人就开始在亚利桑那建立大棚温室，被称为"环境控制农业"。以色列人以极快的速度，大面积地在生产中推广运用了这一技术。在以色列南部沙漠，不同规模的温室柑橘园以及温室花卉、温室葡萄、温室橄榄种植园连成片，使该地区生产出的农产品占以色列农产品出口额的 60%；内盖夫沙漠地区每公顷温室一季可收获玫瑰 300 万枝，温室番茄产量最高可达 $5×10^5$ 千克。乌兹别克斯坦和土库曼斯坦利用玻璃温室和简易的沟状栽植法在沙漠地区大规模生产柠檬①。

(三)生态林业

埃及政府于 1962 年投资，在西奈半岛北部实施以生物固沙为主的治沙工程，发动当地农民采集乡土树种种子，造林超过 8000 公顷，之后又围绕城乡绿化，在渠、田、路边建设防护林网，发展高效益经济林栽培技术，获得了较为可观的经济效益。俄罗斯通过对沙地进行科学分析，筛选适合沙地生长的乔灌木树种，如克里米亚松、欧洲赤松、黑赤松、小叶榆、洋槐、柽柳、沙棘、黑梭梭、碱柴、沙枣等，在防沙固沙的同时获得较大经济利益。阿尔及利亚、摩洛哥、突尼斯、利比亚等国从 1970 年开始联合建设东西长 1500 千米、南北宽 24~40 千米的横贯北非国家的绿色植物带，用来阻止撒哈拉沙漠的进一步扩展和土地沙漠化。日本在海岸沙地种植了大量植物如鸭嘴草、筛草、山扁豆、白背蔓荆、珊瑚菜、葡匐苦荬菜、大穗结缕草等，这些植物不仅耐强风、耐沙埋、耐盐碱，而且具有发达的葡匐茎和地下茎，可抵御干旱的威胁。西班牙科学家用一种吸水能力极强、夜间吸收水分白天蒸发水分的高分子聚合物栽种树木，改变了沙漠地区的气候条件，更有利于植物的生长。

日本九州大学的农学家利用纳豆丝富含谷氨酸的特点制造出了能够吸收相当于本身重量 5000 倍水的一种树脂，这种树脂在日光照射下水分很难蒸发，因此

---

① 杨文斌：《沙漠里的"阳光产业"》，环境经济，2007 年第 11 期。

被用来做绿化沙漠的材料。

（四）沙漠工业

2005 年，澳大利亚环境能源公司在沙漠中建成第一座沙漠气流发电站，该电站由一座上千米高的钢筋混凝土塔、一个面积约 1 平方千米的玻璃塔罩及塔底的涡轮发电机组成，其最大功率为 20×10^4 千瓦，每年可发电 15×10^8 千瓦时，供 20 万人日常使用[1]。美国科学家在洛杉矶的莫哈韦沙漠上建立起了 852 个太阳能收集器，向该地区输送大约 275 兆瓦的电力。日本在海岸沙地大力发展风能、太阳能、潮汐能、地热等可再生能源。以风能为例，2004 年日本的风力发电达到 100×10^4 千瓦，到 2010 年达到 200×10^4 千瓦[2]。

（五）沙漠特色产业

沙漠特色产业具有规模小、种类多的特点。埃及锡瓦沙漠的沙疗，由于能有效治疗风湿、关节炎等疾病，已逐渐发展成为当地独具特色的产业之一。每到盛夏，来自世界各地体验沙疗独特滋味的游客络绎不绝。以色列境内湖泊不多，但却是水产品出口国，聪明的以色列人，把死亡之海的沙漠当成了水产品养殖基地。他们利用沙漠日照强、温度高、沙漠湖泊水质咸的特点，生产出没有污染，正宗的绿色水产品，这些产品进入市场后供不应求，以色列的沙漠养鱼已蔚然成风。

三、我国典型地区沙产业发展

随着人们对沙漠认识观念的更新，沙漠并不是贫瘠的荒地，更多的价值展现在人们面前，发展沙产业是其中之一，伴随着对沙产业认识的不断研究和深化，沙产业理论和实践得到了政府、企业、农户的重视，因地制宜，发展高效沙产业技术，创新沙产业模式，丰富沙产业种类，使干旱、半干旱地区沙产业所创造的生态、社会和经济效益不断提升。

（一）陕北沙产业——技术引领

陕北沙区地处毛乌素沙地南缘，属于温带半干旱大陆性季风气候区，年降水量 340~450 毫米，其中作物生长期降水占全年降水的 87%，雨热同期的特点增大了降水资源的有效利用率，对作物生长十分有利。通过多年的治理及产业化开发逐步形成了一系列经验模式，为改善生态、发展生产、提高农牧民生活的"三生统一"找到结合部，形成沙漠增绿、资源增值、农牧民增收、企业增效的良性循环，为退耕还林、退牧还草的新型涉农后续产业找到新的增长点。

---

① 郭子仪：《新能源的研究与开放》，中国电力企业管理，2002 年第 8 期。
② 杨兰菊：《沙漠产业》，科学之友，1999 年第 10 期。

1. 发展高产优质种植业技术

陕北沙区通过引进优质高效种植良种、液态地膜覆盖及抗旱保水技术的推广应用，使榆林沙区农作物增产30%左右。同时，推广间作套种技术，推行了果–经、果–粮、果–蔬、果–药等立体种植，充分利用了光热及水土资源，产量显著提高，推行了"八配套"（井、渠、田、林、路、电、排、科技）技术、"一改"（改良土壤）"三化"（园田化、林网化、水利）、留茬免耕技术，实行了多部门联合综合治理，使沙化土地得到明显改善，农业产值明显提高。

2. 发展高效经济林、草栽培与加工技术

陕北沙区的气候条件和较为丰富的水资源有利于发展经济林栽培。目前已在咸榆公路、无定河流域、长城沿线形成苹果、葡萄、酥梨、红枣种植基地，并对产品进行深加工，带动当地的经济发展。同时，发展人工草场、推广饲草，引进优质牧草苜蓿、沙打旺、蚕桑草等，以草促牧，以牧肥农，推动了全区现代化农牧业发展。

3. 推广节水栽培技术

近年来，地膜覆盖技术、塑料温棚技术已在该地区广泛推广和应用。覆膜玉米、小麦、洋芋等已获高产，沙地衬膜水稻也已步入推广示范阶段，这些技术不仅可以增加产量，更重要的是可以起到节水作用。在农业灌溉上，通过兴修水利、提高渠系利用系数、降低灌溉定额、发展滴灌和渗灌技术等，使节水先进技术得到了很好的应用。

（二）新疆沙产业——模式优化

1. 特色经济林开发模式

新疆地处欧亚大陆腹地、两大盆地边缘。有丰富的光、水土资源及其优化组合，为喜光、喜温、耐旱优质温带落叶果树提供了适宜的生长条件。孕育了质优、丰富的林果资源，以核桃、巴旦杏、阿月浑子、石榴、红枣、香梨、杏和枸杞等为代表的特色果树资源和果品蜚声中外，同时许多果树还是该区治理荒漠、抗风沙干旱的重要树种，随着西部大开发战略和退更还林工程的深入实施，林果业成为新疆的高效产业。

2. 林草业结合的沙产业开发模式

以肉苁蓉、麻黄、甘草、枸杞等荒漠植被为主体的产业正在兴起，目前肉苁蓉、甘草、麻黄、沙棘、黑加仑、枸杞种植面积达 5.07×10^4 公顷，此外绿洲农业区的棉花和番茄种植等具有地方特色的节水农业已成为新疆的支柱产业。

3. 以旅游业带动沙产业的发展模式

新疆拥有多彩的民族风情，在干旱荒漠化地区具有极其丰富的旅游资源，如新疆楼兰、尼亚、高昌、罗布泊、魔鬼城等地的沙漠、戈壁、风蚀地貌、草原和河流。塔里木河两岸分布的原始胡杨林和其他一些荒漠植被有极高的观赏价值，众多旅游公司积极参与特色沙区旅游业开发，不断推出新的旅游路线，使沙漠旅游不断向规模化、产业化方向发展。

(三)甘肃河西走廊沙产业——设施支撑

1. 节水技术普遍推广

河西走廊的灌溉农业已有 2000 多年的历史。经过多年的建设，现有水库 141 座，总库容 $11×10^8$ 立方米，干支渠道 1900 多条，总长达 $1.2×10^4$ 千米，灌溉近 $70×10$ 公顷。近年来，新发展渠道衬砌 8900 千米，衬砌率 61.16%，部分地区干支渠衬砌率达到 100%。地面改进灌溉节水作用显著，具有显著的节水作用的以垄作沟灌和畦灌为主的地面改进灌溉技术，在河西走廊区也已研发推广，并显示了良好的节水增产效果。同时积极推广管灌、滴灌、喷灌、渗灌等新技术，大大提高了水资源的利用率[1]。

2. 积极发展设施农业

在金融机构的大力支持下，河西地区设施农业产生了可观的经济和生态效益，不仅提高了土地的利用效益，而且促进了农村劳动力再就业，开拓了农民增收新途径。截至 2009 年，仅武威市发展荒漠区设施农业就有 $1.6×10^4$ 公顷，涉及农户近 11 万户，建成 33.3 公顷以上连片示范点 79 个，示范面积达到 4466.6 公顷。建设小麦、棉花、玉米等滴灌项目 289 个，面积达 5666.6 公顷；新建各类畜禽养殖小区 3116 个，惠及农户 12.3 万户，每户年均增收 0.6 万元。此外，河西地区还大力进行高效日光温室建设，面积达到 $0.58×10^2$ 公顷。不仅满足了当地反季节蔬菜的需求，而且大量销往青海、新疆以及南方各地[2]。

(四)宁夏沙产业——特色带动

1. 经济林产业形成基地

自 1995 年开始，宁夏回族自治区先后启动了"引黄灌区兴果富民""宁南山区两杏一果扶贫开发"以及"宁夏优质名牌枸杞基地建设"等三项工程。调整和优化了树种结构，突出了地方特色，加快了生态经济林的建设，初步形成了银南苹果、银北梨，灌区红枣、葡萄加枸杞的产业区域布局，全面加快了基地建设和产业化步伐，取得了显著成效。

2. 优化区域布局，形成优势特色产业格局

宁夏始终坚持把发展林业特色产业与生态建设相结合，突出优势产业发展，

---

[1] 参见田青：《河西地区沙产业开发现状及制约因素》，甘肃农业，2005 年第 12 期。

[2] 金融时报：《政府推动金融帮扶 金融"及时雨"滋润甘肃河西大地》，2009 年 12 月 18 日，见 http://invest.people.com.cn/GB/75571/105500/10608706.html。

着力推进枸杞、葡萄、红枣、苹果和花卉的快速发展，形成以中宁为核心、清水河流域和贺兰山东麓为两翼的枸杞产业带；以贺兰山东麓地区为主的葡萄产业带；中部干旱风沙区的红枣产业带，银川、吴忠、中卫等城郊的设施果品、花卉及特色果品产业带。

（五）内蒙古沙产业——优势资源综合开发利用

1. 沙区中草药种植及特种资源综合开发产业化经营

麻黄、肉苁蓉等适合沙区生长的植物，不仅是固沙植物，而且是药用植物。近年来通过种植开发和产业化经营，取得了较好的生态效益和经济效益。

麻黄是沙地药用植物之一，也是内蒙古沙产业开发最早的项目。鄂尔多斯市现有麻黄种植面积 $3.33×10^4$ 公顷，年产量 $1.2×10^4$ 千克。鄂托克前旗麻黄素厂 2000—2010 年投资 1.5 亿元，建设人工麻黄基地 $0.33×10^4$ 公顷，采用喷灌设备进行集约化经营管理，迅速提高了麻黄草产量。麻黄产业的开发，不仅可以改善毛乌素沙地的生态环境，而且促进了当地的经济发展。目前，麻黄产业已经辐射到乌审旗、鄂托克旗、杭锦旗等周边地区。此外，亿利资源集团在库布其沙漠、黄河南岸 242 平方千米的区域内种植和围封，保护了 $13.3×10^4$ 公顷以甘草、酢豆子为主的中蒙药材基地①。

肉苁蓉是沙区特有的一种寄生植物，素有"沙漠人参"的美誉，其寄主梭梭是沙漠区最顽强的固沙植物。近年来，随着科学技术的进步，肉苁蓉的药用价值不断得到开发利用，并且逐渐被消费者认识和接受，肉苁蓉产品市场需求呈现求大于供的局面。位于内蒙古西部的阿拉善盟是中国最大的肉苁蓉生产区，现有梭梭林 $42×10^4$ 公顷，年产肉苁蓉 $15×10^4$ 千克，产量占全区产量的 90%。阿拉善盟近年来开发利用的苁蓉酒系列自问世以来，已先后获得多项国际国内大奖，远销美国、日本、东南亚等地②。

2. 实施林纸一体化经营

沙柳是集中分布在鄂尔多斯的一个灌木树种，是该地区治沙造林的主要乡土树种和先锋树种，可以平茬复壮、重复利用，是生产优质人造板、纸浆和箱板纸的好原料。随着沙柳加工企业的发展，沙柳资源不但没有遭到破坏，而且得到迅猛发展。目前，全市已有沙柳林 $39×10^4$ 公顷，每年可收获沙柳 $100×10^7$ 千克③。

3. 沙区旅游业开发

随着旅游产业的发展，产品开发力度的加大，旅游部门推出了富有内蒙古地

---

① 内蒙古生物资源网，2009 年 11 月 13 日。

② 参见丁铭：《荒漠化"逼"出沙产业》，瞭望，2002 年第 15 期。

③ 参见刘恕：《步入实践的沙产业》，中国环境科学出版社 1998 年版。

域特色的分支线路：内蒙古至北京的草原-长城之旅、呼伦贝尔草原-俄罗斯风情、呼伦贝尔草原-达赉湖-满洲里口岸、科尔沁草原-草原、植物园、大青沟等。旅游项目在突出历史与独特资源主题的同时，近年来还开发了一批专项旅游项目，包括历史名人故居参观、汽车拉力赛、滑沙、骆驼沙漠行、大兴安岭原始森林游、登山、温泉-滑雪、滑雪等，为促进内蒙古自治区旅游资源转化为产品优势，进而形成经济优势发挥了重要作用。

第二节　沙产业的绿色化发展

近年来沙产业在我国快速发展，科技进步功不可没，但是首要的是人们对沙漠认识的转变，沙漠不再是人类家园的破坏者的代名词，人类对沙漠不仅仅利用和改造，更要和谐共生，科学技术的进步，为人与自然和谐发展提供了技术条件，人类不懈的探索是绿色发展的动力。

一、沙产业的绿色变革与文化理念

科学技术的进步，为人类更深入的认识人与沙漠的关系打开了一扇窗，和谐发展的理念起了积极引领作用。

（一）沙产业与绿色变革

1984 年初，钱学森先生独到地提出的"第六次产业革命"是继信息产业革命之后，一场与人类生存发展密切相关的生产体系的革命。钱学森先生曾充满激情地说，第六次产业革命是由生物工程和生物技术的发展所引发的，这场产业革命的来临将会彻底改变第一产业——农业的面貌，实现农业生产工厂化。

沙产业打破了传统思维的束缚，针对沙区自然条件盈亏的特殊性，扬长避短，倡导以提高光合作用效率和控制水分消耗为特征的开发战略，把充分利用沙漠地区"取之不尽，用之不竭"的太阳能作为目标。以太阳能为直接能源，利用技术装置依靠植物的光合作用来进行产品生产，要求生产技术现代化，生产过程组织严密，生产工序配合紧密，为创造新的农业文明提供了指导与依据。但是沙产业特定的发展空间是沙漠戈壁脆弱的生态环境，保持生态与经济效益的双赢是永恒的主题，需要在技术的发展和实践中逐步完善和壮大，从而实现"变不毛之地为沃土"的理念。

沙产业与绿色变革的关系，首先体现在遏制沙漠化的进一步形成。经过近半个世纪的研究与治理，目前我国沙漠化土地面积仍然以每年 2460 平方千米的速度扩展，而且还有加速扩大的趋势。现代沙漠化主要是由于人为过度的经济活动，导致资源的破坏，其根本原因是由于人口压力过大。但沙漠化治理措施恰恰没有从根本上解决这一问题。沙产业理论，将沙漠化的防治和发展经济紧密联系起来，为我国沙漠化的防治提供了一个崭新的思路和方法。

沙漠化具有反复性，世界范围内的沙漠化治理的严重教训，值得人们深刻思考。我国民勤等地沙漠化治理失败的实例也昭示人们，沙漠化治理应突破技术层面的限制，从生态规律、区域资源有效利用等更广阔的生态恢复角度观察和研究问题，从而制定沙漠化治理的对策。可持续发展是沙漠化地区经济和社会发展的必然选择，同样更是沙产业发展必须遵循的基本要求。

沙产业帮助构建新的农业文明。当前世界人口增长迅猛，每增加10亿人口只需要10多年的时间。目前，地球上可供人类享用的天然资源日趋减少，而人口压力的负荷却迅猛增加。当今，世界上已有数以亿计的人挣扎于食品匮乏的饥饿状态。人类的生存需要呼唤增加食品供给。以充分利用阳光、提高光合效率和节水技术组装的沙产业，使得不毛之地成为提供粮食、食品的新空间，增加粮食、食品产量创造出新的农业文明。沙产业在农业文明的绿色变革在于，由农业发展阶段向工业发展阶段过渡，以加速新型农业化的进程，改善农村经济结构，推动区域经济可持续发展。在当前和今后相当长时期内，应把沙漠和沙漠化地区的新型农业化，作为沙产业经济的核心。

2008年，在开展以"防治土地退化和可持续发展"为主题的世界防治荒漠化日活动时，联合国秘书长在致辞中特别呼吁"国际社会应认识到，世界上有一半的穷人所居住的干旱和边缘土地并非荒地。那些土地有可能成为农业集约化生产区以满足人类对粮食和能源的需求。"但是，若使一半的穷人所居住的干旱和边缘土地变成农业集约化生产的土地资源，必须依靠科学的理念，依托人们积累的智慧和技能。联合国环境规划署对自然资源给了规范的定义，即指在一定时间和技术条件下，能够产生经济价值，以提高人类当前和未来福利的自然环境因素的总称。规范的定义告诉我们，自然资源随着时间和科学技术进步动态变化，同时自然资源必须造福于人类。以联合国环境规划署的定义标准来衡量判识，依托干旱不毛之地的自然资源开发的沙产业，其目标正是提高人类当前和未来的福利。社会发展是以人的生存发展为基础的，社会的一切生产活动最终必然归结到了人，沙产业以变不毛之地为沃土作为产业目标，结合自然资源的特点，选定应对人口爆炸性增长所带来的食品短缺、能源枯竭以及提高人类健康和生活福祉为未来开发方向，充分展现沙产业服务人类的价值取向，沙产业在未来必将掀起一场绿色革命。

沙产业为绿色发展提供了物质基础。首先，发展生态产业能够遏制荒漠化，沙产业建设中的乔木林种植和植被的恢复能够增加植被覆盖度，增大地表粗糙度，减少地表裸露，有效地控制或减少地表径流对土壤侵蚀，固定流沙，防治沙丘活化；第二，发展生态产业能够保护生物多样性，特色沙产业的发展保护和增加了沙区的珍贵植物资源，植被的恢复为动物的生存和繁衍提供了场所和食物，起到了保护沙漠珍稀动植物基因库的作用；第三，沙产业的大力发展增加沙区人民收入，减少搂发菜、挖药材、樵采等破坏沙区植被的人为干扰，促进生态环境的自我修复；第四，沙产业通过增加植被覆盖减轻地表风蚀，增加地表凋落物，提高土壤有机质含量，改善土壤理化性质，降低沙丘的流动性和沙尘暴的发生频率，改善沙区人民的生态环境。

（二）沙产业发展的生态文化理念

广义地理解"生态"的概念，包含了自然生态、社会生态等多个方面的整体生态，其重点是本体与其周边整体环境的共生关系，核心内涵是"关系的和谐"。而在文化价值观念上，生态意识、生态道德、生态文化成为具有广泛民众基础的文化意识。

对于沙产业发展的生态文化理念中所引出的"和谐文化"，是指以和谐的内涵为理论基础的文化体系，是当今世界最先进的思想文化，是创建和谐社会与创建和谐世界的前提条件。只有在和谐文化的引导下，才能创造出和谐的政治与和谐的经济，只有用和谐文化培养出来的人，才能自觉地去创建和谐社会与和谐世界。

和谐文化，是沙产业发展的生态文化理念。知识密集型的产业虽然在部分示范基地初见成效，但这仅仅是万里长征的起步。沙产业属于第六次产业革命内容，是真正意义上的现代农业型、高科技型产业，其最终的完善和形成，"要在100年内逐渐地做。"①这表明，产业革命的发生发展，不仅有科学和技术革命的积累和贮备，还需要时日以待的由量到质的变化飞跃。同时，一个沙漠开发利用的科学构想和新的理论的完善，需要长时间的实践和不断地充实与补充，需要在形成和发展的过程中，在多元和多角度的扩展中优化和提升。更何况，沙产业特定的发展空间是沙漠戈壁地区脆弱的生态环境，这里的植物生长所必需的光、水、热、土等自然资源不匹配，天然形成了开发与保护的矛盾。因而，发展沙产业必须要遵循沙产业特有的新农业文明的内涵，在重视沙产业发展的诱人潜力的同时，更要求人们谨慎地把握好人与自然界的和谐发展原则，将生态环境保护寓于开发之中，寻求生态保护、经济效益双赢。这是沙产业发展过程中必须永恒遵守的主题。因此沙产业发展不应急于求成，不能一步登天，应当从当前实际水平和条件出发，用实践检验和筛选出实用的技术，在发展和壮大的过程中，学会优选和完善。

同时，立足当今，着眼未来，在沙产业成为中国经济增长新一极的同时，合理发展沙产业，为沙漠增绿，为百姓的健康做出更大的贡献，也同样是和谐文化

① 小康：《沙漠开发启蒙者钱学森：沙产业属于第6次产业革命》，2007年8月1日，见http://www.china.com.cn/environment/2007-08/01/content_8615343.htm。

的另一种体现。

二、沙产业绿色发展的技术支撑

(一)灌溉技术

节水灌溉是发展沙产业的基础。20世纪60年代国外就已经开始大规模应用，经过半个多世纪的发展，节水灌溉技术已经相当成熟。目前，应用较多的包括喷灌、滴管和微灌等，大大提高了水资源的利用率。如定量定向微灌技术可根据土壤类别和作物生长周期自行调节灌水量；限量灌溉技术避免水箱根系范围以外部分渗漏，可以使根系以外的杂草干死。

(二)咸水淡化技术

咸水淡化技术已在中东地区广泛应用。在以色列南部地区，人们将沙漠中开采的深层地下苦咸水与淡水混合，通过滴灌技术发展旱作农业和渔业，不仅解决了农业用水问题，也有效治理了土地盐碱化。在阿威峡谷地区有丰富的微咸水资源，经过生物脱盐技术处理后，现已可以用来灌溉棉花、番茄、甜瓜等农作物，今后还将通过进一步改良作物品种来扩大微咸水在农业上的应用。我国沙漠化地区有非常丰富的地下微咸水资源，也有比较成熟的淡化技术和使用经验，咸水淡化技术在未来具有广阔的应用前景。

(三)温室技术

专供栽培果蔬、药材和观赏植物的温室是发展高新技术沙漠农业的一大特色。由于温室能够通过计算机完全控制作物生长的各种条件——水、肥、光、热、二氧化碳等，并充分利用沙漠地区日照时间长、太阳辐射强和昼夜温差大的优势，生产反季节蔬菜、花卉和瓜果类产品。温室技术已为我国沙区人民带来了可观的经济效益。

(四)植物育种技术

杂交育种、细胞育种、转基因育种是目前流行的三大育种方式，每年为农业提供了大量遗传品质优秀的品种。沙漠地区拥有丰富的物种资源，可以采用先进的育种技术，培养出品质优良、抗旱耐盐、抗病虫害的种子和种苗。因此，培养优良品种是提高沙漠农业产出量和产出效益的又一重大措施。

三、沙产业绿色发展的实践行为

(一)沙产业发展的政府行为

1. 颁布沙产业优惠政策

国家根据区域生态特点和产业结构布局，制定了相应的沙产业发展政策。因地制宜，对产业构成体系和产业链延伸进行整体的政策安排和引导。中央财政对符合条件的林业龙头企业开展的种植业、养殖业以及林产品加工业贷款项目，各类经济实体营造的工业原料林、木本油料经济林以及有利于改善沙区生态环境的种植业贷款项目，国有林场（苗圃）、集体林场（苗圃）、国有森工企业开展的多种经营贷款项目以及自然保护区和森林公园开展的森林生态旅游项目，农户和林业职工个人从事的营造林、林业资源开发和林产品加工贷款项目予以贴息，年贴息率为 3%，贴息期限最长为 3 年。农户和林业职工个人营造林小额贷款，贴息期限最长为 5 年①。

2. 建立沙产业科技与信息服务支撑体系

西部沙产业的发展不仅需要国家的政策引导，更需要构建完善的技术支撑体系，即以"新技术"的综合应用，实现沙产业的"高效益"。沙产业是涉及多学科的综合性产业，必须建立跨区域、跨行业、跨部门的技术支持系统。政府鼓励科研机构开展沙地动植物资源选育和开发利用技术研究，筛选并推广一批技术成熟、效益显著的科技成果。抓紧制定和完善沙区灌木林等经营技术标准，提高经营水平。依托相关科研院所和高等院校，加强沙产业实用技术培训，提高沙产业管理人员和农牧民的技能。鼓励科技人员开展技术咨询、技术转让和信息服务。建立一批沙产业发展的典型示范区，探索模式，总结经验，辐射带动沙产业发展。

（二）沙产业发展的企业行为

企业进入沙产业可具有三个功效，企业能盈利，农牧民能增收，沙漠被治理。内蒙古水域山饮品有限公司承包 70 多万亩沙地，种植沙棘并开发饮料，年产值达到 450 万元。鄂尔多斯亿利沙产业集团在库布其沙漠开发以甘草为主的重要产业，直接收入已经超过 10 亿元，医药销售额 30 亿元左右。同时沙生植物制油、制气、制碳也在开发中。据内蒙古沙产业、草产业协会统计，鄂尔多斯沙产业公司已有几十家。与鄂尔多斯隔黄河相望的巴彦淖尔市磴口县从 2002 年开始种植梭梭，发展肉苁蓉产业，磴口县内的乌兰布和沙漠已有四百多万亩沙地被企业承包。内蒙古曼德拉沙产业开发有限公司将农牧民组织起来，以嘎查为主成立农牧民沙产业合作社。由曼德拉公司投资基础设施建设，购置必要农用机具，购买梭梭、肉苁蓉种苗，农牧民合作社负责种植和管理。合作社采挖所得的肉苁蓉和锁阳由曼德拉公司全部收购进入开发环节，种植采挖肉苁蓉、锁阳的收益全部归农牧民所有。通过基地的

---

① 国家林业局：《国家林业局关于进一步加快发展沙产业的意见》，国家林业局，2010 年 12 月 3 日，见 http：//www. forestry. gov. cn/portal/main/govfile/13/govfile_ 1778. htm。

示范效应，带动农牧民增加对沙产业的投入，提高农牧民的生活水平，并可带动周边地区沙产业的规模发展，将当地建设成为沙生产业集聚区，促进地区经济向规模化、产业化方向发展，实现了经济效益、生态效益与社会效益的共赢。

（三）沙产业发展的公众行为

沙产业发展的基础是公众对沙产品的支持。第一，直接购买和宣传沙产品，沙产业产品以其特有的功效和价值受到许多人的青睐，供求带动生产。第二，参与多元沙产业活动，例如生态旅游，树木栽种和认养等活动，从多种感官了解沙产业，认同沙产业理论和文化。第三，个人志向和职业生涯的选择，越来越多的人致力于生态环境的改善和治理，沙产业建设队伍越来越壮大。

第三节　沙漠化生态治理

千百年来，人类用自己的智慧不断地与沙漠较量，探索沙漠治理的规律和手段，在人类不懈的努力下，昔日大漠黄沙范围正在缩小，并为人类带来财富。

一、沙漠化的成因

沙漠的形成与沙漠化的发生与发展是多种因素综合作用的结果，其中主要是干燥的气候、丰富的沙物质及频繁而强烈的风。

（一）干旱气候

无论是世界其他地方的沙漠还是中国的沙漠，都处于地球大陆最干旱的地带，干旱是沙漠形成和沙漠化发生的前提条件。干旱气候产生的根本原因是长期没有降水或者降水稀少，降水既涉及全球尺度的大气环流问题，也涉及云雾等微小尺度的物理机制问题。一般来说，降水主要与空气中的水汽含量、空气中凝结核的存在和大气环流的降水机制等有关。

从世界范围看，干旱区和主要沙漠主要分布在南北纬 15°～35°这一副热带低纬度范围内，同时也可以看到同一纬度内，有的地方则不是干旱气候，也没有沙漠分布。还有一些地方，虽然不在副热带高压带内，但也存在着明显的干旱气候和分布着大面积的沙漠。造成这种现象的原因是多种多样的，有的是因为深居内陆，有的是受地形的影响，有的是受寒冷洋流的影响，更多的是几种原因综合所致。

（二）丰富的沙物质

丰富的沙物质是沙漠形成和沙漠化发生的最基本物质条件，没有沙源就不可能形成沙漠，发生沙漠化。根据沙物质源的地理分布，可将沙漠(沙地)划分为古代冲击和沉积沙漠、残积和坡积沙漠、现代河流冲击沙地和海岸沙地4种发生类型。古代冲击和沉积沙漠的沙物质来源主要是第四纪古河流的冲击和湖泊沉积物，残积和坡积沙漠的沙物质来源主要是基岩风化的残积物，现代河流冲击沙地的沙物质来源主要是河流上游土壤的侵蚀物，海岸沙地的沙物质来源主要是河流的冲击物和海浪对海岸长期侵蚀而形成的侵蚀物。

(三) 风

风是沙漠(沙地)形成的动力，没有风，就不会有风沙运动，就没有风沙地貌的产生，也就没有沙漠的形成。风的地质功能又被称为风成作用。风成作用的强度取决于风的等级(即速度)。只有一定等级的风才能够使沙物质运动。风使砂粒开始运动的最小临界风速叫作启动风速，一切超过启动风速的风都称之为起沙风。一般来说，砂粒的粒径越大，起沙风也就越大。风沙流中运动的砂粒根据动量来源以及风力、颗粒大小和质量的不同，可以分为跃移、蠕移和悬移三种基本形式。

除上述自然因素外，人类活动也是沙漠形成和沙漠化发生的重要原因。其中，人口的增长对土地的压力是沙漠化的直接原因。干旱地区的过度放牧、粗放经营、盲目垦荒、水资源不合理利用、乱樵采、过度砍伐森林、不合理开矿等是人类活动加速荒漠化扩展的主要表现。

二、沙漠化的现状与危害

根据国家林业局《第五次中国荒漠化和沙化状况公报》，全国沙化土地面积为172.12万平方千米，占国土总面积的17.93%，分布在除上海、台湾及香港和澳门特别行政区外的30个省(区、市)的920个县(旗、区)。其中，新疆、内蒙古、西藏、青海、甘肃5省(区)沙化土地面积分别为74.71万平方千米、40.79万平方千米、21.58万平方千米、12.46万平方千米和12.17万平方千米，5省(区)沙化土地面积占全国沙化土地总面积的93.95%；其他25省(区、市)仅占6.05%。按沙化土地类型现状划分流动沙丘(地)39.89万平方千米，占全国沙化土地面积的23.17%；半固定沙丘(地)16.43万平方千米，占9.55%；固定沙丘(地)29.34万平方千米，占17.05%；露沙地9.10万平方千米，占5.29%；沙化耕地4.85万平方千米，占2.82%；风蚀劣地(残丘)6.38万平方千米，占3.71%；戈壁66.12万平方千米，占38.41%；非生物工程治沙地89平方千米，占0.01%①。

---

① 国家林业局：《中国荒漠化和沙化状况公报》，2015年12月29日，见 http://www.forestry.gov.cn/main/65/20151229/835177.html。

沙漠化是自然与人类活动双重因素影响下发生的复合性灾害。它摧毁人类赖以生存的生态环境，直接影响人类的社会经济活动，而且沙漠化的发生、发展还可能进一步诱发各种毁灭性的自然灾害。因此，其危害程度与深度都较其他灾害更为严重，已经成为国际社会关注的全球性环境和资源问题。沙漠化带来的危害主要表现在：一是土地退化；二是生物群落退化；三是气候变化；四是水文状况恶化；五是污染环境；六是毁坏生活设施和建设工程。

三、沙漠化生态治理的目标

生态产业，是继经济技术开发、高新技术产业开发发展的第3代产业。它是指以生态学理论为指导，基于生态系统承载能力，在社会生产消费活动中，应用生态工程的方法，模拟自然生态系统，具有完整的生命周期、高效的代谢过程及和谐的生态功能的网络型、进化型、复合型产业。生态产业突出了整体预防、生态效率、全生命周期、资源能源多层分级利用、可持续发展战略等重要概念。与传统产业追求产品数量和利润不同，生态农业是以企业的社会服务功能为生产目标，谋求工艺流程和产品结构的多样化，其核心是运用产业生态学方法，通过横向联合、纵向闭合、区域耦合、社会整合、功能导向、结构柔化、能力组合、增加就业和人性化生产等手段促进传统产业的生态转型，变产品经济为功能经济，促进生态资产与经济资产、生态基础设施与生产基础设施、生态服务功能与社会服务功能的平衡与协调发展。生态产业将生产、流通、消费、回收、环境保护及能力建设纵向结合，将不同行业的生产工艺横向耦合，将生产基地与周边环境纳入整个生态系统统一管理，谋求资源的高效利用和有害废弃物向系统外的零排放。

沙漠化生态治理的目标是实现生态效益、社会效益和经济效益的最大化，而生态产业是把生产、经济发展和生态环境治理与保护、资源的培育与高效利用融为一体的具有生态合理性、功能良性循环的新型综合体系。改变传统生产方式，实现三大效益的统一，实现人与自然的双赢。

在沙漠化地区发展生态产业的特点为：在选择产业时，筛选的条件更为严苛，尤其要注重产业发展对生态环境的保护作用，在发展经济的同时，提高沙漠化地区生态环境容量和稳定性；由于沙漠化地区地形多样，沙漠化等级不同，土壤理化性质也有差异，生态产业需多元化发展，不能发展单一产业；由于沙漠化地区生态环境脆弱，在生态产业的技术体系中，对产业环境综合整治技术要求更高。目前，沙漠化地区沙漠化治理是一切发展的切入点，是可持续发展的基础工程。沙漠化治理旨在修复生态环境、发展当地经济，但是传统产业的生产方式只能加剧人地矛盾。生态产业是把生产、经济发展和生态环境治理与保护、资源的培育与高效利用融为一体的具有生态合理性、功能良性循环的新型综合产业体系，是可持续的产业模式，既能改善生态环境遏制沙漠化加剧又能发展经济。发展生态产业是沙漠化地区沙漠化治理的必然选择，因此，应重视沙漠化地区生态产业的研究，大力发展生态产业。

四、沙漠化生态治理的效益

（一）经济效益

沙漠化生态治理的经济效益一般指经治理后，随着生态环境的改善和土地生产力的提高，土地利用率的增加变为经济形态的那部分效益。它包括已经转化为货币形式和具有潜在货币转换形式的效益，如前者包括在防护林建设工程中的林副产品能进入市场变为商品，表现为货币形式；后者包括由于林木具有调节气候、涵养水源的功能，它所减少因干旱缺水需支付的水费、电费等一部分无法通过市场交换所体现的效益。

（二）社会效益

社会效益包括两个方面的内容：一是对于沙漠化治理区域内的社会经济所产生的有利影响；二是对治理区以外地区的社会经济产生的有益作用。通过沙漠化的生态治理，避免了"沙进人退"的社会悲剧，促进了沙漠化地区内群众物质生活水平的提高，减轻了国家支援贫困地区的负担，为沙漠化地区的持续发展特别是社会稳定、经济繁荣奠定基础。

（三）生态效益

生态效益是指沙漠化生态治理后对自然环境、人类生活环境的保护和改善的效应，它使失去平衡的生态系统重新趋于平衡，使恶化了的自然环境向有利于人类生产、生活和土地资源持续利用的方向发展。它包括控制土壤侵蚀、防治荒漠化、改良土壤、防风固沙、调节气候、减少灾害、改善生态环境条件等。

（四）综合效益

沙漠化生态治理的综合效益，主要表现在生态效益、经济效益和社会效益的综合与统一。生态效益是目的，也是其他两个效益的基础；经济效益是三个效益中最为活跃、积极的因素，是决定能否保证沙漠化地区持续发展的关键；社会效益是归宿，是生态效益和经济效益的具体体现。在沙漠化的生态治理中，应将三者视为有机统一的整体，不能片面追求单个效益。生态效益是经济效益长远目标的保证，良好的生态环境和经济条件是社会繁荣稳定的基础。

第四节　沙产业与沙漠化生态治理趋势

沙漠之大，治理之难，任重而道远，人们观念的改变，国家各方面投入力度的加大，科技的进步，沙产业发展模式的创新等，都会是沙漠化生态治理的助力因素。

一、我国沙漠化生态治理的瓶颈

我国沙漠化生态恢复的瓶颈主要有五个方面。一是我国仍是世界上荒漠化面积较大的国家之一。二是一些地方存在重经济、轻生态的思想，滥垦、滥牧、滥樵采、滥用水资源的现象仍然十分严重。三是工业化、城镇化过程中，不顾生态无序开发的现象屡见不鲜。有的地方打着土地占补平衡的幌子，把"补"的目光盯住沙区，导致土地再度沙化的现象较为严重。一些工矿企业在开发过程中无序开发，为了规避审批，化整为零地开发项目现象时有发生。四是全球气候变化对荒漠化的影响不容忽视。全球气候变化导致干旱加剧、土地沙化加重。五是防治措施乏力。投资不足、法制不健全、机制不活、土地荒漠化监督乏力、技术措施落后等问题仍很突出，致使沙漠化生态治理仍属于影响我国经济社会发展的一个短板。

二、沙产业与沙漠化生态治理的对策和建议

(一)沙产业与沙漠化生态治理的趋势

1. 沙产业发展趋势

近年来，我国沙产业发展十分迅速，但总体仍处于起步阶段。在未来的日子里，我国沙产业发展必将进入上升的快速通道。第一，通过沙漠的生态治理，将有效改善生态环境和生存环境，同时能够整体性、规模化解决沙漠地区老百姓的贫困问题；第二，变劣势为优势，在生态条件较好的沙漠地区大规模发展风能、太阳能、生物能等清洁能源产业，为人类开拓新能源探索新路子；第三，利用沙漠的自然景观和生态建设成果，实施沙漠生态旅游，开辟人类新的生存乐园；第四，利用广袤的沙漠空间，大规模种植既能防风固沙又能产业化应用的甘草、肉苁蓉、藻类等沙旱生中药材，构建稀有的造福人类、拯救生命的"天然药圃"。

2. 沙漠生态治理的趋势分析

新中国成立的六十余年里，我国的沙漠生态治理取得显著成效，沙漠化国土面积不断减小，沙漠化程度不断降低。总结沙漠生态治理经验，放眼未来，我国沙漠生态治理的发展趋势将呈现如下特征：第一，沙漠生态治理将由政府主导、政府实施逐步向政府主导、企业实施、全民参与转变，在沙漠生态治理的同时，通过大力发展沙产业，创造经济价值，反哺沙漠生态治理，并通过加强宣传，吸引广大人民群众参与沙漠生态治理活动。第二，沙漠生态治理将由粗放型转向精密型，随着沙漠生态治理经验的不断积累和相关科研成果的研发，新技术、新方

法、新材料的应用必将成为未来沙漠生态治理的新亮点。

（二）发展沙产业的对策和建议

1. 加大政策扶持力度，优化沙产业发展环境

在政策上，政府应积极研究出台适合本地区沙产业发展的扶持政策，对沙产业实行与农、林、牧、渔相同的优惠政策。特别是在资金、税收、金融服务上给予更多优惠与便利。当地政府可以通过整合各项社会资源，加大招商引资的力度，多争取国家项目。对于进行沙产业开发的企业，在产业发展的前期可实行免征企业所得税，待企业实现正常营收后再征收一定比例的税收。同时，金融机构应延长贷款期限，增加放贷资金额度，简化贷款程序。政府还应对从事沙产业开发的企业提供贴息补助，积极鼓励担保公司为企业贷款提供担保。在发展环境上，首先，各级政府特别是与沙产业发展有关的部门要转变传统思想观念，充分认识到发展沙产业的重要性与必要性，加大对发展沙产业的宣传力度，让沙区百姓科学认识什么是沙产业、怎样发展沙产业，最终使更多的百姓参与到沙产业开发过程中来。其次，加快沙区基础设施建设步伐。各级政府加大对当地沙区基础设施建设的力度。对于在沙区从事沙产业的企业，当地政府应采取为其免费通路、通电、通水、通气政策，以此来鼓励企业投资开发沙区。

2. 大力发展知识密集型沙产业

利用科技手段在沙区发展知识密集型产业，是我国沙产业的根本出路。荒漠化地区大多远离工业污染源，具有日照时间长、光热资源充足、温差大等有利条件，在这里适合推广使用节水技术、知识密集型的现代化沙产业。我们可以从不同沙区的实际出发，重点发展以特色种植、养殖业为主的第一产业，大力发展以林副产品、草畜产品精深加工为主的第二产业，积极发展以森林、沙漠、草原旅游为主的第三产业。建设一批高起点、高水平、高效益的沙产业项目，培育一批与防沙治沙工程结合紧密、依托林沙草资源且具有市场竞争力、科研开发能力、精深加工能力、辐射带动能力的龙头企业，促进防沙治沙后续产业的发展，促进沙区农牧民增收。

在荒漠化地区发展知识密集型沙业，包括沙产业、草产业、林产业等，需要重点抓好以下几个环节：一是全面提高农业科技水平。加强科技攻关，改良培育新品种，鼓励企业采用清洁生产工艺和节水、节能、节材技术，提升企业生产技术及经营管理水平。二是鼓励发展绿色能源产业。利用充足的光热资源，建设"沙地煤田"和"沙地油田"，开发太阳能、风能等沙区清洁能源。三是注重综合效益的提高。地方政府应合理规划产业发展，做好对产业开发项目的环评及监管工作，因地制宜控制发展规模，坚持政府与市场作用有机结合，实现生态、经济、社会效益的统一。四是建立一批典型示范基地和产业发展园区。以其为样

板，引进和吸收国内外先进的技术装备和管理经验，创建和形成有地方特色的防治经验和产业发展模式。

3. 不断完善和推进产业集聚和集群

随着市场经济的发展，以工业园区、产业集群、专业市场、重大项目建设为推动力，不断完善和发展沙区生态经济圈成为必然。我国沙漠化地域广阔，各地气候差异较大，资源禀赋也有所不同。因此，在发展沙产业过程中，应科学规划布局，根据不同地区的资源优势，发展适合当地的沙产业。可按照现有资源的特点，将沙产业分为农业型、能源型、服务型、工业型四类。农业型沙产业应以防沙固沙、保护生态环境、农牧民增收为主要目的。可选择在水资源比较丰富的部分地区，种植经济效益较好的经济作物。能源型沙产业主要是在矿产资源比较富足的沙漠腹地进行矿产开发。可在风能、太阳能较充足的地区发展光伏与风电产业，在石油、煤炭丰富的沙漠开发石化与煤制气产业。服务型沙产业主要是让游客在沙区体验沙漠别样的风土人情，实现愉悦身心的目的。可在沙漠风景优美的地区发展沙漠旅游业，在旅游区提供特色的民族餐饮住宿服务，还可适当开展具有民族特色的体育竞赛活动。有条件的地方，还可以建立沙漠博物馆，为广大游客了解沙漠提供便利。工业型沙产业，一是指对优质农产品进行工业深加工，提高其产品附加值。二是在部分沙质较好的地区开展沙制水泥与玻璃产业。根据沙区现有资源开发程度与发展潜力，科学规划沙区产业的发展，逐渐形成适合当地的若干产业群，从而将产生巨大的产业集聚效益。

4. 发展循环经济，带动相关产业发展

循环经济在沙区有巨大的发展空间，可带动相关产业的发展。循环经济新产业主要包括环境产业、废弃物再生利用产业等。这些产业的出现和发展，通过发展环保技术、废弃物再利用技术、节能技术和可再生能源技术等，不仅可以实现资源的循环利用，创造就业机会，增加群众收入，而且还可以带动相关产业的发展，实现社会、经济和环境效益的三赢。

5. 发展节水设施农业和高附加值林业

农业向节水设施农业方向发展，林下种植由以传统种植向经济价值更高作物方向发展。节水设施农业以节水为核心，将在稳定粮食生产的同时，大力发展日光温室，发展特色农业、设施农业和生态观光农业。沙区应重点发展以日光温室、暖棚养殖、地膜覆盖、低压管灌等为主的高效节水设施农业。同时，林下种植将在传统种植花生、谷类为主的基础上，种植经济价值更高的中药材、山野菜、食用菌为主导的发展方向。

6. 充分开发风能、太阳能和生物能

广大沙区植被相对稀少，生活能源主要来源于天然植被和本该作为饲料与肥料的秸秆，既破坏了生态环境又影响了农牧业的发展。因此，大力发展清洁能源，充分利用沙区风能、太阳能、生物能源成为改善生态环境与发展沙产业的必要途径。一是风能利用，围绕风能利用目标，进行风力提水和风力发电，解决农村生活、灌溉和牲畜用水，满足电视、冰箱和洗衣机等电器的需要。二是太阳能利用，未来沙区利用太阳能的主要方式有：太阳能光伏发电、光电照明、太阳能电池、太阳能热水器、太阳能空调、太阳能灶、太阳能建筑等，进而形成完整的太阳能利用产业链。三是生物能源利用，沙区生物能源的利用潜力巨大，主要利用方式有：生物能源发电和生产农村生活燃气，如以秸秆、木屑、稻壳、树枝为原料生产燃气，开发节柴炕灶、种植薪炭林，以及生物柴油、燃料乙醇开发利用等。

（三）沙漠化生态治理的对策和建议

1. 保护现有生物多样性，改善生态环境质量

生物多样性将影响到生态系统的生产力和稳定性。鉴于生物多样性对生态系统稳定性的作用，保护荒漠化土地中现有生物多样性具有重要意义。特别应该重点保护植物的多样性，禁止挖掘沙生环境的中药材，禁止搂发菜，同时应建立保护区，重点保护荒漠化地区濒危的动植物，以维持较高的生物多样性，保护天然荒漠植被，改善生态环境质量，使生态系统生产能力提高。

2. 推行生态农业

生态农业是一种既能生产一定质量，足够数量的粮食和农牧产品，又能保持良好生态环境，并能使资源可持续利用的农业模式。生态农业是维持生态平衡、防治荒漠化、保障大农业持续发展的必由之路。在荒漠化地区推行生态农业，不仅可减少对资源的过度开发和利用，减轻土地的压力，还可增加农民的收入。在实施生态农业时，首先应根据荒漠化地区的具体环境，选择相应的农业生物种群，并在时间、空间和时空耦合尺度上合理配置和布局这些种群，使生物、光热等资源的利用率和转化率达到最佳水平。

3. 提高沙区水资源利用效率

针对沙漠化地区东部降水相对集中，地下水资源相对丰富的特点，通过飞播和封育等技术措施，恢复和重建该区受到破坏的植被。在西部的内陆河流域，合理确定农业用水和生态建设用水的比例，确保该区植被的保护和回复以及绿洲农业的持续稳定发展；就整个荒漠化地区的农业用水而言，则大力推行水资源高效利用技术，采用渠道防渗技术和低压管道输水技术，减少水资源输送中损失，在田间采用喷灌、滴灌、管道灌、膜孔灌等先进节水灌溉技术，对保水能力较差的土壤，通过地膜覆盖、土壤改良提高保水能力。研究表明，目前我国北方旱农地区冬小麦和玉米的水分效率分别为 7.50 千克/（毫米·公顷）和 14.25 千克/（毫

米·公顷），仅为其水分利用潜力的 38.5% 和 47.5%，因此，荒漠化地区水资源高效利用的潜力巨大。

4. 大力发展沙漠化地区的旅游业

我国沙漠化地区有极其丰富的旅游资源。独特的地貌、丰富多彩的民族风情、古老而神秘的宗教圣地、绚丽多彩的古代文化和历史名城等，对我国和世界人民都有极大的吸引力。因此，开展沙漠化地区的旅游业既可以增加当地收入，又可以通过今昔对比，提高人民防治沙漠化的意识，同时可以是国内外有识之士更全面了解沙漠化地区的自然和社会经济情况，这将有助于吸引投资，推动沙漠化地区的经济发展。

第七章

沙漠生态旅游文化

沙漠不仅孕育并保存了人类创造的辉煌历史及文明，还有其特有的壮美和神奇，吸引人们前往探险、科考、旅游。沙漠旅游作为一种特定形式的文化活动、文化现象，与文化有着密切的联系，具有其独特的文化属性。

第一节　沙漠生态旅游文化背景

沙漠旅游文化伴随着自然因素和人类生产生活方式的双重影响而形成，融合了农耕文化、游牧文化、黄河文化、长城文化、丝路文化、墓葬文化、生态文化、民族文化等，具有其独特的价值。伴随着生态旅游而兴起的沙漠生态旅游文化，有其特定的内涵和文化意义。

世界保护联盟（IUCN）定义生态旅游是在相对没有被干扰的自然区域，对环境负责的旅行和参观，为了享受和欣赏自然（以及伴随的人文景物），促进保护环境，具有低游客影响，可提供积极的地方社会经济参与（Ceballos-Lascurain，1996）。

随着旅游日渐融入人们的生活，旅游目的地呈现出更加多样化的态势，一些过去被视为险境和荒凉区域的资源也逐渐成为受欢迎的目的地。沙漠独特的自然景观、极端的自然条件以及人类长期适应自然、改造自然所创造的文明不仅吸引探险者，对大众游客也构成极大的吸引力。沙漠中的圣地和陵墓、历史记忆和传奇、传统住宅以及节日和庆典等是人和自然共存的见证。

沙漠脆弱的生态环境也迫切需要以可持续理念规划和开发旅游，在为游客提供高质量的旅游体验的同时，改善沙漠社区居民的生活条件，通过发展沙漠生态旅游降低贫困人口，减少荒漠化和沙化，同时保护沙漠生态环境，促进沙漠文化传承。

一、沙漠生态旅游发展概况

沙漠旅游指以沙漠地域和以沙漠为载体的事物、活动等为吸引物，以满足旅游者求知、猎奇、探险、环保等需求为目的的一种旅游活动(魏倩等，2008)。包括沙漠观光旅游、沙漠探险旅游、沙漠体育旅游等，是具有地域性、综合性的新型旅游产品。

沙漠生态旅游指在保护沙漠自然资源和生物多样性、维持沙漠资源利用可持续性的前提下，实现沙漠旅游业可持续发展，同时突出对旅游者环境教育意义的旅游方式。

(一)古代商旅的沙漠穿越

汉代张骞出使西域开辟了中外交流的新纪元，丝绸之路对于沟通东西方经济和文化起到重要作用。丝绸之路东起长安(今西安)，经陕西、甘肃、宁夏、青海、新疆，跨越葱岭(今帕米尔高原)，经中亚部分的阿富汗、伊朗、伊拉克、叙利亚到达地中海东岸，全长七千多千米。主要包括南道、中道和北道三条路线。中国境内丝绸之路沿线，尤其河西走廊、塔克拉玛干沙漠和塔里木盆地的自然环境非常恶劣，被誉为"沙漠之舟"的骆驼曾是丝绸之路上的主要交通工具。

在这条"国道"上，商人、使者、宗教人士络绎不绝，不仅将货物商品运来送往，同时也遗留下珍贵的文化资源。包括古代戈壁沙漠中的战场、佛教文化传播遗迹和边塞诗人的吟咏景物等。唐代玄奘历尽艰辛西行求法；元代马可波罗越过荒凉的伊朗高原，跋山涉水来到中国。这些丝绸之路上的伟大穿越和中西方文化交流，对于中国认识世界、世界认识中国，起到不可磨灭的作用。

沙漠地区众多的历史文物古迹、壮丽的自然风光和多姿多彩的民族风土人情，至今仍具有不可替代的吸引力。

2014 年丝绸之路长安—天山廊道的路网申遗成功，长达 5000 千米丝绸之路沿线沙漠中的城镇遗址、建筑遗迹、宗教遗迹以及历史传说等是最具代表性的文化遗存。

(二)当代国内沙漠旅游发展

较早开展的沙漠旅行活动主要源于科考和探险。沙漠地区被称为"死亡之海"，具有浩瀚无垠、环境恶劣的特点，因此科考常只在沙漠边缘进行。20 世纪 80 年代左右，由于科学考察、石油勘探等原因，一些科学探险家尝试深入腹地，人们所熟知的彭加木、余纯顺等科学家就是在腹地考察中牺牲的。80 年代中后期，随着国家西部大开发战略的实施，作为一种新兴的旅游方式，中国的沙漠逐渐从探险家的乐土转变为大众的旅游新宠。

沙漠旅游目的地主要分布于沙漠边缘。我国最早于 20 世纪中叶开发了敦煌鸣沙山—月牙泉等沙漠旅游景区。到了 20 世纪八九十年代，沙漠旅游景区景点逐渐增多，宁夏沙坡头作为中国第一个国家级沙漠生态自然保护区，吸引了大量中外游客。初建于 1986 年的武威沙漠公园是我国第一座大漠风光与沙漠绿洲相结合的游览乐园，现已成为一座融大漠风光和"草原风情"为一体的游览胜地。截至 2017 年，我国已经建成 33 个国家沙漠公园。进入 21 世纪以来，随着市场需求不断扩大，沙漠旅游开发更是方兴未艾，各种类型的沙漠旅游景区层出不穷，具有代表性的有新疆库木塔格沙漠公园、内蒙古响沙湾旅游区和宁夏沙湖旅游区等国家级风景名胜区。作为中国最大的沙漠，新疆塔克拉玛干沙漠开发了沙漠公路风景线，并拥有塔里木河沿岸壮观的原始胡杨林及独特的人文历史资源和现代工业景观。尤其值得一提的是，2007 年揭牌开园的阿拉善沙漠国家地质公园于 2009 年被正式公布为世界地质公园，是我国也是全球唯一的沙漠世界地质公园。

　　主要分布在我国北方 9 个省区的 12 大沙区已建成各类旅游景区 50 多个。其中国家 4A 级以上景区 10 余个。2021 年上半年沙坡头区累计接待游客 354.56 万人，旅游总收入 18.89 亿元，较 2019 年同期增长 32.6% 和 11%，显示出沙漠类景区在游客吸引和经济拉动中呈现出的活力和效益。

　　2017 年中国沙漠旅游联盟在宁夏回族自治区中卫市创立，旨在通过搭建联盟平台，打造一批具有国际影响力的精品沙漠旅游景区。联盟成员共同开拓国内外旅游市场，实现旅游市场资源平台的共享。2019 年沙坡头区成功入围首批国家全域旅游示范区名单（表 7-1、表 7-2）。

表 7-1　国内主要类型沙漠生态旅游景区（点）统计

省区	4A 级以上景区	国家级自然保护区	国家地质公园	国家重点风景名胜区
新疆	吐鲁番火焰山景区（4A）、鄯善库木塔格沙漠（4A）、克拉玛依世界魔鬼城（4A）、布尔津五彩滩（4A）、哈密雅尔当风景区（哈密魔鬼城景区，4A）	甘家湖梭梭林、塔里木胡杨、罗布泊野骆驼、艾比湖湿地	吐鲁番火焰山、奇台硅化木-恐龙	库木塔格沙漠
内蒙古	鄂尔多斯响沙湾旅游景区（5A）、巴丹吉林沙漠景区（4A）、七星湖沙漠生态游区（4A）、通湖草原旅游区（4A）、克什克腾世界地质公园（4A）	额济纳胡杨林、西鄂尔多斯、乌拉特梭梭林-蒙古野驴、达里诺尔、鄂尔多斯遗鸥、内蒙古贺兰山	阿拉善沙漠、克什克腾、鄂尔多斯、巴彦淖尔	—

（续）

省区	4A 级以上景区	国家级自然保护区	国家地质公园	国家重点风景名胜区
甘肃	敦煌鸣沙山月牙泉景区（5A）、武威沙漠公园（4A）、敦煌雅丹国家地质公园（4A）	敦煌西湖、盐池湾、安西极旱荒漠、敦煌阳关、安南坝野骆驼	敦煌雅丹	鸣沙山月牙泉
宁夏	中卫市沙坡头旅游景区（5A）、石嘴山市沙湖旅游景区（5A）、黄沙古渡原生态旅游区（4A）	沙坡头、白芨滩、哈巴湖、贺兰山	灵武	—
青海	—	柴达木梭梭林	—	—

注：国家 5A 级旅游景区名单截止到 2017 年 5 月，国家 4A 级旅游景区名单截止到 2017 年 5 月；国家地质公园名单截止到 2016 年 11 月；国家级自然保护区名单截止到 2018 年 6 月。沙漠生态旅游景区（点）位置限定在沙漠区域内。

表 7-2　中国 4A 级以上沙漠生态旅游景区基本情况

景区名称	所属沙漠（地）	资源组合	景观特色
沙坡头（5A）	宁夏腾格里沙漠	大漠、黄河、治沙奇迹、沙坡鸣钟	"中国沙漠旅游第一品牌"；人类治沙史上的奇迹（草方格治沙），有"全球环保五百佳"美誉；沙海明珠
沙湖（5A）	宁夏毛乌素沙地	湖水、芦苇、黄沙、候鸟	"中国沙漠旅游基地"；集江南水乡风光与大漠风情为一体的"塞上明珠"；沙水合一
响沙湾（5A）	内蒙古库布其沙漠	沙山、响沙、沙湖、敖包、鄂尔多斯婚礼	奇特的响沙现象，堪称"响沙之王"
鸣沙山月牙泉（5A）	甘肃库姆塔格沙漠	沙漠、泉水、响沙、莫高窟艺术	山泉共处，沙水共生；与莫高窟艺术景观融为一体，敦煌城南一脉相连的"二绝"；沙漠奇观；"沙漠第一泉"
七星湖（4A）	内蒙古库布其沙漠	沙漠、沙湖、绿洲	天上北斗星，地上七星湖；以沙漠资源和沙湖为依托、以沙漠绿洲为主题
恩格贝（4A）	内蒙古库布其沙漠	沙漠、沙湖、沙产业	国家级生态建设示范区，内蒙古西部最大的沙漠生态旅游区；"漠中河"堪称天下一绝；集沙漠珍禽动物观赏、大漠风光观赏、生态农业观赏、沙生植物观赏和游客综合服务为一体

（续）

景区名称	所属沙漠（地）	资源组合	景观特色
达来月亮湖（4A）	内蒙古腾格里沙漠	沙漠、湖泊、佛教、绿洲、胡杨	月亮湖形状酷似中国版图；浓缩了整个腾格里沙漠生态世界和地质构造奇观

（三）国外沙漠旅游概况

世界沙漠旅游活动已有 800 多年的历史，主要以探险、科考为主。沙漠旅游一直是世界探险旅游和体育旅游的主要类型之一，撒哈拉沙漠是世界上最著名的沙漠探险旅游地。由于社会经济和政治因素的影响，国外的沙漠旅游一直没有形成大规模的旅游休闲活动。

埃及是较早也是知名度较高的沙漠探险旅游地，从 20 世纪 90 年代以来，埃及尝试开展了面向大众的沙漠旅游，每年举办的"沙漠节"取得了强烈的反响。既可以吸引更多旅游者，也能够减轻旅游业对脆弱名胜古迹的损害。有"沙漠玫瑰"之称的突尼斯利用盐湖、绿洲等资源开发沙漠旅游，开发了撒哈拉沙漠探险线路和系列沙漠旅游项目。澳大利亚北方地区推出了沙漠知识经济战略，发展沙漠旅游经营。亚洲国家中印度的沙漠旅游发展很快，而且颇具特色，值得借鉴。目前，国外的沙漠旅游已由传统的考古、沙漠观光转向参与式的探险旅游、体育旅游和生态旅游。

除了世界最大的沙漠——撒哈拉（Sahara）沙漠之外，世界著名的沙漠旅游胜地主要还包括纳米比亚的纳米比（Namib）沙漠、智利的阿塔卡马（Atacama）沙漠、巴西的拉克依斯马拉赫塞斯（Lencois Maranhenses）沙漠、埃及的埃及法拉夫拉（Farah Fraser）沙漠、澳大利亚的辛普森（Simpson）沙漠等。

二、沙漠生态旅游文化的内涵

（一）文化与旅游的关系

旅游活动作为人类文化发展到一定阶段的产物，不仅是一种人们谋求身心需求得到满足的行为过程、一种特定形式的文化活动，也是一种文化现象，与文化有着密切的联系。在旅游活动过程中，无论是在旅游的物质基础方面，还是在旅游者的精神财富增长过程中，都不可避免地有着文化的印迹。旅游过程从酝酿开始，就不可能与文化脱离关系，而旅游的过程包括食、宿、行、游、购、娱等活动，无一不与文化相关。我国旅游业自 20 世纪 80 年代起步至今，经历了从初创的数量型、粗放型到横向扩张的质量型、集约型的转变，而旅游市场的竞争也逐步上升到文化的竞争。对地域文化内涵的挖掘，可以巩固、改善和提高旅游区的吸引力，延长其生命周期，为旅游业的可持续发展和旅游产品的更新换代注入新的活力。随着旅游业不断发展，形成了独特的旅游文化。

目前，旅游学界对旅游文化的概念界定不一，但比较多的学者认为，旅游文化不仅指那些对游客具有吸引力的历代文人留下的碑石铭文和工匠留下的建筑群落以及经典文化，还包括各民族独立生存的文化遗存。沙漠旅游不仅提供独特的沙漠景观，同时游客也可在旅游过程中领略丰富的文化底蕴，获得更有意义的旅游经历。

沙漠旅游文化具有的独特的价值，是伴随自然因素的作用和人类生产生活方式的双重影响而形成的。沙漠及沙地上不同的生态系统和各具特色的动植物、湖泊、河流、绿洲、山地等自然景观与古长城、古墓群、古渠道、古战场、石窟、岩画等人文胜景交相辉映，构成了良好的地域组合。沙漠旅游文化融合了农耕文化、游牧文化、黄河文化、长城文化、丝路文化、墓葬文化、生态文化、民族文化等，具有潜在的效应和无形的品牌价值，是旅游获得生机与发展的重要依托。

(二)沙漠生态旅游文化

沙漠地区具有生态环境脆弱、环境承载力较低、景观资源相对稀缺等特征，旅游活动势必影响沙漠生态系统结构的完整性和功能的多样性，甚至会加速生态系统的退化和恶化，产生难以预期的环境后果。这决定了沙漠旅游在规划和开发过程中需要走可持续发展、对环境负责的生态旅游道路。

沙漠生态旅游是保护资源环境、加强生态环境教育、促进地域经济持续发展的重要途径。即旅游活动应在人口-资源-环境-发展(PRED)协调理论与可持续发展理念的指导下进行，在不改变沙漠生态系统的有效循环及保护自然和人文资源环境的宗旨下开展。同时，通过将旅游活动与沙漠景观生态系统进行耦合，推出环境教育和解说等产品，使景区成为生态旅游教育和宣传的良好场所，从而对游客进行环境保护意识、生态道德观念和正确行为方式的引导，使游客自觉投身到关爱沙漠、保护环境的行动中，开展负责任的旅游。沙漠生态旅游的发展不单要依托资源，更要实现对当地社区的回馈。旅游开发在尽量不改变生态系统完整的同时，创造经济发展机会，使当地居民获取经济收益，实现环境、经济和社会三大效益的统一。例如澳大利亚古雅—提吉卡拉(Gunya Titjikala)是澳大利亚中部原住民和旅游企业合作的旅游企业运营模式，在提吉卡拉土著社区和古雅企业之间以 50%：50%配置资本和分配利润，旨在建立偏远原住民社区发展能力和创造就业机会。古雅—提吉卡拉在辛普森沙漠边缘以小规模奢华野生动物巡游帐篷为客人提供原真乡土体验。针对高端旅游市场的运营模式，以较少量的游客、较少的社区影响和较高的经济回报在提供独特的沙漠旅游、社区发展、环境保护和企业运营之间寻求平衡。

生态建设需要文化发展的带动，文化繁荣需要生态建设的支撑。将旅游开发与生态建设紧密结合的途径是旅游可持续发展的保证，形成了沙漠地区独特的生态文化。沙漠生态旅游文化即以可持续旅游为基础，以生态化途径进行旅游开发的一种文化模式。

三、沙漠生态旅游的文化意义

地域文化往往能较为全面地反映某一特定历史时期或几个时期的历史风貌、地域状况、文化特色或民族风情，在物质形态上使人感受到强烈的历史氛围或民族文化特征，可以折射出该地域的政治、经济、文化、军事等诸多方面的深层次结构，表现出很强的历史特征、文化传承和人文理念，成为该地域特定时期人们创造历史，发展社会、经济、文化的有力见证。

如古代沙漠作为陆路贸易活动的主要通道，对于沟通东西经济和文化起到重要作用，其中最著名的是横贯亚洲、连接欧亚大陆的丝绸之路。历史的动荡、变迁和丝路本身的兴衰、没落，在甘肃、新疆等沙漠地域形成系列化的庞大文化集群。丝路沿线遗存的文物遗迹和史料直接或间接地反映了当时中国、亚洲甚至非洲、欧洲等国家和地区的信仰、风俗、价值观和道德观等，反映了中、西方经济、外交、贸易、宗教文化的交流和融合。旅游者在其间能够学习、了解和印证多种文化碰撞之下的发展和演变，沙漠地区的历史步伐、历史实践，往往能够给予游客精神动力和支撑。不仅如此，沙漠中的各种生物往往有极强的忍耐能力，这种在极端环境中的坚韧特性，往往能给在现代生活中面对各种压力的到访者带来生命的启迪和生活的真理。

第二节　沙漠生态旅游资源及文化内涵

旅游资源是旅游业发展的基础条件，旅游业的健康发展，依赖于旅游资源的合理开发和利用，旅游资源最核心的特征是具有观赏性和美学价值，沙漠生态旅游资源以其特有的文化内涵彰显着沙漠生态旅游的魅力。

一、沙漠旅游资源的分类

旅游活动能够开展，首要的条件是有吸引人前往的事物或因素，即旅游资源。2007 年国家旅游局在其制定发布的《旅游资源保护暂行办法》中进一步完善了旅游资源的概念："旅游资源是指自然界和人类社会凡能对旅游者产生吸引力，可以为旅游业合理利用，并可产生经济效益、社会效益和生态效益的各种事物和因素。包括已开发的各类自然遗产、文化遗产、地质、森林、风景名胜、水利、文物、城市公园、科教、工农业、湿地、海岛、海洋等各类旅游资源，也包括未开发的具有旅游利用价值的各种物质和非物质资源。"

我国沙漠区域地域辽阔，广袤千里，资源类型丰富多样。

董瑞杰、董治宝等(2013)按照旅游资源的性质与成因，把沙漠旅游资源划分为自然旅游资源和人文旅游资源，再根据国家标准《旅游资源分类、调查与评价》(GB/T 18972—2003)中"主类、亚类、基本类型"三个层次对沙漠旅游资源划分，统计得出沙漠旅游资源共有8个主类、23个亚类、45个基本类型，其中沙漠湖泊、沙漠动植物、沙漠奇观、沙丘风光、鸣沙山、沙漠遗迹是比较典型的类型，也是沙漠旅游资源吸引力的主要构成成分(表7-3、表7-4)。

表 7-3　沙漠旅游资源分类

资源性质	主类	亚类	基本类型
自然资源类	地文景观	堆积地貌	沙丘、沙山、鸣沙山
		蚀余地貌	戈壁、雅丹、沙漠峡谷
	水域风光	河流	内流河、外流河
		湖泊、沼泽与湿地	淡水湖、咸水湖、湿地
	生物景观	野生植物	乔木、灌木、草本
		沙漠珍禽动物	陆地动物、鸟类
	天象与气候景观	奇特现象	海市蜃楼、沙瀑布、日月星辰
		天气与气候	特殊天气、特殊气候
人文资源类	遗址遗迹	窟寺遗址	—
		陵墓遗址	—
		军事遗址	—
		古城遗址	—
	建筑与设施	古代工程	运河与渠道、灌区
		现代工程	油气田、沙漠公路、固沙工程、发电站
		军事实验地	—
		传统建筑	民居、宗教建筑
	旅游商品	菜品饮食	地方饮食
		产品制品	农林畜产品及制品、工艺品
		疗养保健	疗养保健
	人文活动	人事记录	人物
		艺术	器乐、歌曲、舞蹈
		民间习俗	宗教活动、民间节庆、地方民俗与民间礼仪

资料来源：引自(董瑞杰，董治宝等，2013)，有改动。

表7-4　典型沙漠基本类型及举例

基本类型	举例
沙丘风光	新月形沙丘、抛物线沙丘、纵向沙垄、金字塔沙丘、蜂窝状沙丘、库姆塔格沙漠羽毛状沙丘等多种类型
鸣沙山	敦煌鸣沙山、沙坡头、银肯响沙湾、哈密鸣沙山、"世界鸣沙王国"巴丹吉林沙漠宝日陶勒盖鸣沙山
戈壁景观	塔里木盆地、准噶尔盆地、柴达木盆地和河西走廊等内陆盆地边缘及山麓地带
雅丹地貌	青海省的柴达木盆地西北部、罗布泊西北楼兰附近的雅丹地貌
沙漠湖泊	淡水湖(红碱淖、巴丹湖、月牙泉、月亮湖、七星湖)、咸水湖(艾丁湖、罗布泊)、湿地(腾格里沙漠湿地、敦煌西湖湿地、艾比湖湿地)
沙漠峡谷	新疆罗布泊洼地、乌尔禾"风城"、准格尔盆地东部的五彩湾、将军戈壁滩上的"魔鬼城"、甘肃敦煌"魔鬼城"
沙漠植物	乔木(胡杨——世界三大胡杨林：新疆伊吾、内蒙古额济纳、新疆轮台)、灌木(梭梭、红柳、骆驼刺、沙拐枣、沙棘、白刺)、草本(沙葱、肉苁蓉、锁阳)
沙漠珍稀动物	陆地动物(野骆驼、蒙古野驴、狐狸、沙蜥)、鸟类(鹰、大雁、天鹅)
沙漠奇观	海市蜃楼、沙瀑布、日月星辰(沙漠日出、沙漠月夜、沙漠观星、沙漠夕照)
沙漠遗址遗迹	窟寺遗址(敦煌莫高窟、吐鲁番柏孜克里克千佛洞、库车库木吐喇千佛洞)、陵墓遗址(宁夏西夏王陵、内蒙古的成吉思汗陵、内蒙古的昭君墓)、军事遗址(秦、隋、金、明历代长城和嘉峪关、玉门关、阳关等边塞遗址)、古城遗迹(楼兰古城、敦煌古城、高昌古城、尼雅遗址——汉代的精绝国故址)

二、我国沙漠旅游资源的特点

(一)分布范围广袤浩瀚

从沙漠的空间分布看，我国沙漠主要分布于北纬 30°～50°、东经 75°～125°的北方内陆盆地和高原，广袤千里，形成一条西起塔里木盆地西端，东迄松嫩平原西部，横贯西北、华北和东北地区，东西长达 4500 千米，南北宽约 600 千米的断续弧形沙漠带，可见我国沙漠分布范围之广，为中国北方地区开发沙漠旅游奠定了广阔的资源基础，同时在客观上决定了沙漠旅游资源的丰富性和多样性，为发展多样化的沙漠生态旅游提供了较为有利的条件，从而吸引更多的游客到沙漠地区去欣赏领略广袤辽阔的沙漠的独特风光。

(二)景观类型组合丰富

中国沙漠深居内陆盆地和高原，横跨极端干旱荒漠、干旱荒漠、干旱荒漠草原、半干旱草原、半湿润草原 5 个生物气候带，风沙地貌类型多样，形态多样，景观类型丰富，东、西沙区沙漠旅游资源差异明显。其中，中、西区是沙漠旅游资源景观组合富集区，加上沙漠周边还有许多历史遗存等人文景观，不仅独立构景，而且是沙漠生态旅游的集大成者。沙漠自然景观(沙漠、湖泊、河流、草原等)与伴生的历史文化遗迹遗存等人文景观共生共存，两者相互融合丰富了沙漠景观类型，提高了沙漠的历史价值、美学价值和文化内涵，成为吸引力极强的沙漠生态旅游资源。例如集大漠、黄河、高山、绿洲为一处，既具西北风光之雄奇，又兼江南景色之秀美，自然景观独特、人文景观丰厚，自然与人文的相互融合被旅游界专家誉为"世界垄断性旅游资源"的宁夏沙坡头就是最好的例证。

(三)景观稀缺不可替代

中国沙漠旅游资源赋存的主要区域分布在新疆、内蒙古与陕、甘、宁、青等省区，空间上分布相对集中，区域独有。沙漠旅游资源的古朴原始、畅旷神秘的美感，具有其他类型旅游资源无法企及的景观异质性特征，是具有一定垄断性质的景观资源，无法复制和转移。沙漠自身所具有的独特自然景观、人类赋予其中的历史遗存和文化内涵、旅游主体的审美倾向，综合奠定了我国北方沙漠旅游资源不可替代的地位。

(四)生态资源敏感脆弱

沙漠旅游是以沙漠为资源基础进行的全方位立体式的开发活动，其活动的强弱必将严重影响沙漠生态系统结构的完整性和功能的多样性，甚至会产生不可预估的严重后果。而发展沙漠旅游的区域一般处在沙漠的边缘，这些区域生态脆弱、环境容量小，环境承载力较低，属于典型的生态脆弱区，过于频繁的人类活动干扰将加速沙漠生态系统的退化甚至恶化。例如，沙漠旅游景区面积广，特别是沙漠探险旅游深入沙漠腹地，在旅游过程中产生的生活垃圾无法被收集，会造成白色污染；沙漠旅游对沙漠板结表层的破坏也不容忽视，如果大量游客涌入，会进一步造成对沙漠生态的破坏。

三、沙漠旅游资源的文化内涵

沙漠旅游资源有自然旅游资源与人文旅游资源，不但内容丰富，而且有其文化内涵。

(一)沙漠自然旅游资源

1. 沙漠动植物——生命的顽强

受严酷的自然条件限制，沙漠中的植物、动物种类和物种多样性远不如森林、草地、湿地丰富，但是能够存活于此的动植物，无不具有独特的形态和顽强的生命力，典型的植物如胡杨林，活着一千年不死，死后一千年不倒，被人们誉为"沙漠英雄树"，典型的动物如骆驼被人们誉为"沙漠之舟"等，它们与沙漠融为一体，镌刻着的野性异域魅力吸引了一批又一批游客来此探寻生命的真谛。

2. 沙漠水——沙漠的灵魂

水是人类宝贵的自然资源，沙漠的水资源更为珍稀。我国沙漠水体类型多样：内流河，当地人民依水而居，河的两岸往往点缀着丰富的人文景观资源；沙漠湖泊，展现了沙漠水体静态美的特色和沙漠疗养的旅游资源价值；沙漠湿地，戈壁连连，又有碧波荡漾，等等。沙漠水，它们的流动使沙漠富有了灵魂，构成了沙漠多处胜景；它们滋养生命，使沙漠形成绿洲，使人类生息创造出灿烂的文化。

塔里木河是中国第一大内陆河，全长2437千米，其流域包括环塔里木盆地的九大水系、114条源流和塔里木河干流，总面积102万平方千米，汇聚了天山的阿克苏河、喀喇昆仑山的叶尔羌河以及和田河，极具观光价值。"塔里木"在维语中具有"无缰之马"和"田地、种田"的双重含义。对新疆人来说塔里木是生命之河、母亲之河。丰富的水热条件，广袤的土地，使塔里木河流域在相当长时期内成为西域政治、经济和文化中心。塔克拉玛干沙漠腹地及周围，已发现的古城遗址就有40余座。在"丝绸之路"通道上，散布着克孜尔千佛洞、龟兹古城、古楼兰遗址等众多的文化遗址。此外，塔里木河也见证了新中国成立后各族人民共同建设新疆的历程，如横穿塔克拉玛干沙漠的"沙漠公路"、和田"千里葡萄长廊"、库尔勒绿洲香梨等，新疆各族人民共同谱写了农垦文化、兵团文化、棉花种植、油气开采等新篇章。大漠风光、胡杨丰姿、塔河水景……特殊的地理位置、奇特的干旱区风光、浓郁的民族色彩和悠久的历史文化遗产构成了塔里木河流域旅游资源的总体风貌，使其成为新疆乃至全国最具旅游发展前景的地区之一。

巴丹吉林沙漠是极度干旱的区域，却有众多湖泊分布其中。在阿拉善右旗的沙漠中，有些牧民长居于此，他们世代善待沙漠，沙漠也为牧民提供了生存环境。一个湖泊、一个沙窝就是一个生态系统，创造了人与自然和谐共处的大漠生态文化。巴丹吉林五绝之一的"寺庙"——苏敏吉林，意为"有庙的海子"，是建于1755年的藏传佛教寺庙，被称为"沙漠故宫"，是巴丹吉林沙漠的地标，也是牧民心目中神圣的殿堂。1996年德国探险旅行家包曼出版了《巴丹吉林沙漠》一书，在欧洲引起轰动。1998年3月在美国召开的国际探险旅游博览会上，中国唯一推出的项目就是巴丹吉林沙漠旅游线路，引起外国旅游部门极大的关注。雄浑的大漠风光，浓郁的民族风情、丰富的文化遗存使巴丹吉林具有发展国际化沙漠旅游业的广阔前景。

3. 沙漠天象——旷野的遐思

天象是古代汉族星占家对天空发生的各种自然现象的泛称。现代通常指发生在地球大气层外的现象，泛指各种天文现象，如太阳出没、行星运动、日月变化等。沙漠天象主要有：

海市蜃楼。海市蜃楼位于新疆奇台县以北的将军戈壁、人迹罕至的广袤荒原。由于独特的地理气候条件，经常出现虚无缥缈的海市蜃楼。这个现象使其披上了神秘面纱，所去之人无不被其奇异的景象所震撼。

沙漠日出及日落。在浩瀚的沙漠，日出和日落也构成了一副诗意的画面。茫茫的荒野，一轮巨大的红日，展现给游客不同于都市的空旷和舒展，使人心境开阔，欣赏"长河落日圆"的景色，衍生各种思绪。

沙漠观星。位于智利北部干旱地区的阿塔卡玛沙漠，是探索南半球天空的最佳观星地。可以观测到星星的诞生、星系初期和环绕太阳的星球等。周围寂静的环境，还能听到沙子和风的低语，纯净的夜空，星星挂在天空又仿佛触手可及。沙漠观星已经成为一个重要的旅游项目。

4. 沙漠地质地貌——原始的召唤

沙漠的地质地貌是对往来游客的最原始召唤，保持着千百年来的原始古朴，像蒙娜丽莎的微笑般，不可猜测却又使人心生向往，成为沙漠里极富观赏价值的旅游资源。作为沙漠最重要、最特别的旅游资源，其大致可以分为三种景观类型：沙漠景观、戈壁景观、雅丹地貌景观。

沙漠景观。广袤的沙漠是这里最主要的景观，空旷、神秘、壮观、雄伟而又潜藏危险，充分地满足了旅游者的冒险心理和探索欲，使外来的游客感受到原始自然的本真、异域风情的魅力。沙漠里最基本的构成是沙丘，由于沙物质堆积的方式、速度、阶段的不同，堆积形成的沙丘地貌也不同。新月形沙丘，是流动的沙丘，平面形态似新月，随风扩展，形态变换；抛物线沙丘，与新月形沙丘刚好相反，其迎风坡平缓凹进，背风坡呈弧形凸出，平面图形似马蹄，又似抛物线；金字塔沙丘，又称星状沙丘，因其形态与埃及金字塔相似而得名，具有多个明显棱面，体型高大，甚至可达 100~150 米以上；此外还有蜂窝状沙丘、库姆塔格沙漠羽毛状沙丘等。塔克拉玛干沙漠区几乎囊括了所有沙丘形态类型。

沙瀑布。是比较罕见的沙漠景观。2011 年度美国《国家地理》全球摄影大赛获奖作品中，唯一入选的中国摄影家作品就是沙瀑布，展现了在象征死亡寂寞的沙漠里迸发的蕴含无限生命力的奔腾瀑布。

戈壁景观。是沙漠里海市蜃楼的多发地，游客在此只能感慨大自然的鬼斧神工。"大漠戈壁"下的石砾满布、植被稀少，风大时飞沙走石，风微时尘土飞扬，原始的空旷和荒芜细述着沧桑。

雅丹地貌。是干燥地区的一种风蚀地貌。风化和流水冲刷及风蚀作用，造就了千奇百怪的雅丹景观。雅丹地貌是一种独特的旅游资源，如新疆维吾尔自治区的魔鬼城，为方圆约 10 平方千米的陆地瀚海，不见一草一木，各种雅丹造型惟妙惟肖，强风刮过，风声凄厉，让人毛骨悚然，让人心生敬畏。国内最大的雅丹分布区在青海省的柴达木盆地西北部，而罗布泊西北楼兰附近的最为典型。

(二)沙漠人文旅游资源

1. 沙漠建筑——凝固的艺术

沙漠建筑的种类很多，可以作为旅游资源的主要有：沙漠古代遗存、传统建筑和现代工程(表7-5)。

表7-5 沙漠建筑旅游资源分类

主类	亚类	举例
遗址遗迹	社会经济文化活动遗址遗迹	军事遗址(秦、隋、金、明历代长城和嘉峪关、玉门关、阳关等边塞遗址)；窟寺遗址(敦煌莫高窟、鄂尔多斯阿尔寨石窟、吐鲁番柏孜克里克千佛洞、库车库木吐喇千佛洞)
建筑与设施	综合人文旅游地	军事实验地(甘肃酒泉卫星发射中心、罗布泊核试验场)；油气田(塔中油气田)；沙漠公路(塔克拉玛干沙漠公路、库布其沙漠穿沙公路)；固沙工程(包兰铁路草方格防护体系)；发电站(达坂城风力发电站)；丝绸之路等
	单体活动场馆	聚会接待厅、祭拜场馆、体育健身场馆等
	景观建筑与附属型建筑	古城遗址[楼兰古城、敦煌古城、高昌古城、尼雅遗址(汉代精绝国故址)]；石窟；广场；建筑小品等
	居住地与社区	居民(新疆的土拱房、内蒙古毡包、罗布人村寨)；宗教建筑(巴丹吉林庙)
	归葬地	宁夏西夏王陵、内蒙古成吉思汗陵、内蒙古昭君墓
	交通建筑	桥、车站等
	水工建筑	运河与渠道(坎儿井)；灌区(河套灌区)

2. 沙漠民俗——多彩的生活

民间表演艺术。沙漠民族有着丰富的民间表演艺术，特色的器乐，如都塔尔、冬不拉、弹布尔、手鼓、西来甫、马头琴；动听的歌曲，如木卡姆延长、阿肯弹唱、花儿、宁夏小曲、蒙古族长调；各具特色的舞蹈，如蒙古族舞蹈。

民间传统与宗教节日。不同民族也有不同的民间传统和宗教节日。如伊斯兰教的开斋节、古尔邦节等宗教活动；蒙古族的那达慕大会民间节庆；鄂尔多斯的婚礼、大河沿—达里亚博依民俗文化村等特色地方民俗。

特色美食。根据他们的生存特点，沙漠居民的饮食以烤全羊、烤羊肉串、涮羊肉、烤馕、酸奶、奶茶、油塔子、牛肉拉面出名。

特色产品。由于特色的气候条件，沙漠居民特产为农林畜产品及制品，如沙枣、沙棘茶、罗布麻纺织品、沙棘，以及工艺品风棱石、沙画等。为了充分利用沙漠资源，也产生了埋热沙、沙浴、沙泉等疗养保健旅游产品。

现代节庆。随着游客的增多，结合当地特色，各地开展了越来越多的现代节庆以展示当地文化，带动当地经济发展。宁夏大漠黄河节、银川汽车摩托车旅游节、新疆吐鲁番葡萄节和丝绸之路冰雪风情节、甘肃天水伏羲文化节、甘肃嘉峪关国际滑翔节、巴丹吉林沙漠文化旅游节宣传不断增多。

表 7-6　沙漠民俗旅游资源分类

主类	亚类	举例
旅游商品	地方旅游产品	疗养保健(埋热沙、沙浴、沙泉)；农林畜产品及制品(沙枣、沙棘、罗布麻纺织品)；工艺品(风棱石、沙画)；菜品饮食(烤全羊、烤羊肉串、涮羊肉、烤馕、酸奶、奶茶、油塔子、牛肉拉面)
人文活动	人事记录	张骞、彭加木、余纯顺、Sven Hedin、Marc Stein
	艺术	器乐(都塔尔、冬不拉、弹布尔、手鼓、西来甫、马头琴)；歌曲(木卡姆延长、阿肯弹唱、花儿、宁夏小曲、蒙古族长调)；舞蹈(蒙古族舞蹈、新疆舞)
	民间习俗	宗教活动(伊斯兰教的开斋节、古尔邦节)；民间节庆(蒙古族的那达慕大会)；地方民俗(鄂尔多斯婚礼、大河沿—达里亚博依民俗文化村)
	现代节庆	宁夏大漠黄河节、银川汽车摩托车旅游节、新疆吐鲁番葡萄节和丝绸之路冰雪风情节、甘肃天水伏羲文化节、甘肃嘉峪关国际滑翔节、巴丹吉林沙漠文化旅游节

第三节　沙漠生态旅游产品

无论国内国外，沙漠生态旅游产品的开发都以注重沙漠生态环境保护为基础，以文化主题设计为主线，重视游客的体验感受，根据区域条件，形成了自己的特色。

一、沙漠生态旅游产品的发展现状

根据语境的不同，沙漠旅游产品可以分为两种，一种是整体沙漠旅游产品，一种是单项沙漠旅游产品。整体沙漠旅游产品指旅游者花费一定时间、费用和经历所换取的一次沙漠旅游经历，为旅游者出门旅游至回家期间所涉及的设施与服务共同构成的综合体;单项沙漠旅游产品指旅游经营者凭借沙漠旅游吸引物、交通和旅游设施,向旅游者提供的用于满足其沙漠旅游活动需求的全部服务。沙漠生态旅游产品指以注重沙漠生态环境保护为基础的单项或整体旅游产品。

(一)国外沙漠旅游产品发展现状

联合国环境规划署(简称 UNEP)的游憩部门(Recreation Sector)在《旅游与沙漠》(UNEP,2006)①实践指导手册中以单项沙漠旅游产品的定义为基础,从交通、住宿、餐饮、服务、文化和休闲活动等方面,对沙漠旅游产品进行了介绍,并列出了相应单项旅游产品提供者。现阶段在国外较为流行的还有奢华沙漠旅游产品。克瑞斯和莫泰格(Chris,Morag,2008)以迪拜的阿玛哈度假区(Al Maha Desert Resort)为例②,探讨了生态旅游背景下的奢华旅游产品,阿玛哈度假区不仅提供高星级的住宿餐饮旅游产品,还提供沙漠游泳池、骑骆驼、沙漠越野等其他丰富的旅游产品。马哈迪和莫和德(Mahdi,Mohd,2010)等人列举了沙漠区域内可开展的活动,其中主要包括体验型、参观观看型、疗养型、户外游憩运动型和购物型。总体来说,在理论上,国外专家学者对沙漠旅游产品及活动进行了初步介绍和列举,但缺乏系统全面的归纳分类;在实践上,国外旅游产品类型丰富多元,体验性强,注重生态环境的保护(表7-7、表7-8)。

表7-7 沙漠单项旅游产品及其提供者

单项旅游产品		单项旅游产品提供者
交通	大交通	航空交通服务提供者(包机、固定的航班);水运交通服务提供者(邮轮);铁路交通服务提供者
	小交通	公路交通:提供租车服务的租赁公司,提供租车服务的个人,加油站,司机、导游服务提供者;特种旅游交通:骆驼、马等其他自然交通工具的拥有者;其他:徒步旅行相关产品及服务提供者(如徒步向导、导游)
餐饮	直接提供者	饭店、酒吧、超市、小卖部、杂货店、当地市场、当地社区、服务员等
	间接提供者	农产品生产者、渔夫、面包师、屠夫、厨师、厨房杂工等

---

① UNEP, *Tourism and Desert* (a practical guide to managing the social and environment impacts in the desert), 2006, p. 35.

② Chris Ryan, Morag Stewart, *Eco-tourism and luxury the case of Al Maha*, *Dubai*, Journal of Sustainable Tourism, March 2009, pp. 287-301.

（续）

单项旅游产品	单项旅游产品提供者
住宿	包价旅游承办商、酒店和住宿设施拥有者、住宿相关服务人员、当地家庭的帐篷提供者、帐篷租赁单位
文化和休闲活动	热气球、自行车、三桅小帆船及相关服务提供者，动植物观察等观察工具及相关服务提供者，当地人文化表演
环境、文化和传统资源	公共部门、保护区和公园管理者、当地社区、国际协会组织及 NGO 组织

资料来源：根据《旅游与沙漠》（UNEP，2006）实践手册整理，有所改动。

表 7-8　沙漠旅游活动

类型	产品
体验型	日光浴、体验当地饮食、骑骆驼、沙漠风船、村庄旅游等
参观观看型	游览秘密通道、参观古树/水库/历史遗迹和纪念碑/骆驼繁育中心、观看水禽、沙漠观景、夜间观看动物、乘坐热气球观看沙漠、观星等
疗养型	日光疗法、沙疗法等
户外游憩运动型	沙漠自行车/越野/摩托、滑沙、滑翔机/伞、沙漠行走、狩猎、爬山等
购物型	当地小集市购物、购买手工艺品

资料来源：根据 Eco-tourism and luxury the case of Al Maha，Dubai 文章整理，有改动。

　　世界上最著名的沙漠主要包括非洲的撒哈拉沙漠、阿拉伯半岛的阿拉伯沙漠、澳大利亚的澳大利亚沙漠、阿根廷的巴塔哥尼亚沙漠等。我国沙漠主要分布在新疆、甘肃、宁夏、青海、内蒙古等省自治区，著名沙漠包括塔克拉玛干沙漠、戈壁沙漠等。

（二）国内沙漠旅游产品发展现状

　　我国目前已开发的沙漠旅游景区（点）有 40 个左右，沙漠已成为与海岸、山岳、森林和水体等同样受关注的旅游自然环境地域类型①。国内学者多从整体旅游产品概念的角度出发，对沙漠旅游产品进行了分类，黄耀丽、李凡等学者认为，目前我国沙漠旅游产品主要有以下几类：沙漠观光娱乐旅游、沙漠康体度假旅游、沙漠科考探险旅游、沙漠生态教育旅游、沙—湖组合度假旅游。其中还应加入沙漠体育旅游这一类别，因为经过近年来的发展，我国已经出现了沙漠体育旅游，如宁夏回族自治区从 2000 年以来已连续举办 6 届国际银川摩托旅游节，中卫已成功举办了 5 届"沙坡头杯"全国大漠体育运动会。张强从游客旅游目的的角度，将沙漠旅游产品分为大众大漠观光游、沙漠探险游和遗址考古游。以上两种对沙漠旅游产品定义的概念并不冲突，只是对沙漠旅游产品理解与认知的角度

---

① http://blog.sina.com.cn/s/blog_ 96421c6401012yuk.html，访问时间 2014.4.25.

不同。不同的旅游产品形成了不同的旅游线路(表7-9)。

表7-9 我国沙漠旅游线路

路线名称	线路	景色	方式
1. 塔克拉玛干沙漠穿越	麦盖提县—三站—塔中—若羌县	塔克拉玛干的浩瀚、深秋璀璨如幻的胡杨、斯坦因发现的尼雅遗址	徒步
2. 腾格里沙漠穿越	银川—通古淖尔镇—天鹅湖—沙海徒步—月亮湖—阿拉善左旗—二道桥—延海	—	搭车+徒步
3. 库布其沙漠	乌里图牧场—神海子—麻黄疙瘩—1号营地—链状沙丘沙漠腹地—夜鸣山	本线路基本都在连绵起伏的沙丘上，在严寒的沙漠中露营，冬季的库布其沙漠景观更加壮美，茫茫沙漠宛如金弓	徒步
4. 巴丹吉林沙漠	金昌—巴丹吉林—额济纳—二道桥—张掖	沙漠中的绿洲是这里的奇观。这里的胡杨林是世界三大胡杨林之一。	搭车+徒步
5. 库姆塔格沙漠穿越	乌鲁木齐市南郊客运站—吐鲁番—迪坎尔村—鄯善沙漠公园—鄯善县城—乌鲁木齐	—	搭车+徒步
6. 沙漠穿越	银川—巴丹吉林沙漠—酒泉	巴丹吉林沙漠、巴丹海子、世界最高沙山、必鲁图峰、巴丹吉林庙、神泉、诺尔图湖、海森楚鲁	搭车+徒步
7. 世界第一长沙漠公路	北起巴音郭楞蒙古自治州轮台县，南至和田地区民丰县，横穿塔克拉玛干沙漠连接塔里木盆地南北缘绿洲	—	—
8. 世界第二长沙漠公路	阿克苏—阿拉尔—和田公路	多样性的沙漠景观、麻扎塔格风景区、热瓦克佛寺和原始胡杨林带	—

资料来源：根据网络及文献数据整理。

从沙漠旅游产品实践发展角度看，目前我国沙漠旅游产品主要呈现以下特征：仍以观光旅游产品为主体；不同旅游区域的旅游产品开发存在同质化现象，特色不够鲜明；在产品规划设计中有注重环保和生态科普教育的意识，但实践水平较差；缺少附加和扩展的沙漠旅游产品，游客不能充分体验沙漠深厚的文化和生态旅游内涵。

二、沙漠生态旅游产品的文化主题

沙漠具有丰富的文化资源,沙漠生态旅游产品文化的挖掘主要从以下几个主题出发。

(一)沙漠文化遗存主题

在沙漠中多有各类文化遗存,既是人类宝贵的文化遗产,也是开发设计沙漠生态旅游产品的重要主题之一。世界沙漠旅游最早可追溯到汉"丝绸之路"时期,而近代世界沙漠旅游活动已有 800 多年的历史,旅游产品设计者可以以"丝绸之路"为主线,设计具有深刻文化内涵的沙漠生态旅游产品。沙漠的文化内涵是伴随自然因素的作用和人类生产生活方式的双重影响而形成的。沙漠中有很多文化遗存,如塔克拉玛干沙漠中的尼雅遗址、汉代的精绝国故址和轮台古城,宁夏境内现存的西夏王陵、岩画、文物、文字等,位于库姆塔格沙漠东缘的敦煌鸣沙山、月牙泉和世界级文化遗址莫高窟等,都是现实文化遗存资源的见证。除以上涉及的沙漠中的文化遗存,伊拉克的哈尔拉古城遗址、伊朗的波斯波利斯万国门遗址、埃及的金字塔等都是被联合国教科文组织列入世界文化遗产名录的沙漠中的文化遗存。沙漠中文化遗存的例子不胜枚举,都是沙漠生态旅游产品开发的重要主题。如"塔克拉玛干沙漠古城遗址探险游""佛教溯源洞窟之旅"等都是以文化遗存为主题的旅游产品。

(二)沙漠民俗文化

沙漠地区有浓厚的民风民俗,沙漠地区的民风民俗文化是开发设计体验性沙漠生态旅游产品的重要主题之一。宁夏是我国最大的回族聚居区,其独特的民族魅力和风景令人流连忘返,回族特色饮食文化也具有很强的吸引力;居于塔克拉玛干沙漠深处的与世隔绝的克里雅人的奇风异俗也吸引着国内外游人的浓厚兴趣;居于西奈沙漠地区的贝多因人被称为"沙漠之子",几个世纪以来保持着以豢养家畜和贸易为生的游牧生活方式,几千年来,30 个部落的将近 7 万贝多因人——没有上下水、电、电话和电视——保持着尊敬老人和部落首领的优秀传统。沙漠地区浓厚的文化底蕴和独特的民族情调为沙漠增添了一分色彩,其吸引力体现在生活习惯、民族、服装、饮食、建筑、传统等方面,如西域异境历史遗迹、民族风情旅游线路产品。

蒙克徒步(Moki Treks)是美国一家专营文化遗产线路的旅行社,与美国蒙大拿干旱地区印第安人合作发展了具有原真风貌的旅游线路。其与印第安合作伙伴签署协议购买地方食品,为印第安部落提供经济援助帮助他们保护自然资源和文化传统。其开发的旅游产品"谢利峡谷之旅"于 2006 年被美国国家地理选为一生必游的 50 个旅行线路之一。

(三)沙漠景观

┌───┐

专栏7-1　小知识

碎石圈：一块大石头经过数百年热胀冷缩屡次碎裂和自然风化后，在地上形成了一片圆形的碎石圈。

鸣沙：沙漠面部的沙子是细沙且干燥，含有大部分石英，被太阳晒得火热后，经风的吹拂或人马的走动，沙粒移动摩擦起来便会发出声音，便是鸣沙。

风蚀蘑菇：是由风蚀柱变成的。风蚀柱主要发育在垂直节理发育的基岩地区，经过长期的风蚀，形成孤立的柱状岩石，故称风蚀柱，可单独耸立，或者成群分布。由于接近地表部分的气流中含沙量较多，磨蚀强烈，再加上基岩岩性的差异，风蚀柱常被蚀成顶部大、基部小，形似蘑菇的岩石，称风蚀蘑菇。

└───┘

大漠风情是吸引大批游客到沙漠中观光赏玩的重要要素。沙漠景观是沙漠生态旅游产品设计的重要部分，沙漠中天象、地质、水资源等形成的景观构成沙漠奇观文化，包括沙漠里特有的海市蜃楼、碎石圈、鸣沙、风蚀蘑菇等景观，展现了自然的鬼斧神工、沙漠的广袤浩瀚。如"沙漠雅丹地貌探险之旅""塔克拉玛干沙漠穿越探险""风舞黄沙大漠风光旅游线路产品"。

(四)沙漠生态系统

沙漠生态系统作为特殊的自然生境为多种动植物提供了栖息地。沙漠动植物长期生活在严酷的自然条件下，进化出独特的适应形态和生存方式。热带沙漠中的特色植物——树形仙人掌，具有很强的储水能力，高可达20多米，直径可达30到60厘米，重可达10吨左右，同时也为其他动物如鸟类、啮齿类动物提供了巢穴，形成有趣的共同生存现象。沙漠动物为了适应干旱炎热的气候，形成了特殊的体型特征、表皮特征。沙漠动植物为适应恶劣生存环境，不断进化，谱写了沙漠生态文化的精髓——顽强。独特的沙漠生态系统也是沙漠生态旅游教育和科普产品的重要支撑，如美国奇瓦瓦沙漠(Chihuahua Desert)拥有丰富的生物多样性，是1000多种动植物的栖息地，尤其红葡萄酒杯仙人掌，盛花期在4—5月，花朵密集，花色灼灼红艳，怒放于蓝天黄沙之间，形成著名的沙漠花海。奇瓦瓦沙漠有多条适应不同需求和等级的徒步路径，为游客提供了游憩、观光、教育、体育等生态旅游体验产品。

此外，世界各地的沙漠植物园是集中展现沙漠生态系统的集科研、科普、游憩于一体的综合游览观光场所，能够提供包括沙漠植物认知、沙漠濒危动植物保护、展现沙漠生态系统动植物和人类相互依存关系的生态旅游产品。

三、沙漠生态旅游产品设计与研发

无论是何种旅游产品的开发，不管之间的差别有多大，都存在若干共同开发战略；对沙漠旅游产品策划设计时，也有一定的规律与技术可循。以下对沙漠旅游产品设计与研发进行探讨。

（一）注重沙漠旅游产品的体验

派尼和盖罗（Pine，Gilomore，1999）提出了旅游产品体验设计的几点建议[①]：制定一个好的精炼的主题；以正面的线索塑造形象，每一个线索都应与主题保持一致；去除负面因素，即任何削弱、抵触或分散主题的环节；提供纪念品，纪念品可以延长体验的存留时间，并实现个人体验与他人的共享；重视对游客的感官刺激，通过感官刺激支持并强化主题。威廉姆（Willam，2006）通过对体验旅游的文献综述，总结了体验旅游产品设计的 20 个标准（表 7-10）[②]。

表 7-10　旅游产品设计标准表框

游客在旅游过程中创造价值	实现不同文化之间的碰撞和交融
扩大游客知识面	文化因素在传统生活方式中得以共享
个性化、差异化、特性化	吸引游客到目的地
重视所有感官的体验	吸引市场购买
低影响、低容量和高产出	为游客展示当地的故事
游客可能学到新的技能或参与新的活动	高质量难忘的体验是旅游者和体验提供者共同追求的目标
游客体验过程延续到旅游前的计划和旅游后的后续行为	产品更多使用展示而非描述的表现方式
为游客提供自我发展的机会，反应每个游客的不同价值和兴趣	游客体验包括人、地点、活动以及创造的记忆
期望达到的目标是实现游客对活动的完全参与，并在参与过程中获得新的知识和真实体验	游客参与体验旅游的动机是丰富经历、启迪教育、刺激和参与
根据游客需求提供多样化体验，使游客的成就感得以满足并创造出独特记忆	使游客融入目的地的自然、文化和历史背景中

[①]　Pine，B. J. &Gimore，J. H.，*The Experience Economy*：*Work is Theatre &Every Business a Stage*，Harvard Business School Press，1999，p. 149.

[②]　William，L. S.，*Experiential Tourism around the World and at Home*：*Definition and Standards*，International Journal of Service and Standards，Feb. 2006，pp. 14-18.

　　戈洛威(Grove，1992)等认为，把游客对服务的体验性消费过程比作一场戏剧，可形成所谓服务剧场模型：企业以服务为舞台，以商品为道具，围绕消费者创造出值得消费者回忆的一种活动或表演。因此，提高旅游产品的相关建议，并结合沙漠旅游产品发展现状，应该从以下几个角度提高沙漠旅游产品的体验性。

　　1. 围绕沙漠做文章，有明确的沙漠旅游产品定位及主题

　　成功的旅游景区均具有鲜明、确定的旅游体验主题，无一例外。体验主题是营造环境，烘托气氛和情调，吸引旅游者注意力，并给旅游者以强烈印象和深刻感受的有效手段①。简单地说，就是要在对广大旅游者消费行为、个性特征、旅游需求，以及沙漠区域的资源、文脉、地脉等有深刻了解的基础上，提炼旅游主题，深化旅游产品。沙漠旅游地区应该围绕沙漠生态、沙漠文化提炼主题，做好文章。如位于内蒙古西部阿拉善盟境内的腾格里沙漠腹地的月亮湖生态沙漠旅游区内有沙漠、湖泊、绿洲等。月亮湖有明确的沙漠旅游产品定位、主题和目标——中国沙漠生态旅游第一品牌、世界顶级沙漠心灵修行圣地等。围绕沙漠文化和生态两大主题，区内设计了极具沙漠特色的民俗风情区和户外体验区，在户外体验区可以体验骑骆驼探险、沙漠徒步等旅游活动；民俗风情区有草原游牧民族传统文化和藏传佛教文化等相关旅游产品。除沙漠和文化外，月亮湖还以"生态教育"为主题宗旨，旨在构建人与自然和谐相处的健康发展环境，景区环境资源和项目实施把"生态旅游"与"环境教育"两者有机结合，使其成为较好的沙漠生态探险旅游基地。

　　2. 注重调动旅游者感官的体验产品的开发

　　成功的旅游产品必须能对旅游者的感官进行刺激，而能对旅游者感官进行刺激旅游产品，一般具有差异性、多样性、趣味性、参与性和体验性特色。基于这些必需的产品特色，旅游产品设计者需在旅游服务项目、游客参与、当地特色文化挖掘等方面着手，设计提升旅游者感官刺激的体验性旅游产品。如阿联酋是开展沙漠旅游较好的地区，以迪拜地区为例，其主要旅游产品共计 7 类，从视觉、听觉、嗅觉、味觉等方面对旅游者进行了刺激与激发(表 7-11)。

表 7-11　迪拜地区旅游活动总结

旅游活动类型	具体的沙漠旅游活动项目
1. 民俗文化体验	贝都因人生活、阿拉伯服饰、抽水烟、印度彩绘、木桅船、哈他遗产村、文身设计等
2. 交通型旅游产品	沙漠骑马/骆驼、四轮摩托车/越野、地巡洋舰汽车

① 参见孙淑英：《体验旅游产品的创新设计》，交通运输，2011 年第 6 版，第 102-104 页。

（续）

旅游活动类型	具体的沙漠旅游活动项目
3. 教育类旅游产品	观看沙漠动植物
4. 餐饮文化体验	阿拉伯原味咖啡/风味野外烧烤/甜品
5. 娱乐活动类	肚皮舞、坦陀罗的舞蹈、篝火晚会、猎鹰表演
6. 休闲类	沙滩冲浪、爬山、观日出/日落/星辰、沙漠探险
7. 其他	会奖旅游

资料来源：根据 3 个沙漠旅游服务商 Desert Breeze Tourism 及 Desert Knight Tourism 旅游目的地管理公司和 Art Desert Tourism & Travel 私人有限责任公司官网的沙漠旅游项目资料总结。

3. 注重沙漠生态旅游产品、沙漠文化产品、环境教育相关旅游产品的开发

与一般大众旅游产品相比，沙漠旅游产品具有神秘性、自主性和探险性等特点。联合国环境规划署（简称 UNEP）的游憩部门（Recreation Sector）在《旅游与沙漠》（UNEP，2006）实践指导手册中将沙漠旅游分为依靠机动交通工具的旅游（motorized travel）产品、依靠非机动交通工具的旅游（non-motorized travel）产品、特殊兴趣和主题旅游（special-interest and thematic travel）产品四种类型。其中依靠机动与非机动交通工具的旅游产品均是具有沙漠特色文化的旅游产品，如沙漠越野车属于依靠机动交通工具的旅游产品，骆驼是依靠非机动交通工具的旅游产品。

沙漠生态旅游产品是以注重沙漠生态环境保护为基础进行的旅游活动。沙漠风光观赏、沙漠探险、沙浴等都是典型的沙漠生态旅游产品。沙漠生态系统较为脆弱，因此在沙漠生态旅游产品的开发过程中，一定要注重旅游产品的生态性。为了促进对沙漠生态环境的保护，还应开展沙漠环境教育相关的旅游产品。环境教育沙漠旅游产品主要可分为两类，一类是沙漠现场环境教育，即通过相应的解说牌、人员引导、参与式活动等在旅游现场开展环境教育活动；另一类是非现场的环境教育，即在游客进入沙漠前和沙漠后，对游客进行环境教育，主要通过网络、印刷品发放等形式开展。

（二）沙漠旅游产品文化营销

节事活动是一种特殊的旅游形式，包括各类旅游节日、庆典、盛事及国际体育比赛活动等。通过节事活动可以扩大举办地的影响，提高知名度，吸引旅游者，彰显举办地的文化特色和民俗风情。

目前新疆有极具民族传统的古尔邦节、肉孜节，以及具有浓郁哈萨克风情的"姑娘追"等民俗群众活动项目。此外，"中国新疆国际旅游节""环新疆塔克拉玛干沙漠汽车拉力赛"等是已经具有全国甚至国际知名度的节事活动，但仍需对沙漠自然和文化资源内涵进行深入挖掘，活化沙漠旅游文化产品，以聚集人气，拉

动消费，提高旅游区知名度等。除举办具有沙漠民俗特色的文化节事活动，还可以举办沙漠探险文化节等宣传沙漠探险文化，同时举办沙漠越野等多种极限运动赛事。

(三)注重沙漠旅游产品的科学性

与功能导向型(fun-oriented)旅游产品相比，旅游者从科学导向型(scientific-oriented)旅游产品中所学到的更多，这点是毋庸置疑的。在未来，科学导向型也必将是旅游产品研发的主要趋势之一。如何设计科学导向型的沙漠旅游产品？旅游产品设计研发人员除了应对沙漠的文化旅游资源有较为深刻的认识，也要对沙漠的自然旅游资源有深刻的认识，即要对沙漠的生物群系(沙漠生物群系常常被认为是旅游吸引物的重要部分)、地形特点及其形成过程、沙风气候等有所了解。

沙漠旅游产品设计研发人员只有对沙漠动物、沙漠植物、沙漠昆虫和菌类有充分的认知，才能在旅游产品设计过程中充分利用这些科学知识，设计出具有深度和科学性的旅游产品。如李军等(2008)对乌兰布和沙漠动物、植物、昆虫和真菌类别进行了统计(乌兰布和沙漠昆虫有171种)，并对昆虫的种类进行了详细介绍，在此知识背景下设计研发的沙漠观虫活动将会更加有吸引力，尽管并不被大众旅游者所熟知。

第四节　沙漠旅游与可持续发展

旅游作用是双重的，在给游客带来旅游体验的同时，对当地生态环境、经济和文化发展有着积极和消极的影响，尤其在沙漠地区旅游，因其环境脆弱更考验管理者的智慧和游客的素质。用可持续发展的理念为指导，学习先进的理论和经验，积极探索可持续的沙漠旅游实践，是沙漠生态旅游发展的必然要求。

一、沙漠旅游开发中存在环境问题

由于沙漠地区环境脆弱，旅游活动可导致局部生态环境质量下降，故环境退化在沙漠保护区旅游发展过程中是时常发生的。游客很可能会通过不同方式对资源环境造成一定程度的破坏。大多数对旅游资源的破坏是可见的，例如，沙漠旅游对沙漠板结表层的破坏不容忽视，对于沙漠植被和路径的践踏是显而易见的，容易扩大沙漠化面积；旅游过程中的垃圾无法收集，造成严重的白色污染等。

此外，旅游者的大量涌入将给保护区带来其他威胁。除了外在的损坏，也将影响自然系统的复杂机理，并引起微妙的变化和问题，比如使动物的饮食习惯、迁徙和繁殖等行为产生变化。许多变化虽然很难监测，但都是自然资源健康状况的重要指标。

城镇人口的稳步增长对自然地区产生的压力也在增强，包括对土地和植被的过度开垦，导致农业产量的降低和河流、地下水、土壤淋溶的耗竭。如果不对沙漠地区的耐受程度设置指标和限度的话，旅游活动将通过诸多方式加速这些变化。例如，人流量带来的旅游地区的过分拥挤、交通工具的过度使用造成对沙丘的过度践踏，同时，对沙漠的珍稀植物、芳香植物和药用植物也造成一定程度的破坏；对沙漠水体资源造成影响；沙漠木材过度使用等。

在旅游开发过程中，一些景区仍以追求经济利益为主，不合理的过度开发导致局部生态环境质量下降。例如，近年来敦煌鸣沙山接待游客数量超出环境容量，使鸣沙山流沙大量下滑，影响月牙泉水位的恢复，使地下水超采，水位逐年下降，沙漠向外缘不断扩展；有"沙海明珠"之称的沙漠淡水湖红碱淖湖面年均下降约 30 厘米，累计下降近 3 米，1978—2009 年水域面积缩小了 19.45 平方千米，2009 年湖面仅为 38.32 平方千米，周边原有的许多大小不一的沼泽地和小水潭，大多已经消失。

二、旅游对沙漠目的地带来的文化影响

沙漠旅游活动的大规模开展不仅会影响目的地的经济，而且也会给旅游目的地的社会文化带来不可忽视的影响。旅游活动是一种以不同地域、不同民族、不同社会以及具有不同文化传统的人群之间的交往和接触为基本特征的访问活动。现代旅游具有规模大的特征，已经成为重要的社会现象。对于单个旅游者而言，似乎不足以对目的地文化产生实质性影响，但是随着成千上万旅游者的到访，个体接触逐渐演化为社会接触，因此产生的影响是相当大的。

（一）积极方面的影响

有利于增进文化交流和融合。了解和接触异域社会及文化既是某些旅游者的出游动机，同时也是所有旅游者访问异国他乡的客观结果。相互间的信息传递和间接沟通，增进了当地人对外界的了解，拓宽了他们的视野。通过旅游交往，增进了相互间文化形态的融合和了解，使世界整体和大同的思想得到推广和加深。

有利于促进文化保护和发展。旅游活动使文化遗产获得新生和发展。由于旅游业的发展和旅游需求的拉动，目的地很多原先已经被文明遗忘的传统习俗和文化活动重新得到恢复和开发。传统的手工艺品产业逐步扩大和发展；传统的音乐、舞蹈、戏剧等重新得到重视和发掘；长期濒临湮灭的历史建筑重又得到维护和管理。这些文化遗产的价值，不仅得到游客的认可，而且增添了当地人的文化自豪感。

有利于促进目的地形象提升。为了发展旅游业，旅游接待地区会改善其基础设施和生活环境。当地的服务设施如交通运输方式、通讯手段等在增加旅游舒

适、便捷度的同时，也营造了良好的生存生活环境。需求和供给之间的拉动作用，使旅游目的地的形象进一步提升。

(二)消极方面的影响

旅游活动很可能会对当地社区居民的生活方式产生影响甚至造成破坏，主要表现在以下方面：

不良的"示范效应"。随着旅游活动的开展，外来旅游者不可避免地会将自己的生活方式带到旅游目的地。特别是地域差异较大的价值标准、得到观念等的传播和渗透，产生"示范效应"。对目的地居民而言，影响主要表现为有些人通过对来访游客行为的观察，逐渐在思想上产生消极变化；有些人受外来文化的影响，传统道德观念受到冲击，导致婚姻破裂比例上升；有些人会产生崇洋思想等。

干扰目的地居民的正常生活。随着外来游客的大量融入和游客密度的增大，当地居民的生活空间缩小。有些游客对当地人和其生活方式缺乏尊重，干扰当地居民的正常生活，侵害当地居民的利益。发展到一定程度后，甚至可转化为不满和怨恨。

不可否认的是，旅游地区的各类经营者最看重的是经济利润，因此往往会将产品和服务优先出售给出高价购买的游客，在旅游地形成差异性和高竞争性的旅游定价和不公平的旅游利益分配。一些旅游者的高傲和藐视态度难免会造成双方关系紧张。

当地文化的过度商品化。作为传统文化的表现形式，民间习俗的展现和庆典活动的举办都有其传统的特定时间、特定地点和特点内容。但是随着旅游业的发展，原生文化和非物质文化遗产产品的舞台化、商品化加重，破坏了文化本身的意义和原真价值。游客对文化价值的理解也较为粗浅，表现为对艺术品的任意掠取和破坏等。手工艺品的粗制滥造和批量生产现象严重，不再能表现传统风格和技艺。

三、可持续沙漠旅游实践

(一)可持续旅游概念

不同的学者和机构对可持续旅游有着不同的理解和定义，因此可持续旅游目前尚无统一的定义。世界旅游组织对可持续旅游的定义为维持文化完整、保持生态环境的同时，满足人们对经济、社会和审美的要求，既能为今天的主人和客人提供生计，又能保护和增进后代人的利益，并为其提供同样的机会；1995年《可持续旅游宪章》将可持续旅游定义为旅游与自然、文化和人类生存环境成为一个整体，即旅游、资源、人类生存环境三者的统一，形成一种旅游业与社会经济、资源、环境良性协调的发展模式。

（二）可持续沙漠旅游带来的利益

大多数成功的旅游目的地均具有良好的生态环境和特色的文化类型。确保资源被合理的利用，并且让我们的下一代也可以享受资源，是每个当地规划者的责任，当旅游管理和规划得很好时，旅游将成为保护环境的重要因素。旅游发展必须以人和环境为中心，可持续沙漠生态旅游可以改善荒漠化和贫穷的状况，将带来以下利益：

为游客提供高质量的体验，维持环境的质量；提倡尊重当地社区文化，并为不同背景的人提供更多相互交流和理解的机会；提高当地社区居民的生活水平；促进当地就业；提倡了解旅游对自然、文化和人的影响，确保利益和成本的公平分配；提倡有效地利用农业边缘土地，确保大片土地是被自然植被覆盖的；环境可持续证实了自然和文化资源对社区经济和社会福利的重要性，并且有助于保护他们；可持续旅游监测、评估和管理是发展环境保护的重要措施，有利于抵制所有的负面影响。

根据以上利益，进一步整理了沙漠生态旅游受益者（表7-12）：

表 7-12　沙漠生态旅游受益者

受益部门	受益亚部门	主要群体	角色类型
经济	微观经济	当地居民	创造可持续发展
	宏观经济	政府	为宏观规划奠定基础、增加 GDP
环境	生物多样性	政府	保护有价值的动物和植物
社会	文化	政府	保护文化遗产
	社会	政府	在宏观层面使社会安定

（三）可持续沙漠旅游成功案例——内蒙古腾格里沙漠月亮湖景区

内蒙古腾格里沙漠月亮湖景区位于内蒙古阿拉善腾格里沙漠腹地，景区内资源组合极为独特，集大漠风光、原生态湖泊、草原游牧文化、戈壁、藏传佛教为一体。月亮湖沙漠旅游在我国发展状况良好，值得我国其他地区发展沙漠旅游时借鉴。

月亮湖景区倡导"现代文明与生态保护完美结合"的可持续发展理念，试图构建"人与自然和谐相处"的发展环境和探索"中国野外奢华旅游休闲"的生活方式，同时为企业家打造了顶级心灵修行和生态教育的会馆。其目标群体为高端消费人群，提供了具有"野奢、惊险、浪漫、生态"特色的旅游产品。旅游产品丰富多样，特色美食类，如阿拉善王府秘制烤全羊、阿拉善烤羊羔、阿拉善手扒羊肉等；体验类，如沙海冲浪、徒步穿越、沙漠游泳、梦驼铃、沙漠篝火晚会、夕阳晚餐等。除此之外，月亮湖还注重利用节事活动活化景区，在为景区增添活力的同时聚集了人气，曾成功举办中美夏令营、CCTV 模特大赛、巨人网络美女大赛等活动。

月亮湖沙漠旅游的发展取得了较大的社会、环境和经济效益。月亮湖先后获得中国最具浪漫气质湖泊、沙漠世界地质公园、中国最美度假酒店、中国十大最具魅力酒店和中国最佳原生态度假旅游酒店。月亮湖开展旅游的 9 年来，共培训、录用当地牧民子弟 1000 余人，使他们走出牧区，走出传统农牧业，转向第三产业，相当于退牧还草 500 万亩，为国家节约了 1000 万元的退牧还草财政费用。

在带动当地旅游产业发展的同时，9 年来共接待了国外、港澳、北京、上海、中央各部委政府官员、企业家、学者、艺术家等高层次游客两万人，极大地提高了当地的知名度，为当地生态治理带来了巨大的政策空间和投资空间。仅 2004 年就有百名中国知名企业家捐助亿元成立了"阿拉善 SEE 生态协会"；意大利政府捐助 1000 万欧元，用于阿拉善的生态恢复治理。

（四）可持续沙漠旅游措施

可持续沙漠旅游措施主要从资源管理和游客管理方面解决问题。

1. 资源管理

沙漠资源管理主要包括沙漠自然资源管理和沙漠文化资源管理。

（1）沙漠自然资源管理

自然资源管理不仅包括对土地、水、植物和动物等自然资源的管理，还包括人与自然之间的关系，涉及土地利用规划、水资源管理、生物多样性保护和可持续发展等。自然资源管理的关注点在不损坏下一代利益的前提下，如何使用最少的资源，满足当代人的需求。自然资源管理是一个复杂的过程，包括生态、水文、气候、动物、植物和地理等因素，这些因素之间息息相关，其中任何一个因素的改变，都将会对其他的因素产生影响。除了以上所说的自然系统外，还包括利益相关者、政策、政治、地理界线、经济影响等，是一个复杂的管理过程。总体来说，主要有以下几种自然资源管理措施：①自上而下（Top-down）的管理，即由上级部门制定法律法规等，进行强制实施；②以社区为基础（Community-based）的管理，即以社区居民为主要资源管理的参与者，但是居民积极投入资源保护与管理是有前提条件的，与居民不保护资源相比，保护资源能带来更多的利益，资源保护与居民的生活质量息息相关；③适应（adaptive）管理，主要根据不断变化的现状，及时改变管理措施，以适应新的环境；④预先警戒（Precautionary）管理，即对游客行为产生的可能后果，提前进行警示和警戒；⑤综合（Integrated）管理，即以系统的观点进行自然资源管理，包括自然资源的利用、使用等，主要关注的是可持续发展。

对沙漠环境的保护，必须施行"不留痕迹"政策(leave no trace policies)和旅游影响最小化策略。沙漠自然生态系统具有容易遭到破坏、再生慢的特点，并且遭到破坏后将对游客再无吸引力，所以应对沙漠生态系统进行严格的保护。如可在沙漠区域利用 ROS 理论，对广域的沙漠进行分区，限制部分旅游活动的开展。

（2）沙漠文化资源管理

20 世纪 70 年代，考古学家创造了"文化资源管理"这一术语，与自然资源管理相对应。文化资源包括有形资源和无形资源，如沙漠里的有形文化资源包括古迹、建筑、绘画、雕塑，无形资源包括民间传说、戏剧等。沙漠中的无形文化资源容易受外来旅游者的影响，而遭到破坏，为此要树立当地居民的文化自豪感，提倡游客尊重当地文化。沙漠中的有形文化资源，如沙漠里的人造文化遗产城堡、坟墓、城市等均是独特的，一旦遭到破坏，就很难再被复原，所以要通过解说、警示、处罚等措施提高当地居民和游客的保护意识。

2. 游客管理

游客的人数过多及其部分不合适的行为均可影响、破坏沙漠脆弱的生态系统或文化遗产类资源。如秘鲁砂岩洞穴由于游客持续不断在内行走、并触摸，洞内的温度、湿度、二氧化碳浓度急剧升高，加速了洞内壁画的褪色和盐化等问题；游客乱扔垃圾、拥挤、过度践踏、沙漠越野等都会影响沙漠的自然生态系统。所以，为了促进沙漠生态旅游的可持续发展，要注重游客管理。

（1）积极应用国内外先进的游客管理理论体系

虽然尚未有针对沙漠生态旅游的游客管理理论，但作为一种管理理念，从 20 世纪 60 年代起，已形成了一系列游客管理理论——游憩承载力(RCC)、游憩机会序列(ROS)、可接受的改变极限(LAC)、游客体验与资源保护(VERP)、游客风险管理(VRM)等，除此之外，美国、加拿大、澳大利亚等国的一些游客管理方法和模型，如游客影响管理(VIM)、游客活动管理程序(VAMP)、最优化旅游管理模型(TOMN)等至今仍指导着世界上众多同类型的旅游目的地的游客管理。这些理论都反映了游客体验质量和资源条件的指标体系，并且确立了最低可以接受的标准，以及提出了为保证相应区域的状态满足上述标准而应当采取的管理手段和监测技术。在我国沙漠生态旅游的游客管理中可以适时地引入上述理论，为沙漠游客体验质量和资源条件等构建指标体系，并确立最低可以接受的标准，同时对相应的行动、监测手段等进行规划。

（2）"激发型"管理和"约束型"管理并用

马勇、李玺(2006)将游客管理的方法分为激发型管理和约束型管理。激发型管理是一种软性管理，主要通过沟通和交流，充分激发旅游者的自我约束能力，包括教育、示范和引导；约束型的管理也称强制性管理，大力开展环境保护教育和宣传活动，以培养和提高旅游者以及当地居民的旅游资源环境保护意识，形成环保内在驱动力。简单地说，激发型管理和约束型管理应并用，即"软硬兼施"。①加强旅游者环保意识教育，包括现场(on-site)的环境保护意识教育和非现场的环境保护意识教育，现场环境保护意识教育主要通过环境解说、环境保护牌示等完成，非现场环境保护意识教育主要通过网站相关环保意识的宣传来完成；②加强执法力度，从而有效地规范游客行为、保护旅游资源环境。

四、沙漠生态旅游展望

(一)沙漠生态旅游规划和开发的展望

未来沙漠生态旅游规划和开发趋势主要体现在：①积极引入国外先进的生态旅游规划与开发理念，并在规划与开发过程中，借鉴他国生态旅游发展的经验，并吸取他国生态旅游失败的教训，在生态旅游规划与开发的理论上进行不断探讨与实践，并结合我国现状，进行不断试验与探索；②沙漠生态旅游地的规划开发将更加关注社区经济和永续发展，在规划与开发过程中更加有意识、有效保护地方特色文化，通过增强旅游者环保意识来促进沙漠区域经济发展和整个旅游业的可持续发展；③沙漠生态旅游规划与开发的焦点将集中在沙漠旅游与沙产业的结合，以及如何治理沙漠相对恶劣的生态环境。

(二)沙漠生态旅游经营发展的展望

沙漠生态旅游经营发展趋势主要体现在以下几个方面：①沙漠生态旅游将与沙产业紧密结合，沙产业本身就能作为沙漠旅游产品的范畴，与沙漠旅游密不可分，相互促进。比如生产过程可以作为工业旅游品让游客参观，沙产业中生产的粮食、食物等可以为旅游者提供一定的餐饮服务，在一定条件下可以依托沙产业中的食物等产业链发展休闲度假、沙漠农园等具有沙漠特色的旅游产品。新型的沙漠旅游产品将会吸引更多的游客，增加当地收入，进而为沙产业的发展提供资金支持。②生态旅游产品、项目更加注重体验性、多样性及教育性，随着游客文化水平及素质的日益提高，游客对沙漠生态旅游产品的要求将会越来越高，特别是在体验经济时代。③旅游配套软硬件设施日趋完善，随着旅游业的快速发展和旅游收入的增加，旅游配套设施必将不断完善。

(三)沙漠生态旅游管理的展望

沙漠旅游在我国刚刚兴起不久，并且风险系数较大，但其安全救援体系尚未完全建立，旅游经营人员专业水平缺乏，对游客的人身安全没有一定的保障，故在一些景区也出现了游客的伤亡事故。伴随着沙漠旅游的兴起，对安全性的要求也尤为迫切。为了顺应今后形势的发展，沙漠旅游经营单位应当有特殊的资质要求，旅游从业者和参与者的安全教育和培训需要增强，在景区应当设立必要的安全警示标志和设施设备，应当完善紧急事件救援体系和旅游保险险种，还应当充实相应的法律条文来规范旅游经营及解决事故纠纷等问题。除此之外，在从业者的关键岗位中，还要加强沙漠探险旅游专业人才队伍的建设，使成员具备一定的沙漠环境资源知识、探险安全保障知识、旅游知识和必要的身体条件，并实行持证上岗制，使其切实成为游客安全的守护神。这些都是我国沙漠旅游的未来趋势。

第八章

沙漠生态制度文化的基础

在现代社会经济政治生活中，制度是人们追求秩序化的一种方式，是人类文明的重要组成部分。好的制度创制是一项伟大的创造。在影响和制约经济、政治、社会生活的诸因素中，制度更"带有根本性"，是维系社会的重要工具，也是社会控制的重要手段。离开了制度，人和社会的双向运动就会失去平衡，社会就会解体，人类也将难以生存。一个发达而进步的国度必基于一种昌明而伟大的制度；一个和谐而文明的社会必基于一种和谐而文明的制度。好的制度犹如好的道路，可以规范人的行为，创造社会和谐，促进社会文明与进步。

我国荒漠化和沙化土地面积大、类型多、分布广，严重影响区域生态安全和经济社会可持续发展。经过多年治理，我国土地荒漠化、沙化整体得到初步遏制，荒漠化、沙化土地面积持续净减少，程度减轻，植被状况进一步改善。但是，土地荒漠化、沙化的严峻形势尚未根本改变，局部仍在扩展，是我国一个重大的民生和生态问题。新中国成立之初，我国就已开展沙漠的防治工作，尤其是20世纪80年代以来，针对沙化问题，我国协同推进沙漠治理和沙漠开发工作，形成了一系列的沙漠治理和沙漠开发制度。这些不断创新完善的制度，为我国沙漠生态文化的形成提供了坚实的制度基础。了解制度文化功能与作用，梳理归纳研究我国沙漠生态制度文化的演进及实践，对弘扬沙漠生态文化，无疑是有意义和价值的。

第一节　沙漠生态制度文化的基本问题

每当人们提到制度，就会想到严厉、规矩、遵守等义务与约束性的词汇，但是，制度也有鼓励、保障、促进等权利与激励的一面。制度有正式的，如法律，也有非正式的，如价值观念、伦理规范；制度也有好有坏，邓小平说："制度好可以使坏人无法任意横行，制度不好可以使好人无法充分做好事，甚至会走向反面。"①好的制度会推进社会的进步，沙漠生态制度同样如此。

一、沙漠生态制度文化概述

（一）制度的概念及类型

1. 制度的概念

制度一般指要求大家共同遵守的行动准则或办事规程，同时还指某一领域的制度体系，比如法律制度，文化制度等。在西方，对制度研究影响最大的应属新旧制度经济学派。但旧制度经济学派没有提出完整的制度概念，直到新制度经济学派的代表人物道格拉斯·C·诺思才给出制度的定义，他认为"制度是一个社会的游戏规则，更规范地说，它们是为决定人们的相互关系而人为设定的一些制约"②，同时还进一步指出："制度制约既包括对人们所从事的某些活动予以禁止的方面，有时也包括允许人们在怎样的条件下可以从事某些活动的方面。因此，正如这里所定义的，它们是为了人类发生相互关系所提供的框架。它们完全类似于一个竞争性的运动队中的游戏规则。"

在我国《现代汉语词典》中关于"制度"的解释有两条：一是要求大家共同遵守的办事规程或行动准则，如工作制度等；二是在一定历史条件下形成的政治、经济、文化等方面的体系，如社会主义制度等。我国早期社会学家孙本文在其著作《社会学原理》中，把制度定义为"社会公认比较复杂而有系统的行为规则"。台湾学者龙冠海也给制度下了定义："制度可以说是维系团体生活与人类关系的法则；它是人类在团体生活中为了满足或适应某种基本需要所建立的有系统有组织的并为众所公认的社会行为模式。"③李建德认为："制度是人类社会中的共同信息。只有经过社会化的过程，个人才能获得这些信息，并把社会的共同信息内化为各个人的行为规则。遵循这些行为规则，就能建立起人们相互作用的稳定结构，减少社会中的个体在决策时的不确定性。人类个体通过共同信息而使合作关系得以形成，并把个人组织成社会，以有组织的整体来更为有效地适应稀缺的环境世界。"④

综上，目前关于制度的概念还未达成一致，但各位学者的定义还是反映了某

① 《邓小平文选》第二卷，人民出版社，第333页。
② ［美］道格拉斯·C·诺思：《制度、制度变迁与经济绩效》，杭行译，上海三联书店1994年版，第3页。
③ 龙冠海：《社会学》，台湾三民书局1966年版，第162页。
④ 李建德：《经济制度演进大纲》，中国财政经济出版社2000年版，第142页。

些普遍性的特质。

2. 制度的类型

道格拉斯·C·诺思认为，制度提供的一系列规则由社会认可的非正式约束、国家规定的正式约束和实施机制所构成。这是制度构成的基本要素，据此制度文化可以分为正式制度和非正式制度两类。

(1)正式制度

正式制度是人们在实践活动中有意识创制的一系列法律政策、成文契约等制度文化形态，一般通过国家或社会组织的强制力对人们行为实施约束。其重要的特征是以明确的形式被确定下来，用强制力保证实施，如各种成文的法律、政策、规章、正式组织等。虽然这类制度也是集体选择的结果，但其以强制力作保障，明确以奖赏和惩罚的形式规定人们所作所为。我国防治土地荒漠化的一系列制度即是如此。我国是荒漠化面积比较大的国家，土地荒漠化已不仅仅是生态问题，还是重大的政治问题和民生问题，国家基于土地沙漠化的严重性从全局出发出台了一系列科学、严谨的规章制度，为土地荒漠化和沙化防治提供了制度保障，进而达到防治土地沙漠化、保护生态环境的目的。

专栏 8-1

通过治理，与 2009 年相比，5 年间荒漠化土地面积年均净减少 24.24 万公顷，沙化土地面积年均减少 19.80 万公顷。总体上讲，我国荒漠化和沙化状况连续三个监测期"双缩减"，呈现整体遏制、持续缩减、功能增强、效果明显的良好态势。

——中国荒漠化和沙化简况(第五次全国荒漠化和沙化监测)，国家林业局

---

(2)非正式制度

非正式制度指不成文的规定和限制，对人的行为方式具有潜移默化的约控力，是与正式制度相对的概念，是人们在长期的交往中无意识形成的、具有持久生命力并构成历史传承的文化的一部分，包括价值观念、伦理规范、风俗习惯、意识形态等内容，主要依靠社会舆论和社会成员的自律等非强制力实施。比如，沙区人对水和沙漠植物的崇拜。水是沙漠的生命之源，人们依水而居，进行农业生产、生活，历经数千年的繁衍生息。沙漠民族之所以能在恶劣的生态环境中生存下来，是因为他们深知与自然和谐相处的重要性。一旦生态环境遭到破坏，他们就必须重新寻找水源，而其中的未知和挑战都是他们所不能预料和不愿面对的。因此，生活在沙漠地区的人们在长期的生活中，逐步形成了

一定的风俗习惯、道德观念等非正式的制度。对自然、对沙漠的敬畏与崇拜及"天人合一"的生态伦理情怀，作为沙漠人们根深蒂固的信仰和意识形态，像一把无形的指挥棒，通过对人们精神上的自律和社会舆论的监督，指导、规范着人们的生产生活。对保护沙漠生态环境的人和行为给予鼓励，而对肆意破坏沙漠生态和谐的行为则给予严厉的舆论谴责和道德批判。非正式制度通过对人们情感和心理的约控在很大程度上弥补了正式制度柔性不足的缺陷，具有正式制度无法替代的作用。

（二）制度文化的含义及特征

1. 制度文化的含义

对于制度文化马克思曾有过论述。在他看来人有生存的需要，为了解决这一需要人必须进行生产，通过生产解决衣食住行等基本的生存需要。而在进行的生产过程中，必然会有人与人之间的交往，产生交往的需要。而为了调节人与人之间的交往便会产生制度化、组织化的文化，制度文化也正是在这一过程中形成的。制度文化与物质文化相比，是人的更深层次的需要，是人生存所必须的。马克思主要从起源角度肯定了制度文化的重要性，但没有提出明确的概念。学者马林诺夫斯基也早已认识到制度文化的重要性，他认为："如同我们能科学地观察到的，我们生活于其中并且经历的基本文化事实，就是人类都被组织在永久性群体中，这样的群体经由某些协议、某些传统法律或习俗、某些相当于卢梭'社会契约'的因素而相互联结。我们总能看到这些群体在一个确定的物质环境、一个专门供其利用的环境、一套工具设备和人工制品、一份归他们所有的财富当中合作。在合作中，他们遵循地位或贸易的技术规则，遵循有关礼节，习俗性谦让的社会规则，以及塑造其行为的宗教、法律和道德习俗。"[1]可见，制度文化在人的个体活动和群体社会活动中担当着重要角色，起着很大作用。

尽管国外学者没有提出系统的"制度文化"概念，但为我国学者研究制度文化提供了重要启示。当前，我国学术领域已经提出了"制度文化"的完整概念。谭明方认为制度文化是"对社会共同体中各种行为主体的社会行为可能发生制约作用的各种规则和规范形态的总和"[2]。从社会学角度揭示了制度文化对人的社会行为所具有的规范和秩序功能，更多体现的是制度对人的影响，缺乏从文化这一层面更深入的思考。罗玉成认为："制度文化是一定社会的政治制度、经济制度、法律制度等和与之相适应的意识形态的总和。"[3]钱斌认为："制度文化有广

---

① ［英］马林诺夫斯基：《科学的文化理论》，费孝通译，中央民族大学出版社1999年版，第57页。

② 谭明方：《论"社会行为"与"制度文化"——兼论社会学的研究对象》，浙江学刊2001年第3期。

③ 罗玉成，罗万里：《论制度文化与精神文化的关系》，船山学刊2004年第4期。

义和狭义之分。狭义的制度文化，仅指强制性较高的规范，如方针、政策、规则、章程、纪律、法律等及相关事物；广义的制度文化还包括强制性较弱的行为规范，如风俗、习惯、禁忌、道德等。广义的制度文化概念是对狭义概念的深入和发展。"①基于以上的考虑，作者认为制度文化是由社会发展过程中的物质基础所决定的制度上层建筑的总称，是制度意识形态及与其相适应的社会规范、制度及组织机构和设施等的总和。

沙漠生态制度文化是沙漠生态文化的重要组成部分，是建立在沙漠领域基础上的一种制度文化，具有制度文化的一般特征和沙漠生态文化的特殊性。

2. 制度文化的特征

(1)规范性

在社会活动中，无论是物质生产活动还是精神生产活动，都必须有一个保障活动顺利进行的环境，这个环境就是个人之间或群体之间经过反复博弈和理性设计建构起来的规则。人的活动具有多种可能性，制度文化通过规范人的活动，使人的活动在多种可能性程序中得到相对优化，从而保障社会稳定和谐发展。

(2)认同性

制度文化不仅强调制度的规范性，还强调人们对制度的内心认同，是制度的规范性特征在制度文化中的具体体现。制度文化通过思想意识、价值观和文化精神等影响人们对制度的价值判断和选择，在使人们产生认同感的基础上，鼓励人们自觉遵循各项制度、主动按照制度要求办事。只有当制度内化为人们的自觉认同和行为习惯，才能形成一种制度文化。

(3)发展性

任何一项制度都不是永恒不变的，与之相应的制度文化也是不断发展的，与历史的发展过程密切相关。任何制度文化的形成都和具体的社会情况、条件密切相关，是适应时代而出现的。当一些条件不具备或已经不再适应时代发展的潮流时，相应的制度文化就会逐渐消亡，最终被新的制度文化所取代。因此，制度文化是不断发展的过程。

二、沙漠生态制度文化的功能

(一)导向功能

具有导向功能，通过评价、指导、奖惩等方式，在改变人的行为方式的同时也改变人的思维方式，实现对人的价值导向。制度文化的导向功能主要包含两层意思：一是制度通过一系列规范，改变人的行为，使人们的行为纳入一定的轨

---

① 钱斌：《制度文化概论》，硕士学位论文，合肥工业大学，1999年，第9页。

道，以维持社会秩序，保证人类共同生活的正常进行；二是改变人的思维方式，制度是人理念的物化，物化的制度又指引人们的生产和生活，影响人们的价值观，使人们朝着科学的、正确的目标前进。沙漠生态正式制度的制定都要经过反复论证和探讨，具有很强的科学性，能为人们在防沙、治沙、合理利用沙漠的过程中提供正确的行为准则，为人们形成科学合理的生产、生活方式提供借鉴和指导。

(二)激励功能

制度文化中有一种特有的激励机制，通过提倡、鼓励或压抑等信息的传播，借助奖励或惩罚的强制力量，激发处于制度文化辐射范围内的人的动力和热情，引导他们朝着理想目标奋斗。制度文化的激励，可以引导人们行为的方向，调整人们的偏好，影响人们的选择。任何制度文化都有激励功能，但不同的制度文化所产生的激励效应也是不一样的，因此要根据不同时期人们的生活情况、价值观念、风俗习惯等的不同采取不同的方式，充分发挥制度文化的激励功能。沙漠生态系统的脆弱性，更需要强有力的制度保障，以鼓励人们正确地认识沙漠、利用沙漠和保护沙漠。

(三)整合功能

文化本质上是一种精神纽带，天然具有凝聚、整合的功能。制度文化作为人类社会在长期实践中形成的制度文明成果，蕴含着强大的整合功能。社会是由各型各色的人组成的集体，他们思想各异、行为不一，要使社会稳定发展，就必须调整或协调社会中不同因素的矛盾、冲突和纠葛。通过制度的制定可以整合社会中的不和谐因素，使社会成员明确自身的角色、应有的权利与义务，通过互相顺应，达到团结一致。如何对待沙漠，目前在理论和实践中并没有完全达到统一，因此，既有如库布其沙漠成功治理的典范，也有触目惊心的沙漠排污，通过制度的指引和约束，将走向沙漠治理可持续发展的道路。

(四)控制功能

沙漠生态制度虽然规定了社会成员应该遵守的准则和承担的义务，但并不代表所有的社会成员都能按制度办事。当人们的行为方式出现偏离倾向时，为保持社会的正常秩序，制度应对偏离行为加以干预，根据偏离的程度，对偏离行为者加以批评教育、惩罚或制裁。相关的法律法规政策等将对沙漠生态环境的治理和保护起到积极的保障作用。

(五)营造功能

生态保护制度作为一种文化存在，营造了一种文化环境和氛围，使生态理念更加深入人心，成为社会成员的共识和自觉的价值追求，进而为生态文明建设创造了积极的条件。千百年来，人们对沙漠的认识是不断深化的过程，防沙治沙法、环境保护法等一系列法律法规和政策的出台，对改变人们的观念和行为起了积极的引导和制约作用，为预防土地沙化、治理沙化土地、维护生态安全，营造了良好的氛围。

三、沙漠生态制度文化的演进

生态兴则文明兴，生态衰则文明衰。土地荒漠化是在自然因素和人为因素的共同作用下形成的。我国北方农牧交错区由于巩固边防、充实国库等的需要，历代农耕范围相继扩大，加重了土地沙漠化。尤其 19 世纪中叶的鸦片战争后，东部草原进入统治者政策导向和驱使下的滥垦、滥牧、滥樵采的"三滥"时期，整个中国也进入了现代荒漠化时期。制度文化的导向为荒漠化的形成和扩大起了推波助澜的作用。20 世纪 50 年代初，我国根据局部地区生产建设的需要，开展了流沙及其治理研究，但由于当时中华人民共和国刚成立，各方面政策、制度等尚不完备，出现了一些政策的失误，给沙漠生态环境造成了严重破坏。当时，在"广阔天地大有作为"的号召和"以粮为纲"的政策下，农牧民不顾自然条件的限制大规模地"毁林开荒""围湖造田"，造成土地退化、水土流失加剧和地区生态系统失衡，损坏巨大。1958 年政策失误导致的全民大炼钢铁，使林木资源遭到了前所未有的破坏，土地沙漠化进一步恶化。1966—1976 年，开始了长达 10 年之久的"文化大革命"，因"文化大革命"动乱，沙漠科学研究受到影响，不少工作被迫中断。在这段特殊时期内，在"以粮为纲"政策的支配下，牧区的一些人提出了"牧民不吃亏心粮"的极"左"口号，造成草原和林地被大面积开垦和破坏，非但没有实现粮食自给自足，还使一大批被开垦的土地演化为沙漠化土地。制度的不完善，认识的不到位，导致行为的偏离，形成了负面的沙漠利用文化，因此带来的不仅是土地沙漠化的加剧，更有人们对沙漠生态系统观念的错误认识。1978 年召开的党的十一届三中全会之后，我国先后实施了"三北"（西北、华北和东北）防护林建设工程等一系列与防治荒漠化有关的大型生态建设工程，并在1991 年正式启动了第一个以防治荒漠化为主攻目标的全国防沙治沙规划工程。1985 年《中华人民共和国草原法》生效实施，其中规定把牧场承包制度以法律形式固定下来，即国家和集体牧场的使用权可以"长期"出租给牧户，此后农业发展的思路和政策都有了重大的调整。2002 年 1 月 1 日《中华人民共和国防沙治沙法》（以下简称《防沙治沙法》）正式实施，是世界上第一部防沙治沙法，为我国防沙治沙事业提供了法制保障，标志着我国防沙治沙正式步入法制化轨道。自该法实施以来，我国防沙治沙工作取得了巨大进展。

2013 年，十八届三中全会决定加快生态文明制度建设，实行最严格的源头保护制度、损害赔偿制度、责任追究制度，完善环境治理和生态修复制度，用制度保护生态环境。并具体提出健全自然资源资产产权制度和用途管制制度、划定生态保护红线、实行资源有偿使用制度和生态补偿制度、改革生态环境保护管理体制等具体的制度举措。同年我国出台了《全国防沙治沙规划（2011—2020 年）》。一系列制度的建立和完善，特别是党的十八大以来沙漠生态制度文化的正确导向，人与自然、社会和谐发展的理念正深刻地影响着人们的行为，沙化土地扩展趋势得到有效遏制，有力地促进了我国防沙治沙事业的发展。不仅如此，我国防沙治沙的"中国智慧""中国方案"，获得世界认可，如今走出国门，走进中东、非洲等"一带一路"沿线国家，帮助更多在沙海中不懈求索的人们一起打造可持续发展的人类命运共同体。

专栏 8-2：防沙治沙的"中国方案"与"中国经验"

记者：中国防沙治沙的"中国方案"和"中国经验"主要是什么？

张建龙：联合国第十七届可持续发展大会指出，中国荒漠化防治处于世界领先地位。中国荒漠化治理成了全球沙化土地治理的典范，为全球生态治理贡献了"中国方案"和"中国经验"，概括起来就是"六个结合"。

一是坚持政府主导与社会参与相结合。一方面，强化政府主导，由政府给出明确的政策导向，建立政策支持体系，支持防沙治沙事业开展。比如国家颁布实施《防沙治沙法》，出台《国务院关于进一步加强防沙治沙工作的决定》，编制《全国防沙治沙规划》，启动有关防沙治沙的重大工程，建立 19 个部门齐抓共管的协调机制，推行政府防沙治沙责任制等。另一方面，动员社会力量，积极投身防沙治沙事业，通过"政府+企业+民众"的治沙模式，形成防沙治沙合力，实现生态改善、企业增效、群众增收"三赢"。

二是坚持人工治理与自然修复相结合。坚持严格保护、自然修复为主，在加强荒漠天然植被保护的同时，加大沙化治理和修复力度。对于可以自然修复的区域，通过划定沙化土地封禁保护区，推广实行禁樵、禁牧、禁垦等措施，保护和自然恢复原生植被，减少生态破坏。对自然修复难度大、速度慢的地区，主动作为，人工治理，实行封育与治理并重、乔灌草有机结合、农林牧综合治理，人工促进生态修复。

三是坚持法律约束与政策激励相结合。形成了以《防沙治沙法》为核心的法律法规体系，通过加强普法教育，加大执法力度，强化执法监督，特别是适时组织开展集中专项执法行动，严厉打击破坏沙区植被、非法侵占林地沙地等违法行为。同时，实行信贷支持、税费减免等一系列扶持政策，鼓励各种治沙的行为和活动，引导社会力量参与治沙行动。

四是坚持重点突破与面上推进相结合。坚持统筹规划、分类施策、重点突破、全面推进。重点区域通过实施京津风沙源治理、三北防护林体系建设、退耕还林及退化林分修复等重点工程项目进行重点治理。非重点地区由重点工程带动，群众广泛参与，推进面上治理。

五是坚持讲究科学与艰苦奋斗相结合。尊重科学、因地制宜，总结推广了近百套较为成熟的防沙治沙技术和模式，提高防沙治沙的科技含量和技术水平。大力弘扬艰苦奋斗、苦干实干、持之以恒、久久为功的精神，激励广大沙区人民以更大的热情和干劲，以更强的主动性和创造力，建设绿色家园、创造美好生活。

六是坚持治理生态与改善民生相结合。在大力推进沙区生态建设的同时，积极发展特色沙产业。不仅在林种、树种配置，经营方式、治理模式选择方面，兼顾群众的经济利益和当地的产业结构调整，促进群众增收，而且通过生态环境的保护和建设，改善当地群众的生产生活条件，提高民生保障水平，从而使防沙治沙事业有动力、可持续。

——《中华英才》2017 年，第 22—23 页

第二节　沙漠生态防治制度

人与沙漠的和谐共生，不仅需要传统、习惯、经验与知识积累形成的基本层面制度文化，更需要人类用理性设计和建构的高级层面制度文化，反映为社会的法律制度、政治制度、经济制度以及人与人之间的各种关系准则等。我国为了更好地适应沙漠治理和经济发展的需要，在社会主义市场经济条件下创新沙漠治理制度，不断地调整、完善沙漠生态治理的法律制度、经济制度和管理制度。

一、沙漠生态防治法律制度

我国沙漠生态防治的法律制度不断完善，基本形成了由专门法律与相关法律、国家法律与地方法规、国内法律与国际公约相结合的法律法规体系。

(一)国际公约

1992 年 12 月，联合国大会通过 47/188 号决议，成立了一个防治沙漠化的政府间谈判委员会，起草了《联合国关于在发生严重干旱和/或荒漠化的国家特别是在非洲防治荒漠化的公约》(以下简称《公约》)，于 1994 年 6 月在巴黎通过了《公约》，并向所有国家开放签字。我国于 1994 年 10 月签署了《公约》，并于 1996 年

12 月 30 日经过第八届全国人大常委会第 23 次会议批准后正式生效，1997 年 2 月交存了批准书，成为《公约》缔约国之一。

《公约》是防治沙漠化领域的第一个国际性公约，具有法律约束力，凡加入《公约》的国家都有义务实施《公约》，国际上有执行机构监测《公约》执行的进展情况。《公约》分为 6 个部分，共 40 条。《公约》的主要目标是建立一套国际合作体制，确定了防治沙漠化和减缓干旱灾害的国际合作所遵循的一系列原则。《公约》将世界各国分为缔约方和受影响国家缔约方，并详尽地阐述了缔约方的一般义务和受影响国家缔约方特别义务。《公约》规定，受影响国家缔约方有义务在适当的时候加强相关的现有法律，如果没有这些法律，则必须制定颁布有关沙漠化防治的新法律，并制定长期政策和行动方案，以提供一种扶持性环境。《公约》强调："采取措施保护尚未或轻度退化的土地；增强国家监测能力并提供早期预警方法；开发灌溉项目和推广可持续的农业生产方式，提高供水能力；确保综合和可持续的自然资源管理，包括农牧用地、植被、野生动植物、森林、水资源和生物多样性等。"

（二）国内法律法规与政策

1991 年 10 月，国务院公布了《1991—2000 年全国治沙工程规划要点》，我国防治荒漠化正式作为一个独立专项工作启动。目前，我国已制定了近 20 部有关荒漠化防治的、涉及自然资源和生态环境保护的法律。国家和地方各级政府制定颁布了一批配套法规，《刑法》增加了沙漠治理相关条款，基本形成了专门法律与地方法规相结合的环保法律法规体系。在《中华人民共和国森林法》（以下简称《森林法》）、《中华人民共和国草原法》（以下简称《草原法》）、《中华人民共和国水土保持法》（以下简称《水土保持法》）、《中华人民共和国环境保护法》（以下简称《环境保护法》）、《中华人民共和国水法》（以下简称《水法》）、《中华人民共和国土地管理法》（以下简称《土地管理法》）等沙漠治理主要相关法律的基础上通过了《防沙治沙法》，标志着我国防沙治沙工作纳入法制轨道。这不仅完善了我国的法律体系，更重要的是为沙漠治理战略的顺利实施提供了有力的政策法律法规保障。

1.《防沙治沙法》

2002 年 1 月 1 日生效的《防沙治沙法》（该法 2018 年 10 月 26 日第十三届全国人民代表大会常务委员会第六次会议修正）是我国第一部把预防与治理结合起来共同规定的国内法，提出了防治荒漠化的一般法律原则，规定了防治荒漠化的两大类措施，首次对公益治理荒漠化做出了规定。

主要立法贡献。《防沙治沙法》是我国防治荒漠化的专门法律，填补了国家立法空白，为沙漠的有效防治提供了法律依据和制度保障。它是第一部把预防与治理结合起来共同规定的国内法；把控制荒漠化的技术和管理经验上升为法律原则和制度；允许农村集体所有的沙化土地随着治理项目而发生产权流转，是第一个确认沙化土地的农村土地承包使用权可以进行流转的法律；在较大范围实现了跨部门资源立法的融合，该法规定，国务院林业、农业、水利、土地、环境保护等行政主管部门和气象主管机构，按照有关法律规定的职责和国务院确定的职责分工，各负其责，密切配合，共同做好防沙治沙工作。这种资源管理一体化的思想，是跨部门资源立法、融合立法的进步。

一般法律原则。《防沙治沙法》提出了防治荒漠化的一般法律原则，体现在该法第3条：统一规划、因地制宜、分步实施，区域防治和重点防护相结合；预防为主，防治结合，综合治理；植被的保护与恢复同自然资源的合理利用相结合（2018年修正为保护和恢复植被与合理利用自然资源相结合）；遵循生态规律，依靠科技进步；生态环境的改善与农牧民的脱贫致富相结合（2018年修正为改善生态环境与帮助农牧民脱贫致富相结合）；国家支持与地方自力更生相结合，政府组织与社会参与相结合，鼓励单位、个人承包防治；保障防沙治沙者的合法权益等原则。

立法重点。《防沙治沙法》的立法重点是对沙化土地的恢复和治理。《防沙治沙法》用专门一章规定了沙化土地的治理，对防治主体从治理要求、鼓励措施到治理者的权益保障等都作出了具体规定。对沙化土地的恢复和治理，无疑需要调动多方力量，广泛参与，既有集中在国有或重要环境价值的沙化土地治理的公益项目也有私益项目。就私益项目而言，该法更深刻的意义在于允许农村集体所有的沙化土地随着治理项目而发生产权流转。该法第34条第2款规定："使用已经沙化的集体所有土地从事治沙活动的，治理者应当与土地所有人签订土地承包合同。具体承包期限和当事人的其他权利、义务由承包合同双方依法在土地承包合同中约定。县级人民政府依法根据土地承包合同向治理者颁发土地使用权证书，保护集体所有沙化土地治理者的土地使用权。"也就是说，如果沙化土地的治理者不是沙化土地的使用权人，那么应首先以法律的形式明确沙化土地的使用权属，确认沙化土地使用权转移有效。众所周知，治理者与沙化土地的关系，可能是所有权人或使用权人，也可能不是，但沙化土地的治理者不是沙化土地的使用权人的情况常常存在，那么以法律的形式确认沙化土地使用权转移有效，给调动治沙者的积极性提供了法律保障。

两类防治措施。《防沙治沙法》规定的防治荒漠化措施从实施的主体看可以分为两大类，一类是由主管部门组织和实施的措施，另一类是与其他部门联合实施的跨部门措施。主管部门措施包括国务院林业草原行政主管部门组织其他有关行政主管部门对全国土地沙化情况进行监测、统计和分析，并定期公布监测结果，报告干旱和沙尘暴情况；因地制宜地营造防风固沙林网林带、多年生灌木植被网；建立沙化土地的保护区；对沙化土地的治理。跨部门措施，即荒漠化防治是系统工程，要求自然资源实行综合管理，其实施应与草原法、水法、农业法等相关的自然资源管理部门合作与协调。

2. 其他相关法律

在沙漠治理上，其他法律主要是与土地和水这两大治理沙漠的资源紧密相关的法律。《防沙治沙法》中的一些内容规定在一定程度上支撑和重申了这些法律的基本做法。

土地与沙漠治理。主要是《土地管理法》《草原法》和《森林法》等资源法中关于土地、草地和林地的管理和使用的法律规范的实施。《防沙治沙法》规定：不得批准在沙漠边缘地带和林地、草原开垦耕地；已经开垦并对生态产生不良影响的，应当有计划地组织退耕还林还草。《防沙治沙法》重申《草原法》规定的"草畜平衡制度"，要求以产草量确定载畜量，以保障生态平衡；重申农牧业主管部门在保持牲畜多样性、改善蓄养设备和草场可持续利用、执行草场承载能力标准等方面的职责。《土地管理法》中最核心的一项制度是"耕地占补平衡"，要求占用多少耕地就应当补充多少耕地，这项制度在干旱与半干旱地区的实施，对土地荒漠化有着直接的影响。

水与沙漠治理。《防沙治沙法》中与《水法》有关的措施，规定了在沙化区域应当加强流域和区域水资源的统一调配和管理，在编制流域和区域水资源开发利用规划和供水计划时，必须考虑整个流域和区域植被保护的用水需求，防止因地下水和上游水资源的过度开发利用，导致植被被破坏和土地沙化，大力发展节水农业和其他的节水工业。在干旱半干旱地区，水资源匮乏是沙漠治理和社会经济发展的最大限制因素，而这些措施发挥了重要作用。但是在《水法》的实施过程中遗憾的是，人们更强调硬性措施如配水项目或水库项目的重要性，软性措施如市场激励和价格体制以及量化控制水资源利用等软性管理手段和制度却没有被足够重视，人们的水资源利用价值意识不够强，也产生了许多负面影响。

二、沙漠生态防治经济制度

经济制度是约束人们经济行为的一系列规则，其核心内容是使经济活动的外部性内在化。制度经济学告诉我们沙漠的有效治理，在很大程度上取决于生态建设者所选择的资源配置行为方式，故此，需要有能够激励与约束参与治沙主体资源配置的制度安排。我国优化经济政策机制，大力推进沙区林权制度改革，进一步明晰产权、活化机制，落实各项优惠政策；遵循物质利益驱动原则，坚持增绿与增收、治沙与治穷相结合，优化扶持政策，活化工作机制，调动广大群众参与防沙治沙的积极性。

（一）土地和森林产权制度

新制度经济学认为，产权制度是人类社会最基本、最重要的制度安排。产权制度实际上是为了解决人类社会中对稀缺资源争夺的冲突所确立的竞争规则，可以是法律、规制、习惯或等级地位。产权安排会影响资源的配置、产出的构成和收入的分配等。不同的产权制度对于沙漠治理也同样能产生不同的结果。

1. 产权制度的类型与沙漠治理

公有产权与沙漠治理。沙漠治理建设成果的所有权归公共所有，这种公有形式可以是全体社会公民所有，也可以是某一特定的人群所有。在我国，森林资源的公有制包括国有和集体所有两种基本形式，因此，沙漠治理的建设成果公有制也包括国有和集体所有两种形式。但是这种产权最大的弊端是产权名义上是清晰的、所有人是存在的，实际上却是不存在具体的所有人，最终导致的结果是少有人真正关心所有权人的利益，只关心本部门利益、本单位利益和本行业的经济利益。公有产权制度下，产权的激励较低，监管成本高。就沙漠治理建设成果的保护而言，公有产权常常伴随经营者的滥伐和非经营的盗伐、樵采、过牧，最终导致建设成果的严重破坏，影响公众甚至私人的生态环境权利。其弊端有赖于产权制度的深度改革来逐步克服。

私有产权与沙漠治理。一般意义上，私人所有权可以刺激所有权人高效率利用各种自然资源，因此具有较高的资源利用效率和配置效率。对土地沙漠化防治而言，相对于公有产权，私有产权本身就对权利人进行财产的保值增值激励，往往伴随权利人对建设成果的尽量关注和爱护、有理性地适度采伐和生态恢复等，在主观上促进了私人投入林草等质量和数量的增加，客观上保护了资源可持续增长的资源基础。有效率的私有产权理论上可以促进私人理性地处理资源短期与长期的关系，减少对森林资源、土地、水资源等的破坏。比如山西吕梁地区采用拍卖"四荒"使用权，即明确规定谁购买、谁治理、谁受益，可继承、可转让。在国家或集体拥有最终土地所有权的同时，治理主体得到土地的占有权、经营权、受益权，从而调动其投资、投工治理"四荒"的积极性。

2. 农牧民的土地使用权

在我国，农民拥有独立的土地承包经营权是土地集体所有的具体人格化表现，国家以法律的形式保障农村集体土地所有权的稳定性，并明确界定土地所有者的权利和义务。一是赋予农民独立完整的土地使用权。农户的土地使用权主要有排他性占有权、开发权、收益权、转让权、租赁权、入股权和抵押权。二是妥善调整解决人地矛盾关系。由于沙化土地治理工作的长期性，沙化土地不同于农牧民生产资料和基本保障的耕地和草地，其使用权可以有别于耕地和草地的管理机制，可以通过承包、租赁等多种形式落实经营主体，通过签订合同，限期治理。三是国家正在积极建立土地使用权流转机制，较为完备的土地流转机制，使土地流转有章可循，有法可依。

3. 森林产权制度

森林产权是影响林业经营活动中人们经济行为的重要制度安排，它负担着理顺和调整各产权主体的关系，并决定着资源的分配效率和利益的分享，对沙化土地治理事业的健康发展举足轻重。在沙化土地治理中，落实森林产权，实现其收益权、处置权，是发挥森林资源所有者和经营者保护和发展森林资源的内在动力。随着全国集体林权制度改革的基本完成，我国森林资源的产权制度得到了革新。一是对森林资源进行分类经营，对不同经营目的的产权主体采用有所侧重的收益评价原则，如经营商品林，其收益表现为森林产权的收益；经营生态林或生态草，其收益由生态资源产权决定，对其生态收益进行替代补偿等。二是实行森林资源的资产化管理制度，也就是将森林资源转化为资产——货币化，并通过市场运作实现森林资源的保值增值。三是明晰森林资源的产权关系，将所有权与经营权相分离，这也是完善森林产权制度的关键。四是进行产权登记，颁发产权证。从法律上确认和保护林地和林木产权所有者的合法权益。五是建立健全森林产权交易机制，即森林资源转让，这对林业的发展非常重要，如果产权无法流动或交易，必然降低森林资源配置的效率，无法调动多元主体参与林业建设的积极性。

（二）生态效益补偿制度

森林生态效益的多功能性和生态系统的不可分割性决定了森林具有外部性，荒漠化地区通过植树造林、防风固沙，改善了空气质量，使周边地区受益；如果荒漠化地区林草植被遭到大量破坏，地表裸露，风来沙起，沙尘暴会污染周围地区的空气。可见，荒漠化治理中的外部性问题是难免的，通过建立生态效益补偿制度，国家或生态受益者对为改善或增强生态服务功能而作出贡献的人给予一定的补偿实现利益平衡，使外部效应内在化，它是自然资源有偿使用制度的重要内容之一。生态补偿机制实质是一种利益协调机制，也是一种矛盾协调机制。所谓"利益补偿机制"就是要通过规范的制度建设，实现中央与地方、地方与地方的利益转移，从而实现利益在地区间的合理分配。这种利益补偿机制主要表现在建立规范的财政转移支付制度[1]。其特点：一是地区利益的补偿将会通过规范的利益转移来实现；二是利益补偿机制更强调公平；三是利益补偿机制运行中，中央政府处于核心地位。国际上关于解决生态环境利益补偿主要有两种观点：一种是通过公共财政支付；另一种是利用市场化的手段进行补偿。

① 吕忠梅：《超越与保守——可持续发展视野下的环境法创新》，法律出版社，2003年版。

我国《森林法》规定，国家设立森林生态效益补偿基金，用于提供生态效益的防护林和特种用途林的森林资源、林木的营造、抚育、保护和管理。我国已经建立了森林生态效益补偿基金制度，并启动了生态效益补助试点工作，补偿资金从最初的 10 亿元增加到 20 亿元，目前这一数额还在增加。我国森林生态效益补偿的资金主要是由中央财政和地方财政构成，体现的是"分级管理、分级补偿"原则。对于划为国家级生态公益林，由中央财政予以补偿；划为地方生态公益林，则由地方政府财政补助。

荒漠化治理改善环境，最终提供的产品是生态服务，在这个过程中土地拥有者虽然能获得一定的经济效益，但更多的是发挥其生态、环境、景观和社会等外部效益(有专家评估过森林的生态价值是经济价值的 6~7 倍)，但如果后者被周围乃至其他地区的人们无偿享用，荒漠化治理者为生态效益而牺牲经济效益，对其是不公平的。因此，建立治沙生态补偿机制，实现生态效能的价值补偿，以保证经营者获得正常的经济利益，对土地沙漠化治理会起到重要作用。更重要的是加快生态补偿立法进程，逐步完善相关利益主体间的权利、义务和保障措施，使其获得法律的保障。

(三)公共财政和市场资金投入机制

在以往的观念和认识上，人们普遍认为沙漠治理是一种以生态环境改善为单一目标的社会公益性事业，往往依靠政府来推动这项工作的开展。在法律法规的制定、管理以及资金的投入方面，忽视了市场机制的作用。在实践中，通过治理，沙地成为可耕地、宜林地和宜牧地，不仅产生了生态效益，同样带来了经济效益，既有了绿水青山，也有金山银山，对国家、社会团体以及农牧民都是有利的。在长期的土地沙漠化治理过程中，我国基本形成了"国家投资、地方实施、农户参与"的治理模式，对治理沙漠起到了积极作用。近些年来，国家重视市场机制在沙漠治理方面的作用，最大限度地增加沙漠治理的力量，尤其是社会团体和农牧民个人在沙漠治理工作中的重要作用，包括参与治理的人力和资金的投入。基本形成了以公共财政为主，市场资金参与的投入机制。

1. 公共财政为主

沙化土地的治理作为国家公共物品生产重要组成部分，需要建立稳定的以政府投资为主的投入机制。《防沙治沙法》第 32 条规定："国务院和沙化土地所在地区的地方各级人民政府应当在本级财政预算中按照防沙治沙规划通过项目预算安排资金，用于本级人民政府确定的防沙治沙工程。在安排扶贫、农业、水利、道路、矿产、能源、农业综合开发等项目时，应当根据具体情况，设立若干防沙治沙子项目。"实践中我国坚持以国家投入为主的投资机制，把沙漠治理工程建设纳入国家基本建设计划，立项投资，地方按一定比例配套部分资金，群众投工投劳获得报酬，对治理沙漠起到了积极的作用。

2. 市场资金参与

荒漠化防治工作是一项公益事业，其时间长、投入大，在一定程度上不利于调动企业或个人参与沙漠治理工作的积极性，因此需要政府的特殊支持和补贴来激励。《防沙治沙法》第 33 条规定："国务院和省、自治区、直辖市人民政府应当制定优惠政策，鼓励和支持单位和个人防沙治沙。县级以上地方人民政府应当按照国家有关规定，根据防沙治沙的面积和难易程度，给予从事防沙治沙活动的单位和个人资金补助、财政贴息以及税费减免等政策优惠。单位和个人投资进行防沙治沙的，在投资阶段免征各种税收；取得一定收益后，可以免征或者减征有关税收。"一是资金上支持。沙漠治理与开发需要大量的投资，政府在加大工程建设投资以外，还加大对企业或个人经济资助的力度和规模。二是贷款上优惠。对于参与沙漠治理和开发的企业与个人，政策性银行根据其具体项目予以贷款上的政策倾斜，必要情况下，还实行低息和贴息政策。三是税收上优惠。对投资沙漠治理的企业或公司，根据其从事的产业，尽可能免减税赋，特别是对其利用荒漠化土地开发的、没有破坏生态的产品，赋予其一定年限的免税期。总之，通过法律和政策的调整及市场资金参与，发挥了市场在沙漠治理中的作用。库布其治沙密码，是这一政策很好的解读。

专栏 8-3

穿过漫漫黄沙，库布其从此找到一条治沙新路。这是一条党委政府政策性主导，多元投入、多方参与的生态恢复建设之路。

一场全民总动员的治沙持久战在鄂尔多斯打响，号角声响彻大地。在"反弹琵琶，逆向拉动""掏钱买活树"的约束机制和"以补代造""以奖代投"的政策激励下，农牧民纷纷争沙抢沙承包治理，企业纷纷包地治沙、投资林沙产业，涌现"挂棍老汉"杜占明、"治沙愚公"乌冬巴图、"护绿使者"田青云等一批防沙治沙先进个人。

——当绿色成为一种信仰，《光明日报》2018 年 08 月 06 日

三、沙漠生态防治管理制度

中央关于全面推进集体林权制度改革、关于加强防沙治沙工作等一系列决策，激发了土地沙化治理者的投入积极性。针对我国沙漠治理的管理现状，在国务院的领导下，充分发挥行政主管部门的主导，各级政府的协同配合以及社会力量积极参与的作用，统一防沙治沙，严格防沙治沙规划编制和修改制度，落实各

级政府的责任制度。

(一)政府主导管理制度

根据《防沙治沙法》的规定，我国沙漠治理是坚持在国务院领导下，国务院林业草原行政主管部门负责组织、协调、指导全国防沙治沙工作。国务院林业草原、农业、水利、土地、环境保护等行政主管部门和气象主管机构，按照有关法律规定的职责和国务院确定的职责分工，各负其责，密切配合，共同做好防沙治沙工作。县级以上地方人民政府组织、领导所属有关部门，按照职责分工，各负其责，密切配合，共同做好本行政区域的防沙治沙工作。之所以这样规定是因为，防治荒漠化是一项综合性很强的工作，涉及植树造林、草原保护、水资源合理调配、土地管理、生态环境监督等方面的工作，防治荒漠化只有在国务院及其他有关地方政府的统一领导下，各有关部门各负其责、密切配合才能搞好。另外，为了与有关法律的规定相衔接，森林法、草原法、水土保持法、土地管理法、环境保护法和气象法对相关的部门职权划分都有规定。

法律除了规定国家各级政府的具体管理沙漠治理工作外，还规定：①对于使用土地的单位和个人，有防止该土地沙化的义务，使用已经沙化的土地的单位和个人，有治理该沙化土地的义务。②国家支持防沙治沙的科学研究和技术推广工作，发挥科研部门、机构在防沙治沙工作中的作用，培养防沙治沙专门技术人员，提高防沙治沙的科学技术水平。③政府表彰和奖励在防沙治沙工作中作出显著成绩的单位和个人，对保护和改善生态质量作出突出贡献的，应当给予重奖。④沙化土地所在地区的各级人民政府应当组织有关部门开展防沙治沙知识的宣传教育，增强公民的防沙治沙意识，提高公民防沙治沙的能力。

(二)防沙治沙规划统一编制和修改制度

防沙治沙实行统一规划。从事防沙治沙活动，以及在沙化土地范围内从事开发利用活动，必须遵循防沙治沙规划。《全国防沙治沙规划(2011—2020年)》(以下简称《规划》)，明确地提出了防沙治沙的总体思路、目标任务、总体布局、建设重点、主要建设内容和保障措施，是指导全国防沙治沙工作的科学依据，是保证治沙生态工程建设质量、提高投资效益的纲领性文件。《规划》提出我国防沙治沙的目标任务：划定沙化土地封禁保护区，加大防沙治沙重点工程建设力度，全面保护和增加林草植被，积极预防土地沙化，综合治理沙化土地。到2020年，使全国一半以上可治理的沙化土地得到治理，沙区生态状况进一步改善。建设重点：突出沙区林草植被保护、沙化土地综合治理、发展沙区特色产业和推进综合示范区建设。主要建设内容：一是沙化土地封禁保护，明确了沙化土地封禁保护区的范围；二是沙化土地综合治理；三是发展特色沙产业，明确了发展沙产业的重点领域和发展区域；四是加强能力建设，提出了加强科技攻关和技术推广、加强监测预警的主要内容和措施①。

防沙治沙规划对遏制土地沙化扩展趋势，逐步减少沙化土地的时限、步骤、措施等作出明确规定，并将具体实施方案纳入国民经济和社会发展五年计划和年度计划。根据国情和沙情，在一定规划期内对管辖区域内各类土地沙漠化类型的预防、治理和利用进行总体安排，从宏观上解决沙区生态资源的防、治、用问题以及当前利益和长期可持续发展的矛盾。我国防沙治沙规划分为三个等级，分别是全国防沙治沙规划，省、自治区、直辖市行政区域的防沙治沙规划和市县级的防沙治沙规划。各级防沙治沙规划的修改，需经原批准机关批准；未经批准，任何单位和个人不得改变防沙治沙规划。规划制度的实施，使得沙漠生态治理更加科学化。

(三)政府相关责任落实制度

《防沙治沙法》第4条规定，"国务院和沙化土地所在地区的县级以上地方人民政府，应当将防沙治沙纳入国民经济和社会发展计划，保障和支持防沙治沙工作的开展。沙化土地所在地区的地方各级人民政府，应当采取有效措施，预防土地沙化，治理沙化土地，保护和改善本行政区域的生态质量。国家在沙化土地所在地区，建立政府行政领导防沙治沙任期目标责任考核奖惩制度。沙化土地所在地区的县级以上地方人民政府，应当向同级人民代表大会及其常务委员会报告防沙治沙工作情况。"国家在沙区建立政府行政领导土地沙漠化防治任期目标责任考核奖惩制度，其含义：第一，国家建立土地沙漠化防治任期目标考核奖惩制度；第二，该制度的考核和奖惩对象，是政府行政领导；第三，被该制度考核和奖惩的政府领导是沙区的政府行政领导。土地沙漠化防治任期目标责任考核奖惩制度具体规定沙区地方各级政府主要领导在任期内的生态质量目标和任务，根据其完成情况给予奖惩，并作为政绩考核的重要内容之一。制度的明确，为防沙治沙提供了保障。

专栏 8-4

改革开放以来，中国相继启动了17个林业重点工程，有力推动了造林绿化事业的发展。2001年，国务院批准实施六大林业重点工程，天然林保护工程、退耕还林工程、京津风沙源治理工程、野生动植物及自然保护区建设工程、"三北"(西北、华北、东北)及长江中上游等重点地区防护林建设工程、重点地区速生丰产林基地建设工程，这是对中国林业建设工程的一次系统整合，也是对林业生产力布局的一次战略性调整。

---

① 中华人民共和国中央人民政府网站：《全国防沙治沙规划(2011—2020年)》正式发布实施，http：//www.gov.cn/gzdt/2013-03/21/content_ 2359269. htm.

其中天然林资源保护工程，是中国林业的"天"字号工程、一号工程，也是投资最大的生态工程；野生动植物及自然保护区建设工程，是中国野生动植物保护史上第一个全国性重大工程；重点地区速生丰产林基地建设工程，是为有效缓解国内木材供求矛盾，保护天然林资源，是中国历史规模最大、范围最广、时间最长的速生丰产林建设工程，对加快由以采伐天然林为主向以采伐人工林为主的转变具有重要意义。

生态文明建设大力推进，顶层设计和规划体系不断健全完善，治沙改革不断深化，体制机制实现重大突破，质量管理持续加强，重大工程建设全面提挡加速。可以说，进入21世纪，特别是党的十八大以来的5年间，中国防沙治沙成绩斐然，同时，中央在防沙治沙的林业建设方面投资逐年增加，总额高达389亿元，累计治理沙化土地1000多万公顷，土地沙化逆转速度不断加快，实现了"沙退人进"的巨变，这也让我国防沙治沙进入历史的最好时期。

——《中华英才》2017年，30页

第三节　沙漠生态开发制度

治理和开发是我国防治沙漠化的两种重要手段，沙漠地区在防沙治沙工作中，坚持防治并重、治用结合的原则，在搞好沙漠地区生态建设的同时，积极进行沙漠资源开发，努力实现大地增绿、企业增效、农牧民增收。

一、沙漠资源开发制度

沙漠给人类带来麻烦的同时也为人类带来了丰富的资源，具有开发利用的价值。为了合理开发利用沙漠资源，保持沙漠资源的可持续利用，促进社会、经济、生态的可持续发展，需要各地方政府组织、各社会阶层团体强化和坚持沙漠资源开发制度，除了基本的沙漠资源开发的法律法规体系外，我国还建立了以下具体制度。

（一）目标责任制

在进行资源开发的过程中，沙漠地区始终把防沙治沙与地方经济发展、农牧民增收有机结合起来，与禁牧舍饲、生态移民、农村能源建设、小城镇建设、新农村新牧区建设结合起来，坚持在经济发展中恢复生态，在生态建设中发展经济，确立了以重点工程为主体，以各类社会力量防沙治沙和义务植树为两翼的防沙治沙格局，推行了政府、单位、企业防沙治沙目标责任制，划定责任区，建立义务植树基地。

(二)社会参与机制

沙漠地区注重调动全社会防沙治沙的积极性。社会力量加盟生态建设，靠的是产权明确，机制灵活，国有和非国有一视同仁。龙头企业的动力和活力，集中在物质回报的投资收益率上。民营企业集团加盟生态建设，对沙产业草产业已经历了多年的探索和实践，这些从事沙产业草产业的企业群体，已经追求"上规模""深加工"，瞄准市场增"附加值"。例如，亿利资源集团本着"关爱生命，善待自然"的宗旨，已形成了规模为200余万亩以甘草为主的中蒙药材基地，并形成了种植药材、精细加工、医药化工等产业链，用高新科技提升生物制药档次，年利税在1亿元以上。

专栏 8-5

穿过漫漫黄沙，库布其从此找到一条治沙新路。这是一条企业产业化经营，地方兴业、生态增效的沙漠绿色经济之路。

"我们坚持用产业化的思路指导生态建设，把防沙治沙与产业发展有机结合，积极推广'农户＋基地＋龙头企业'发展模式，形成了生态修复、生态牧业、生态健康、生态旅游、生态光伏、生态工业等六位一体和一、二、三产业融合发展的生态产业综合体系。"鄂尔多斯市委书记牛俊雁介绍。

变征服沙漠为善待沙漠，库布其模式用新理念演绎着生态文明的生动实践。

——当绿色成为一种信仰，《光明日报》2018 年 08 月 06 日

(三)区域合作规模经营机制

为了有效开发沙漠资源，形成资源集约优势，需要建立区域合作的规模经营机制，实现沙漠资源开发的产业化、规模化。内蒙古自治区西部盟市及甘肃、宁夏等地区发展"沙产业、草产业"的最大成功的经验显现就在于通过种养业的有机结合，拉长了"种植、加工、养殖、加工"产业链的延伸，规模经营形成规模经济，规模经济形成规模效益，从而集聚为效益优势。

(四)治沙与脱贫结合机制

"随风满地烟尘飞，平沙莽莽黄入天"，沙漠生存条件恶劣，风蚀沙埋，人们深受其害、深知其苦，伴随着的是人们生活的贫困。"沙里人苦、沙里人累，

满天风沙无植被；库布其穷、库布其苦，库布其孩子无书读；沙漠里进、沙漠里出，没水没电没出路"，这是中华人民共和国成立初期当地流传的民谣，也是沙区的缩影。治沙是脱贫的基础，通过治沙解决生态环境的问题，同时让沙区人民过上幸福的生活，一直是我国政府的奋斗目标，为此采取了许多措施。原国家林业局局长张建龙说："长期以来，中国政府始终坚持治沙与治穷相结合，以防沙治沙助推沙区脱贫致富。一方面，实施了以生态建设与保护为主的防沙治沙工程建设，重点沙区现有的 3.3 亿亩灌木林资源中，有 1000 万亩亟待平茬复壮，近年来启动实施了沙区灌木林平茬及加工项目。这些工程和项目吸纳了大量贫困人口参与，让他们实现了就业和增收。另一方面，通过适度开发、合理利用沙区资源，培育和发展特色沙产业，不仅很好地带动了区域经济发展，还有效增加了农牧民收入，极大地提高了包括许多贫困人口在内的广大农牧民的生活水平。据统计，近 10 年来，沙区农牧民年收入以 18.6% 的速度增长，贫困人口从 2010 年的 5143 万人减少到 2015 年的 1597 万人，贫困率由 40.7% 下降到 12.4%。"①

专栏 8-6

库布其治沙之所以成功，在于它践行了一种理念。增绿又增收，治沙又治穷。几十年来，库布其治沙面积达 6000 多平方千米，创造生态财富 5000 多亿元，提供就业机会 100 多万人（次），带动当地群众脱贫超过 10 万人。"绿起来"也"富起来"，库布其治沙，生动诠释了"绿水青山就是金山银山"的理念。

——库布其：百折不挠，创造绿色奇迹，《人民日报》2018-08-06

二、沙漠旅游推广制度

我国沙漠的地貌、景观及区位等具有明显的地域差异性，形成东中西部各具特色的旅游资源富集区。随着沙漠旅游产业的兴起，如何引导和促进沙漠地区合理开发利用沙漠旅游资源，促进沙漠地区社会经济可持续发展，建立沙漠旅游推广制度显得尤为重要。

（一）区域联合合作发展机制

经过多年的探索，我国沙漠旅游资源开发，积累了许多经验，机制不断完善。例如，宁夏的沙湖湿地，经过十几年的保护性开发，已经成为集旅游观光、

---

① 《中华英才》2017 年，21 页。

娱乐度假、体育竞技、水产养殖为一体的综合性产业，已成为中国十大魅力休闲旅游湖泊、全国首批低碳旅游示范区和中国旅游百强景区，2013 年宁夏沙湖入选中国十大"魅力湿地"①。而鸣沙山——月牙泉景区也早已与敦煌壁画一道蜚声海内外了。但是，总体来讲，仍然存在偏重资源导向，缺乏区域整体规划，开发上各省市区基本各自为政，沙漠旅游资源有"遍地开花"式开发的倾向。如何合理开发沙漠旅游资源，建立区域联合合作发展机制十分必要，要树立正确的市场观念即竞争与协作是共存的，而竞争中的协作则更为重要。

(二)沙漠生态旅游机制

沙漠地区旅游资源得天独厚，具备发展绿色旅游和生态旅游的先天条件。对于沙漠这样一种特殊的自然资源，在让游客感受到它的浩瀚与神奇的同时，更要使沙漠旅游开发和活动项目体现人与自然的和谐共存，体现人对自然的爱护与尊重，并且在与景观旅游相呼应的基础上，突出地域文化的全面性、传承性和差异性，提炼民族文化的精髓。例如，鄂尔多斯市的恩格贝景区将沙漠治理、沙漠教育与沙漠旅游有机地融为一体，已经成为沙漠旅游实践的典范。具体策略包括实现景区配套设施的绿色设计，使之既与环境相协调，又能够体现浓郁的民族和地方特色，对参与到沙漠旅游经营活动中的当地人，逐步建立他们参与旅游发展决策、旅游利益分配和旅游教育培训的推动机制，并利用一定的经济手段和法律手段使当地人成为保持和维护沙漠生态旅游质量的主体。

(三)建立长效宣传机制

"大漠孤烟直，长河落日圆"，唐代诗人王维用豪情壮志的语言让我们领略到沙漠的壮阔与浩渺；王昌龄的"大漠风尘日色昏"，表现了沙漠萧瑟荒凉的景象……曾在当地人眼里就是一条横行肆虐的黄龙的库布其沙漠，现在这里不仅有树林、草地，还有湖泊，大片的沙丘被周边的绿植锁住，不再流动，与人们通常印象中的沙漠有很大的不同。今天，在开发利用沙漠旅游资源中，宣传是必不可少的一项内容，通过宣传，进一步推广沙漠旅游业和沙漠文化，增强人们对沙漠的认识和向往。一是积极地应用中央对西部欠发达地区政策，通过互联网、新闻、宣传片等方式将大漠文化、沙漠旅游传播到全国与世界。二是与东部、南部等世界闻名的旅游城市建立互助友好的关系，互动推荐两地旅游业，切实扩大沙漠生态文化的影响力和吸引力。三是与周边国家建立互助，推动两地旅游业的积极关系，最大程度地吸引国际游客来到沙漠地区，体验沙漠旅游文化。通过宣传，将沙漠的魅力与神奇更多地展示在世人面前，让不了解沙漠的人向往沙漠，

---

① 中国日报网：宁夏沙湖入选中国十大"魅力湿地"，https：//www.chinadaily.com.cn/hqcj/xfly/2013-11-01/content_ 10476558. html.

让向往沙漠的人走进沙漠，让走进沙漠的人流连沙漠。

三、沙漠产业开发制度

沙漠产业作为一种新兴产业，具有特定的发展优势，开发沙漠产业不仅是防治荒漠化的根本途径，也是利用沙漠地区自然资源的有效手段，做好沙漠产业开发工作对于促进沙漠地区社会经济可持续发展具有重要作用。目前，我国沙漠产业仍处在起步阶段，需要国家、地方和社会公众层面的各方支持，除改变人们的认知外，更需要构建合理完整的沙漠产业开发制度。

（一）沙漠产业开发统一协调机制

由于受传统观念的影响，社会对用产业化思路开发利用沙漠地区资源、发展沙漠产业认识仍有不足，其发展潜力远未得到应有的挖掘。目前，沙漠产业发展需要更有力的协调机构，需要在国家层面制定相关制度，组建或整合相关管理机构，构建沙漠产业开发统一协调机制，指导沙漠地区的沙漠资源开发和沙漠产业发展工作。

（二）沙漠产业开发环评规划制度

习近平指出："我们既要绿水青山，也要金山银山。宁要绿水青山，不要金山银山，而且绿水青山就是金山银山。"习总书记的"两山论"辩证地回答了生存与发展的关系，"绿水青山"是生态，"金山银山"是生存，中国的发展既要"求生存"，又要"求生态"。沙区生态环境的脆弱性，对开发提出了更严格的要求，要处理好开发和环境保护的关系，落实《防沙治沙法》环评的要求。沙漠产业类型选择、生态环境保护标准等方面的发展必须符合国家有关生态与环境保护标准以及其他政策机制的要求。严格的环评制度，是保障"绿水青山"永续利用强有力的制度约束机制。

（三）沙漠产业发展规划制度

我国荒漠化和沙化土地面积大、类型多、分布广，严重影响区域生态安全和经济社会可持续发展。是我国一个重大的民生和生态问题。要站在国家战略的高度发展沙漠产业，高度重视发展沙漠产业的意义。加快编制各个层次的沙漠产业发展规划，明确沙漠产业发展的指导思想、基本原则、发展目标、重点途径、战略举措和保障措施。引导沙漠产业合理布局，防止盲目立项和低水平重复建设，重点扶持高起点、高水平、高效益的项目。做好沙漠产业发展规划与《全国主体功能区规划》《中国农村扶贫开发纲要（2011—2020年）》《西部大开发"十二五"规划》的衔接工作。

（四）沙漠产业开发示范推广机制

建立国家级沙漠产业发展示范区，鼓励各地开展沙漠产业发展试点。选择条件适宜、产业基础好、具有代表性的区域，如内蒙古阿拉善盟、鄂尔多斯市，宁夏中卫市，甘肃河西走廊地区等，开展示范和试点，探索科学发展模式，及时总结经验教训，对成功模式进行推广，推动治沙事业的发展。

专栏 8-7

地处内蒙古鄂尔多斯的库布其沙漠，是我国第七大沙漠，总面积1.86万多平方千米，曾经被称为"死亡之海"。经过30年的治理，库布其沙漠的三分之一变成绿洲，成为世界上唯一被整体治理的沙漠。库布其治沙模式成功践行了习近平总书记提出的"绿水青山就是金山银山"的理念，被联合国称为"全球治沙样本"。

——全球样本从沙漠到绿洲的沧桑巨变：《新闻联播》2018 年 8 月 6 日

现在，包括甘肃、新疆、西藏、青海、云南、河北等地，在荒漠化治理上，都能看到库布其的影子，去年 12 月，亿利集团董事长王文彪还获得联合国环境署颁发的地球卫士终身成就奖。而库布其的治沙技术也正在向伊朗、沙特、巴基斯坦和非洲等一些国家和地区延伸。

——库布其的绿色奇迹：《焦点访谈》2018 年 8 月 7 日

（五）沙漠产业开发的政策支持机制

为缓解沙漠产业发展的资金压力，针对沙漠产业发展的特点和需要，适用支农惠农相关政策，甚至制定更加优惠的政策支持沙漠产业的发展。保障沙漠产业企业的土地承包经营权，适当延长土地使用年限，减轻企业初始投资的资金压力。加大对沙漠产业发展的财政专项投入力度，增加对沙漠地区的财政转移支付和扶贫专项资金投入。对沙漠产业企业给予适当的税费减免。鼓励金融机构加大对沙漠产业的信贷资金投入，延长贷款期限，增加贴息贷款。建立沙漠产业发展的多元化投融资机制，扩宽融资渠道。通过国际援助、社会捐资、企业合作、设立基金等形式，引导社会资金投入沙漠产业。

第四节 沙漠生态文化制度建设

沙漠生态文化作为我国生态文化的重要组成部分，适应了时代的呼唤和需求，是实现沙漠地区社会、经济和生态可持续发展的重要支撑点，是引领我国生态文明建设的重要一环。加强沙漠生态文化建设，必须建立符合沙漠生态文化发展要求的制度体系，通过制度的引导、推动、规制和约束作用，营造一种经济、社会和生态三者互利共赢的社会氛围，从而更加有针对性地塑造全体公民的行为，为沙漠生态文化发展提供完善的制度保障，有效防治沙漠化，真正实现沙漠地区人与自然的和谐相处。

一、沙漠生态文化制度建设的目标

2015年4月和9月，中共中央、国务院先后印发《关于加快推进生态文明建设的意见》(以下简称《意见》)、《生态文明体制改革总体方案》，对生态文明建设作出顶层设计，首次提出"坚持把培育生态文化作为重要支撑"。提出尊重自然、顺应自然、保护自然的理念，发展和保护相统一的理念，绿水青山就是金山银山的理念，自然价值和自然资本的理念，空间均衡的理念，山水林田湖是一个生命共同体的理念。理念的实现，需要有制度的保障。不可否认，生态环境的每况愈下与粗放的增长方式、落后的生态观念有很大的关系。但同样不可否认的是，体制机制层面的羁绊也是主要原因。制度建设是重中之重，制度的多而不全，造成制度应有的约束失灵失效，因此要通过最严格的制度、最严密的法治，对各类开发、利用、保护沙漠自然资源和生态环境的行为，进行规范和约束。《意见》按照源头预防、过程控制、损害赔偿、责任追究的"16字"整体思路，提出了严守资源环境生态红线、健全自然资源资产产权和用途管制制度、健全生态保护补偿机制、完善政绩考核和责任追究制度等10个方面的重大制度。不仅如此，《意见》明确提出，防治荒漠化是生态文明建设的重要内容，到2020年，全国50%以上可治理沙化土地得到治理，这也为沙漠生态文化制度建设指明了方向。源头严防，要加快生态环境立法，做到与现实需要合理衔接，建立体现生态文明要求的目标体系、考核办法、奖惩机制；过程严管，建立有效的行政管理体制，构建完善的治理体系，建立良性的协调机制；后果严惩，健全生态环境保护责任追究制度和严格损害责任赔偿制度，还要加强生态文明宣传教育，增强全民环保意识、生态意识，营造爱护生态环境的良好风气。建设"美丽中国"，让制度成为最有力的托举，让青山常在、清水长流、空气常新，良好的生态环境常伴人们的生活。

二、沙漠生态文化制度建设的核心内容

中国共产党在十七大报告中首次把"生态文明"这一理论写进党的行动纲领。党的十八大报告进一步提出了经济建设、政治建设、文化建设、社会建设和生态文明建设"五位一体"的战略布局。党的十九大报告中有关生态文明建设提得更高、更具体，把建设生态文明阐释为"中华民族永续发展的千年大计"，提出"我们要建设的现代化是人与自然和谐共生的现代化……要提供更多优质生态产品，

以满足人民日益增长的优美生态环境需要"的目标。生态文明建设已经成为国家意志，上升到国家发展战略层面，并且融入经济、政治、文化、社会发展各方面和全过程。加强沙漠生态文化制度建设，对于推进我国沙漠化防治工作，实现生态文明和美丽中国建设具有重要意义。加强沙漠生态文化制度建设主要有以下五大核心内容。

（一）强化规范明确的法律体系

进一步完善有利于沙漠生态治理和保护生态环境的政策与法律体系，运用法律手段规范治理沙漠生态环境。积极完善有利于节约能源资源和保护沙漠生态环境的法律和政策，进一步完善环境法规体系，充分发挥环境和资源立法在沙漠地区经济和社会生活中的约束作用。目前，我国已经制定了一系列关于荒漠化防治的法律，专门性立法有《防沙治沙法》，其他如《草原法》《森林法》《水土保持法》《土地管理法》等单行法中也有关于荒漠化防治的规定。然而目前这些立法并不完善：与综合性法律《防沙治沙法》相配套的法规规章过少；《防沙治沙法》和其他单行自然资源法如农业法、森林法、环境保护法、草原法等在沙漠治理问题上存在机构设置、职能定义重叠的问题，会导致不同行政主管部门制定的规章和条例在目标、职责等方面重复或冲突，实践中出现政出多门，这就需要一个平衡部门间决策和管理的协调机制，需要相关法律法规的修订。

在法律制度方面，逐步建立起由政府调控、市场引导、公众参与等构成的较完整的沙漠化防治法律制度框架，抓紧有关生态环境保护与建设法律法规的制定和修改，制定沙漠地区生态环境保护管理条例，健全、完善地方沙漠化防治法规和监管制度，建立科学、合理、有效的执法机制。坚持依法行政，规范执法行为，严格执行沙漠治理和沙漠资源开发的法律法规。

（二）建立高效实用的决策制度

建立专门的沙漠生态文化建设发展规划机构，充分发挥各级政府综合决策的作用。在制定防沙治沙规划、计划及重大经济行为的过程中，要坚持"人与自然和谐共生，要像对待生命一样对待生态环境"的理念，形成一种经济社会发展与生态保护相结合的机制，处理好经济、社会与生态三者的平衡，从而保证各项重大决策既符合经济效率的原则，又符合生态建设的要求。

（三）加强建设公众参与的制度体系

我国社会公众参与生态文明建设缺乏相应的制度保障，参与的程序、途径和方式不明确，导致社会公众参与的程度不高，参与的领域较窄[1]。建立以为公众

---

[1]　张春华：《中国生态文明制度建设的路径分析——基于马克思主义生态思想的制度维度》，《当代世界与社会主义》2013 年第 2 期。

广泛参与为核心内容的机制。一是建立促进沙漠生态文化建设的民主科学决策机制。沙漠生态文化建设要依赖广大社会成员通过制度化的方式和途径广泛参与，在经济利益与生态利益发生矛盾时，引入以公众参与为主的多元主体决策机制，推广听证会制度，考虑人民群众的利益。二是建立积极引入社会资金投入的市场化机制。强化沙漠资源配置的市场化机制的作用，促进社会经济发展和沙漠治理、沙漠资源合理开发的有机结合、协调发展。三是加强监督力度。在生态法律法规和制度的制定与执行过程中，发挥人大、司法和社会公众的监督作用，更好地发现和解决问题。

(四)建立综合发展的评价体系

在沙漠地区，逐步完善干部政绩考核制度和评价标准，改变过去片面追求GDP 高速增长的发展模式，建立科学的绿色 GDP 指标体系，在不同的行业、不同的区域建立各有侧重和各具特色的考核评价标准，把沙漠治理和保护成效纳入干部政绩考核评价体系中。引导各级领导干部注重经济指标、社会发展指标、人文指标、资源指标、环境指标等多方面综合评价政绩，正确处理经济社会发展与沙漠治理、沙漠资源合理开发的关系。

(五)完善沙漠生态文化的培育制度

生态文化建设需要全体社会成员牢固树立生态文明观念，需要有与生态文明相适应的世界观、道德观、价值观以及思维方式和行为规范等生态文化素质。教育是重要的手段，我国十分重视环境教育的作用。1996 年，国家环保局、中共中央宣传部、国家教育委员会联合颁发《全国环境宣传教育行动纲要》，确立环境教育是环保、宣传、教育部门的一项重要任务。2005 年 12 月 3 日通过了《国务院关于落实科学发展观加强环境保护的决定》，提出"要加大环境保护基本国策和环境法制的宣传力度，弘扬环境文化，倡导生态文明，以环境补偿促进社会公平，以生态平衡推进社会和谐，以环境文化丰富精神文明。"首次以法律文件的形式确认环境文化和生态文明的法律地位，体现了环境教育与环境意识培养的权威性与全面性。2011 年 4 月 22 日，环保部、中宣部、教育部等联合颁布了《全国环境宣传教育行动纲要(2011—2015 年)》，明确了总体目标：扎实开展环境宣传活动，普及环境保护知识，增强全民环境意识，提高全民环境道德素质；加强舆论引导和舆论监督，增强环境新闻报道的吸引力、感召力和影响力；加强上下联动和部门互动，构建多层次、多形式、多渠道的全民环境教育培训机制，建立环境宣传教育统一战线，形成全民参与环境保护的社会行动体系；建立和完善环境宣传教育体制机制，进一步提高服务大局和中心工作的能力与水平。2016 年环保部、中宣部、中央文明办、教育部、共青团中央、全国妇联六部委联合发布《全国环境宣传教育工作纲要(2016—2020 年)》，对"十三五"时期全国环境宣传教育工作进行了全面部署，明确了"十三五"全国环境宣传教育工作的基本原则、主要目标等，是"十三五"时期各级环保、宣传、教育、文明办等部门以及共青团、妇联等社会团体开展环境宣传教育工作的有力依据。2021年1月29日，生态环境部、中央宣传部、中央文明办、教育部、共青团中央、全国妇联六部门共同制定并发布《"美丽中国，我是行动者"提升公民生态文明意识行动计划（2021—2025年）》，旨在深入学习宣传贯彻习近平生态文明思想，进一步加强生态文明宣传教育工作，引导全社会牢固树立生态文明价值观念和行为准则。也为沙漠生态文化培育提供了方向。国家层面和地方各级政府在积极建立和完善生态文化建设的培育制度时，要注重对沙漠生态文化教育的内容，特别是在沙漠地区，尤其要向提高人们沙漠生态观念、沙漠生态治理和沙漠资源开发等内容侧重。通过沙漠生态文化理念和现实的宣传教育，以及沙漠生态文化的弘扬，使更多人认识到经济社会发展既要考虑当代人的利益，也要注重后代人的利益，积极参与到沙漠生态文化建设事业中来。

第九章

沙漠生态文化传播

　　"文化传播是人类特有的各种文化要素的传递扩散和迁移继承现象，是各种文化资源和信息在时间和空间中的流变、共享、互动和重组，以及人类生存符号化和社会化的过程。"①人类文化是一个动态发展的过程，传播是人类文化的内在属性和基本特征。文化的对内传播有助于群体内共识性观念的产生与传承，促进民族文化的形成与演进；文化的对外传播有助于多元文化的交流与融合，推动人类社会文明的发展与创新。因此，任何形态的文化，其生命力都要依靠传播力来实现。沙漠地区是富有不同特色的多民族文化发轫、繁衍和昌盛栖息之地，是东方文化与西方文化、农耕文化和草原文化交汇、碰撞和融合之处，文化传播活动特别频繁。在长期的历史演进中，这种文化传播力不仅促成了沙漠生态文化鲜明的多元性特色，也使其能够超越时空、跨越种族，生生不息地积累和传递下来，成为人类珍贵的文化财富。

　　进入现代社会，信息科技的迅猛发展和全球化的急剧扩张，突破了不同地域、种族间的边界和防护体系，大众传媒特别是网络传媒的出现，彻底打破了文化传播的时空限制，实现了对社会生活的全方位渗透，人类进入文化传播的新时代。沙漠生态文化作为一种原生性、地域性、传统性的亚文化形态，在现代文化的冲击下逐渐被边缘化，面临着融解和消亡的危险。因此，强化沙漠生态文化的传播力，是当前实现现代化转型、重获生命力的重要手段。为此，应该认真研究沙漠生态文化传播的功能、规律和特征，结合现代传播的理论和实践方法，不断提升沙漠生态文化在现代社会的传播力和影响力。

---

　　①　庄晓东：《文化传播：历史、理论与现实》，人民出版社 2003 年版，第 6 页。

第一节　沙漠生态文化传播的功能意义

全球生态危机将生态文明建设置于人类社会发展的重要位置。沙漠生态文化中蕴含丰富的生态思想、制度、技术、文艺等资源，为生态文明的建设提供了智慧的宝库。因此，弘扬沙漠生态文化，要首先认识文化传播的重要性，从传播角度去解读沙漠生态文化。

一、促进天人和谐共存

自古以来，"天人合一"就是中国人追求的最高理想目标和精神境界，主张天、地、人合为一体、不可分离，人与自然和谐共存。这种"天人合一"的生态伦理思想既体现在汉文化思想体系中，也深深烙印在北方沙漠草原民族的意识观念中，并随着文化的交流融合逐渐成为中华民族共同的核心价值观念。

在汉文化思想体系中，这种"天人合一"的思想最早可追溯到殷周时期。《礼记·表记》中记载："殷人尊神，率民以事神"，尊崇神为天地之主宰，先人求卜祈祷福运。先秦之后，儒家学说形成了"天人合一"思想的主脉，从孔子"和为贵""子钓而不纲，弋不射宿"的生态和谐观，到孟子"天人相通"的天命观、董仲舒"天人感应"理论的提出，再到宋明理学"天人合一"的系统理论体系的构建，逐渐形成了一套系统而朴素的生态思想体系。宋代之后，儒释道三教融合成为中国文化发展的主流，道家哲学主张"人法地，地法天，天法道，道法自然"，主张"人道"要服从"天道"，强调人应该顺应自然、尊重自然、回归自然；佛教哲学的"缘起说""因果报应说"宣扬万物平等、不杀生、珍爱生命等，都富含丰富的生态思想。与之相对应，生活在中国北方沙漠和草原地区的少数民族在长期适应和改造自然环境中，通过继承游牧民族古老的原生宗教的生态伦理观，并在民族交流、宗教融合过程中吸收来自中原和外族的生态伦理思想时形成了独特的民族生态文化，并通过宗教习俗、禁忌习惯法、生活习俗、神话传说、民族文学艺术等形式表现出来。这种朴素的生态伦理观也同样蕴含着维护生态系统平衡、人与自然和谐共生的价值理念，与汉民族"天人合一"的生态伦理思想不谋而合，共同主张尊重自然、爱护生命、与自然和谐相处。在这种生态伦理思想的引导下，人们遵循自然规律、合理开发利用自然。

进入近代以后，在西方工业文明的冲击下，传统的生态道德观受到挑战。一种主张人类中心主义、人与自然二元对立的自然征服论取代了天人和谐的价值观。随着科技的进步和工业化进程的加快，在经济利益的驱使下，人们开始无限制地开发掠夺自然资源，以"先污染，后治理"的发展模式谋求经济发展，人类对自然的干预和破坏远远超过了自然界的自我调节能力，生态危机日益严重。在严峻形势面前，人们开始重新审视和反思自身发展方式，古人所倡导的天人和谐的生态伦理思想重新为人们所重视。沙漠生态文化，是历代沙漠先民们代代相传的生态思想和生态智慧，其中蕴含的尊重自然、爱护自然、崇敬自然等朴素的生态意识，是生活在沙漠的人们在恶劣的生存环境中维持种族延续和文明传承的宝贵经验和智慧的结晶，是带给我们今天建设生态文明的珍贵文化资源和精神财富。

沙漠生态文化的传播，是一种意识观念的重建，是一种传统精神的弘扬。如果能够利用好这笔财富，汲取其精华和营养，将有助于重新唤起人们的生态良知，引导人们自觉树立保护生态环境的意识，进而在全社会构建天人和谐的生态价值观，实现人与自然和谐发展。

二、推动社会经济发展

我国沙漠地区深居西北内陆，地处干旱、半干旱地区，气候干旱，降水稀少且时空分布不均，再加上地表植被稀少、沙源丰富、风力强劲、自然灾害多发，特殊的地理环境和气候特点导致了沙漠地区的生态环境十分脆弱，极容易形成荒漠化现象从而侵蚀绿洲和草原，且生态环境一旦遭到破坏，在未来很长时间内难以修复。沙漠化已经成为西北地区最重大的生态环境问题，从根本上制约着该区域工农业的发展和社会经济的进步。"贫困—人口增长—环境恶化—贫困"的恶性循环，导致沙漠地区成为我国现代化程度最低的地区之一。

为提高西北地区社会经济的发展，国家于 2000 年 3 月正式实行西部大开发战略，西部内陆城市纷纷进入现代化发展的快车道。但在发展过程中，由于人们长期以来对经济落后的忧患意识较重，对生态环境保护的认知不足，导致了以牺牲生态环境为代价换取经济增长的现象，由此带来一系列生态环境问题，也进一步加剧了西北地区的土地荒漠化，成为制约西北地区经济社会可持续发展的关键问题。

近年来，为遏制西北地区生态环境恶化，国家实行了一系列生态修复工程，包括三北防护林工程、退耕还林还草工程、防沙治沙工程等，取得了良好的生态成效，荒漠化趋势有所遏制，许多绿洲也得到了保护，但是西北地区生态恶化的现状并未得到根本性扭转。相关研究表明，一方面，落后的农业生产方式是主要原因；另一方面，民众整体的生态意识和生态观念明显缺乏，传统生态道德的约束力丧失，新的生态观又未建立起来，功利主义和短视经济发展理念仍支配着人们的思想和行为。

沙漠生态文化，作为意识形态凝聚在人们深层次的文化观念、民族心理、民族精神中，更作为一种精神层面的指导体现在人们日常生产生活中，成为人们一种自觉行为。加强沙漠生态文化的传播，既具有对外渗透融合的功能，更具有对内积淀凝聚的作用。所谓对内积淀凝聚，即通过对自己民族传统生态观念的挖掘，唤起人们内心的生态道德伦理观念，增强民族凝聚力，自觉遵守民族代代传承的道德准则和价值观，形成自觉的自然保护意识，这对于转变传统经济发展方式、有效改善西北地区生态环境、实现社会经济的可持续发展具有至关重要的作用。

三、弘扬沙漠文化精神

"文化是一个民族的灵魂和血脉。一个民族的文化，凝聚着这个民族对世界和生命的历史认知和现实感受，沉淀着这个民族最深沉的精神追求和行为准则。"[1]中华民族在几千年的历史长河中，创造了悠久灿烂的文化，并以此为基础形成了中华民族共有的精神家园。精神家园是一个民族在文化认同基础上产生的文化寄托和精神归属，是一个民族经过长期的历史积淀所形成的特有的传统、习惯、风俗、精神、心理、情感等[2]。中华民族共有精神家园是建立在中华民族文化和民族精神的基础上，是整个中华民族通过长期历史的传承和文化积淀形成的，所有民族成员可以共同依托和认可的精神情感、价值观念和文化内容。每一个成员都能在共同的精神家园中找到心灵的慰藉和精神的归属，为中华民族生生不息、凝聚力量、团结奋进提供精神动力。当今时代，面对全球化的浪潮，弘扬中华文化、建设中华民族共同精神家园，对于凝聚民族精神的纽带、增强文化向心力和认同感、实现中华民族伟大复兴具有更为重要的意义。

中华文化是一个多元有机的文化共同体，沙漠文化是中华文化的重要构成部分。从地域性来说，沙漠文化是相对于中原农耕文化、草原游牧文化而出现，具有独特的文化特质和品格。一方面，就地域性特征而言，沙漠地区因其特殊的地理位置和自然环境，自古以来就是东西方各民族互通交流的重要陆上通道，多种民族、多种语言、多种信仰在此聚集并存，形成极具包容性的文化氛围。另一方面，从多民族文化属性来看，沙漠地区又是众多民族聚居之地，如维吾尔族、哈萨克族、柯尔克孜族、塔塔尔族等，这些少数民族在形成和发展过程中，与其他民族文化相互融合、相互交流，共同缔造了中华民族博大精深、源远流长的民族文化。民族文化是一个民族区别于其他民族存在的内部特征，对该民族的心理素质、民族性格、价值观念、意志追求的形成起着重要作用，是少数民族文化认同的基础。另外，从具体的文化形态和元素上看，沙漠文化是沙漠民族千百年的生

---

① 王育济：《建设中华民族共有的精神家园》，光明日报，2012 年 1 月 11 日。
② 高永久，陈纪：《论中华民族共有精神家园的内涵与价值核心》，科学社会主义，2008 年第 2 期。

产生活实践中经过不断积累、沉淀起来的总和，并通过语言文字、历史遗迹、建筑艺术、宗教文化、文学艺术作品等具体的文化形态表现出来，这些有独特魅力和内涵的文化资源是中华民族不可替代的文化遗产，承载着沙漠人们独特的民族情感和文化风情。因此，沙漠生态文化是沙漠优秀文化的代表，是沙漠精神的集中表达，不仅是我们今天建设中华民族共有精神家园的重要源泉，也是增强民族认同和凝聚力的保证，需要大力传承和发扬。

然而，在当前全球化冲击下，文化同质化趋势愈加强烈，许多沙漠地区少数民族文化的继承和发扬正面临消亡危机，语言文字、民族工艺、民族艺术等非物质文化遗产由于缺乏保护、后继无人而濒临失传，这无疑是中华文化的重大损失。这种现象背后深层次的原因是少数民族文化在对抗全球化消费文化的弱势乏力，也是工业化和城市化扩张的必然结果。这种现象的后果是十分严重的，不仅会导致文化多样性的丧失和民族精神的衰退，还易被西方的物质观念所侵蚀，失去自身的文化根本，威胁国家民族的文化安全。因此，加强沙漠生态文化的传播，无疑为少数民族文化的继承和发扬提供了新的途径和载体，使得民族文化重获生命力和发展力，有效抵制外来文化的冲击，扩大中华文化的影响力。

第二节　沙漠生态文化传播的历时形态

人类文化的传播形态经历了口语形态、文字形态、印刷形态、电子形态、网络形态的变迁历程①。人类文化的每一次重大变革和发展都实现了传播形态的创新和自我超越，而每一次传播形态的创新和发展又促进了文化的发展，沙漠生态文化的传播也是如此。人类文明的不同时代，生活在沙漠中的智慧先民们，创造了各具特色的生态文化和思想，这些文化和思想又借助各自特定的传播形态，对人类发展产生深远的影响。从历史的角度来看，透过文化传播形态的时代变迁，可以解读沙漠生态文化中的文化意蕴的发展历程。

一、原始文明时代的传播形态

从人类诞生之日起，就试图建立起各种形式的人与人、人与部族、部族与部族之间的联系，信息的沟通在这种过程中形成，成为传播的开始。在文字尚未发明的漫长岁月里，语言的产生使人类文化进入了一个新的发展阶段，口语传播成为人类文化最早的传播形态。口耳相传这种古老而又简易的传播方式，成为人类信息传播的载体，不仅为人们日常生活中交流和交往提供了便捷的途径，也通过

---

① 孙瑞祥：《文本呈现：传播形态变化的文化意蕴》，新闻知识，2008 年第 11 期。

歌谣、神话、谚语、咒语等文化形式跨越时空保存下来，为我们解读原始文明时代人们的思想和情感，提供宝贵的材料和依据。由于年代久远、流动易变，如今已很难把握原始文明时期人类文化的完整原貌，但仍可以从神话传说、古诗歌谣和原生宗教中的意象痕迹探索原始文明时代人类生态意识的发微，寻觅远古进化时期沙漠文化传播的先声。

（一）神话传说

"神话是人类童年时期回忆和追踪，蕴含着人类心灵发展历程，也记载着原始先民对人与自然融通关系的认识，并通过一系列生态意象的形式表现出来。"[①]中国神话包括了汉民族和众多少数民族的神话，繁杂多样的神话传说产生的背景环境和传播主体各不相同，但是有两点却是惊人的相似：一是都把自然作为神话的主要描述对象，并试图构建人与自然之间的原初秩序；二是都在神话意象构建中体现出人类敬畏自然、融通自然、归属自然的情感。神话中的这种的生态思想对早期人类的生态伦理观的形成和发展产生重大影响，并伴随神话的流传和扩散，逐步内化为人们自觉的行为准则和道德标准。以汉民族的神话为例，记载于《山海经》《淮南子》中的神话故事，清晰地描绘出古代先民对于宇宙、地理、自然灾害、人与自然关系的认知，其中包含丰富的生态思想。例如《山海经》中关于神灵的诞生有如下记载："天地混沌如鸡子，盘古生其中""天地开辟，未有人民，女娲抟黄土做人""大迹在雷泽，华胥履之而生伏羲"等，无论是盘古生于混沌、伏羲生于雷泽、人生于黄土，这些神话传说共同主张的都是生命产生于自然、从属于自然的归属情结。再比如回归自然的思想，古代神话强调"灵魂不死"，人躯体死亡后会转化为自然万物，最终再回归自然。盘古死后躯体各部分化为世间万物、炎帝女儿溺海身亡化为精卫鸟填海、夸父死后"杖化邓林"等故事，体现了先民们的万物转化、世界和谐统一的自然观，这些原始的生态思想都在神话传说中体现出来。

古代生活在北方沙漠草原地区的少数民族的神话传说更具天人和谐的原始情愫。生活在北方的游牧民族，农耕生产方式还未形成，人们生活逐水草而居、逐绿洲而居，在艰难的生存环境中对大自然的依赖更重，崇拜自然、敬畏生命的生态伦理观在神话故事中更明显地体现出来。以蒙古族为例，在蒙古族神话里，天被称为"腾格里"，是古代蒙古人最敬仰的神灵，蒙古人认为他创造了大地万物，掌握着世界和人类的命运。在天的笼罩下，神、动物、人形成各守本位、各尽其职的秩序，履行着各自的义务，维系着世界的平衡。在这种体系中，人被置于神和动物之下。这种奉天敬畜的伦理观念反映了蒙古人对自然的依赖性和归属感，

[①]　康琼：《人与自然的融通——古代神话的生态意象》，湖南师范大学社会科学学报，2010 年第 3 期。

也体现出生活在沙漠上的先民对天人和谐自然秩序的追求。

(二) 歌谣史诗

原始民谣是诗歌的起源，也是文学的起源。早在西周时期，古老的歌谣在劳动人民的劳作和生活中不经意创作出来，与音乐的曲调和节奏融合在一起，通过重章叠唱、口耳相传而广为流传。人们在传唱中将自己所知所见、人生理想、思想情感寄托在其中，咏唱以抒怀。于是，这种咏唱跨域历史的阻隔保存下来，成为我们研究先民的观念和情感的活化石。

《诗经》是中国文学史上第一部诗歌总集，也是早期先民文化口语传播的代表，收集了自西周初年至春秋时期500多年的305篇诗歌，这些诗歌多采用重章叠唱、章节复沓的乐章形式，好听好记、利于传唱，承载着人们情感从田间地头再到集市街道迅速广泛地被记录、传播。《诗经》中蕴含了丰富的生态审美思想，记载了先民们亲近自然、天人和谐的价值观念和理想追求。著名的民俗学家孙作云曾统计："《诗经》305篇，共记载动植物252种，其中植物143种，内含草类85种、木类58种；动物109种，内含鸟类35种、兽类26种、虫类33种、鱼类15种。"①这是多么壮观丰富的动植物世界！"关关雎鸠，在河之洲""桃之夭夭，灼灼其华""蒹葭苍苍，白露为霜"……大自然的一草一木、鸟兽鱼虫都被赋予人的喜怒哀乐、悲欢离合，成为人们爱情、欢乐、思念、忧伤的情感象征。《诗经》中大量运用了比兴的手法将人们的情感寓于世间万物，表达了人们在与大自然朝夕相处中对身边的鸟兽草木充满感情，以诗歌的形式传递着人与自然相通、天人合一的哲学情怀。

相对于描绘农耕文明的诗歌民谣，早期生活在沙漠草原游牧上的游牧民族，口传文学代表最具特色的是英雄史诗。史诗是在原始神话、传说基础上形成的，涉及的主题多为歌颂英雄功绩或记载民间传说，是人类最早的精神产品，对我们了解早期人类社会具有重大意义。史诗多为背景庞大、人物众多，时间跨度大的叙事作品，通过叙事诗的形式口口相传，在传播过程中不断加工完善，是口传形式最高阶段发展的体现。我国早期生活在沙漠的古西域民族中都有代表性的史诗著作，在这些史诗著作中，充分记载了沙漠先民敬畏自然的生态意识的萌芽。如维吾尔族英雄史诗《乌古斯传》就明确记载了西域先民树木的神话和崇拜的思想，大致意思是说两棵树合而生婴，剖开树得到了婴儿，成为本民族的祖先。而至今维吾尔族人还保留着到树前求子的习俗。而柯尔克孜族史诗《玛纳斯》，也有加库普老人的妻子在林中独居后怀孕的情节的叙述，这都体现了古西域人对树木的原始崇敬和爱护，倡导人们避免砍伐林木来保护沙漠稀少的植被。

---

① 孙作云：《孙作云文集诗经研究》，河南大学出版社2003年版，第13页。

(三)原生宗教

原生宗教是在民族长期的历史发展过程中，民众自发产生的一套神灵崇拜观念、行为习惯和相应的仪式制度①。我国西北和东北普遍信奉的原生宗教是萨满教。萨满教在广义上是个世界性的文化现象，曾经广泛流行于亚洲北部和中部乃至欧洲北部、北美、南美和非洲，信仰体系主要包括万物有灵论、祖先崇拜和自然崇拜。我国北方阿尔泰语系、突厥语系的许多民族，包括鄂伦春族、鄂温克族、赫哲族和达斡尔族到 20 世纪 50 年代初尚保存该教的信仰。其在北方地区的广泛传播发展对我国北方沙漠草原地区的少数民族人们的信仰崇拜、伦理道德、文化风俗、行为习惯等，产生了根深蒂固的影响。

萨满教产生于旧石器时代中晚期的母系氏族社会，是一种典型的原始氏族自然宗教，其产生的基础就是自然，所信仰的对象是自然界的万物，包括对天地、山川河流、动植物图腾的崇拜，萨满教认为人类和自然界中的一切都是神灵在主宰，与人类的生存息息相关的一切自然存在物都有神灵主宰，天有天神、山有山神、河有河神、动植物有动植物神，人类的旦夕祸福、幸运灾难都在神灵意志的掌握中，因此人们虔诚地信奉着大自然的一切。同时，萨满教还把人与自然的关系看作是一种互动的关系，人的生存繁衍源于自然的恩赐，人有义务自觉尊重且维护自然万物的生存权利，食肉衣皮是为了维护种族的生存，通过各种动植物的祭祀仪式以获得食用的权利。这种维护自然界利益的道德观念，一方面反映了原始沙漠先民生产力的低下和对生存环境的依赖，另一方面也在人们观念和行为层面形成了爱护大自然、维护生态平衡和回归大自然的生态精神和环境意识。

萨满教与原始神话、诗歌、史诗所不同的是，在生态环境保护上既有观念层面的宣传教育，又有制度层面的一系列宗教禁忌、祭奠仪式限制和人们行为规范。例如以树神的名义保护森林、禁止滥砍滥伐；以水神的名义保护河流泉水，禁止向水中乱扔杂物污染水源；蒙古族宗教禁忌中禁止破坏草场、限制乱挖洞，以及祭山、祭地、祭敖包等祭祀活动以地神崇拜保证土地的保全；借助图腾禁忌保护动植物，包括食物禁忌、行为禁忌和言语禁忌，禁止宰杀幼畜和孕畜等强制限制措施，这些禁忌和规范也为后来西域各国和蒙古帝国的生态保护法规的建立奠定了思想基础，对北方沙漠生态环境维护起到了切实的促进作用。

二、农业文明时代的传播形态

文字是人类社会进入文明时代的重要标志，更是文化传播形态史上的伟大变革。早期口头传播具有随意性强、流动性大、储存性差的弊端，同时跨地域语言

---

① 罗义群：《原生宗教与社会精神文化多元》，读书，2010 年第 2 期。

不通成为不同文化交流传播的阻碍。文字的产生，为人类书写语言符号和交流信息提供了强大的工具，流动性强的语言符号得以固定在物质材料上，满足了文化长时间和远距离传播的需求，扩大了文化传播的范围。文字形态是人类农业文明主要的传播形态，在这个过程中，造纸术和印刷术的发明使文字传播和留存更加便利和广泛，实现了文字载体和传播方式具有划时代意义的伟大变革，打破了文字资源的贵族垄断，为文化广泛传播奠定了坚实的物质基础和技术条件，推进了人类文明的进程。

沙漠生态文化作为农耕文化和游牧文化的交界，在这一时期得益于多种形态、多种民族文化的交流与碰撞，获得了较快的发展。沙漠文化中的生态思想内涵，在继承传统民族原生生态观的基础上，借鉴融合了来自各方的生态思想不断深化，借助文字形态的媒介与农业文明向周边地区扩展，通过文学作品、商贸活动、人口迁徙等具体的活动形态向外传播自己独特的沙漠生态文化，对人类生态文明发展产生深远影响。

（一）文学传播

中国古代诗词作为古典文学的主要形式，篇什众多、异彩纷呈，集中反映了华夏文化的精髓。其中唐诗作为中国诗歌巅峰的代表，其纷繁灿烂的文学成就展现了古人洞察世界的哲理智慧和多姿多彩的艺术情怀。边塞诗是唐诗中思想最为深刻、想象力最为丰富、传播范围最广的一部分，参与人数之多、诗作数量之大，为前朝和后代所不可及，仅《全唐诗》中收录的边塞诗就达 2000 多首。盛唐的强盛驱使更多文人心怀驰骋沙场和为国建功的政治抱负而弃笔从戎，创作出大量以边塞景物和边塞战争为题材的诗作，王昌龄、岑参、高适、李颀是其中的代表人物。

由于唐朝的战事集中于北方边境，在与草原沙漠民族碰撞中，这些边塞诗人成为胡汉文化交流的桥梁。一方面，边塞诗作为文学载体将汉文化传递给北方民族。塞外游牧民族学习中原文化促进本民族文化发展，边塞诗成为他们学习汉文化的材料，杜确的《岑嘉州诗集序》曾形容著名边塞诗人岑参："每一篇绝笔，则人人传写。虽闾里士庶，戎夷蛮貊，莫不讽诵吟习焉"，所谓"戎夷蛮貊"，指的就是北方少数民族，反映了当时边塞诗不仅在汉族中流行，也在少数民族中传播，将中原文化中独有的天人和谐观传递给北方民族。

另一方面，边塞诗也为生活于中原地区的人们提供了体验塞外风光、外族风情、异域文化的途径。从这个意义上说，边塞诗人担任起了沙漠文化传播媒介的角色。西北大漠是诗人们生活的环境，也是诗歌创作的素材，大量诗句记载了塞外的瀚海大漠、飞沙走石、奇异景色，"瀚海阑干百丈冰，愁云惨淡万里凝""走马川行雪海边，平沙莽莽黄入天。轮台九月风夜吼，一川碎石大如斗，随风满地石乱走"……为人们展示了一幅沙漠风光的瑰丽画卷。同时，多姿多彩的西域乐器、歌舞等少数民族文化艺术也被边塞文人写入了诗中，如岑参在《田使君美人舞如莲花北鋋歌》诗的前半部分，就对西域的北鋋舞进行了细致的描绘："美人舞如莲花旋，世人有眼应未见……回裾转袖若飞雪，左鋋右鋋生旋风。"边境诗通过对沙漠地区自然风光和人文习俗的描绘，向中原人展现了北方荒漠地区艰苦的生存环境和边疆民族积极适应自然、改善生存条件、创造异域文明的生态智慧。

（二）商贸传播

商贸活动是跨文化传播的典型方式，在商路上传递的不仅仅是商贸货物，更重要的是不同形态的文化信息在空间的流动、交流和共享。丝绸之路作为连接古代中国与西域、南亚、欧洲、非洲的伟大商路，一般意义上指的是西汉时期由张骞开拓的，从长安出发，经沙漠、绿洲通向地中海东岸的道路，又被称为是"沙漠绿洲丝路"。这是人类历史上第一条连接起人类四大文明的陆路商旅通道。在这条道路上，中国的丝绸、瓷器、造纸术、印刷术、火药和冶铁等西传，西方的农作物、奇珍异兽、音乐歌舞、宗教文化东传，丝绸之路的意义已远远超过了商贸活动的范畴，成为世界政治、思想、文化交流的大平台。

在丝绸之路的体系中，西域对联结东西方文明无疑起到了重要的纽带作用。汉唐时期的西域三十六国主要分布在塔里木盆地、吐鲁番盆地和以北准噶尔盆地的边缘，它们依靠高地上融化的水在绿洲上生活，是典型的古代沙漠王国。

西域文化是典型的沙漠文化的代表。在丝绸之路的辐射作用下，这一时期的西域文化依靠其特殊的地理位置，既作为东西方文化传播的媒介存在，又作为自身文化的传播源向外族传播着自己独特的沙漠文化。而沙漠民族在继承历代先民维持地区经济、社会、资源、环境协调发展的生态智慧的基础上，也在东西方文明碰撞交汇中，融合了不同民族和地区的生态价值观，不断完善发展和向外传播着自己独有的生态文化。

丝绸之路对西北民族生态文化发展和传播影响最深远的是宗教传播。在古代，宗教信仰的传播途径与当时商业贸易路线是相同的，贸易之道上来往的商人是最初的宗教传播者。商人们跋涉于草原边缘的商业通道上，在商业活动所经的重要城市进行商贸交易，为加强同交易伙伴的关系，商人每到一个地方就学习当地语言和风俗，天长日久就改奉了当地的宗教，再把它传递给所经之处。早在东汉时期佛教沿着西南丝绸之路自于阗传入西域各国。唐朝时期，波斯的拜火教、摩尼教，以及基督教的分支景教相继沿丝绸之路传入中国。公元7世纪伊斯兰教诞生，阿拉伯伊斯兰帝国迅速崛起并取代波斯帝国占据并开始经营"丝绸之路"的西段，伊斯兰教随之传入中国和西域，并不断吸收当地民族传统文化和社会习俗，成为中国西北地区主要宗教信仰。东西方的宗教中都包含有丰富的生态伦理思想,如拜火教是典型的自然崇拜宗教,摩尼教宣扬制欲禁荤,伊斯兰教作为产生于沙漠的宗教,更强调万物平等、接近自然、珍惜自然资源、保护动植物的宗教伦理。这些宗教伦理思想中的生态意识就是通过在丝绸之路上的商贸过程,在宗教活动中得到广泛传播。

(三)人口迁徙传播

人口迁徙也是文化传播的重要方式。从上古原始社会的氏族部落,到农业文明时期的集镇和村落,不同民族各自在相对隔离的环境中聚族而居,在民族内部形成稳定的血缘宗亲关系,拥有共同的语言、文字、信仰、生活习俗和伦理道德。人口迁徙使得原本不同生活体系的民族交错生活在一起,相互适应、彼此交流、取长补短,实现文化的融合、创新和发展。因此,人口的迁徙也是文化的迁徙和交融。

在传播媒介和手段不发达的古代社会,人几乎是文化传播的唯一载体。在西北沙漠地区,人们主要依托绿洲进行生产生活,受制于自然环境的恶劣,人们生存能力有限,大多规模结成群体迁移,这种迁移方式客观上促进了文化传播,使得不同民族在各自实践中形成的生态技术经验相互交流,迁徙成为生态文化传播和交融的载体和途径。

三、工业文明时代的传播形态

进入工业文明时代,人类传播形态变迁的步伐加快,印刷媒介、电子传媒、网络传媒的相继出现,使人类文化传播形态由单一走向综合,由简单走向复杂,由最初语音或文字的单一传播形态发展为语音、文字、图像、多媒体等多种形态并置的综合形态。传播技术的日新月异和媒介文化整合创新,使得沙漠生态文化得以在更为广阔的平台上,以更为快捷迅速的方式跨越地域、时间的限制,实现广泛的共享和传播。

(一)印刷媒体传播

近代之后,机器印刷术的产生实现了传播媒介的变革,文化传播由文字形态发展为印刷形态,开启了人类使用媒介传播信息的先河,真正意义上实现了文化远距离、大范围的传播。

印刷出版物是我国早期生态学术研究交流的重要载体,承担起了生态理论传播的任务。在 20 世纪 70 年代,西方生态经典《只有一个地球》《寂静的春天》的出版,引起了国际社会和学术界对生态环境问题的高度重视。1973 年我国第一份环境期刊《环境保护》出现,1980 年中国环境科学出版社成立,开始系统地向国内翻译引进生态经典书籍。近年来,随着我国生态危机的显现和国家政策的倡导,专业性的生态环保类报刊《中国环境报》《中国绿色时报》《上海环境报》《环境科学》等纷纷创刊，一些综合性报纸如《人民日报》《经济日报》《南方周末》等都开设了生态环境保护专栏和版块，有关生态研究的期刊如《世界环境》《中国沙漠》《华夏地理》等跻身一流学术行列；《森林与人类》《生态文明世界》《人与生物圈》《国土绿化》《绿色中国》等着力人与自然关系的人文科普类期刊逐步在社会上扩大影响，这些报刊学术杂志通过纪实报道、学术追踪、专家解读，成为沙漠生态文化理论挖掘和传播的阵地。

（二）影视媒体传播

广播、电视节目、影片等电子媒体形态在生态文化传播中也扮演着重要角色。影视作品的制作、宣传和播放过程本身就是一个生态系统，影视作品的生产者通过素材的选择、镜头的拍摄、影片的剪辑制作，通过画面、故事情节、音乐、对话、情景的多维度结合带给观众视觉、听觉、情感、文化等多方面的感受，引发观众心灵的共鸣和精神的升华。影视作品是现代沙漠生态文化传播的重要载体和途径，一批沙漠生态题材的影片的成功制作对于民族生态文化的传播起到了重要作用。

传播沙漠生态文化的影视作品，一方面体现在电视生态专题栏目、生态纪录片的拍摄上，如央视拍摄的《沙漠的呼唤》《沙漠绿洲——吐鲁番》《大唐西域记》《新丝绸之路》《寻找楼兰王国》等一系列关于沙漠文化历史主题的纪录片，通过鸿篇巨制的拍摄和故事化的描绘表现，鲜活直观地将沙漠生态文化的内涵和发展历程展现于大众视野，展示沙漠民族发展历史和生存生活方式，引起人们对生态文化的认同；另一方面，《大漠雄心》《大漠巾帼情》《可可西里》等社会投资拍摄的西北沙漠生态题材电影，也成为沙漠生态文化传播的窗口，通过对沙漠地区人文地理、音乐舞蹈、情感诉求的展现，抒发生态情怀，如电影《可可西里》，通过纪实的手法展现了"野牦牛队"为保护濒临灭绝的藏羚羊与残忍的偷猎者展开的暴力、血腥的角逐，引发人们对于西北地区野生动物保护的关注。

（三）新媒体传播

随着新媒体时代的到来，越来越多的新媒体产品出现并成为文化传播的新途径。新时期沙漠生态文化的传播必须迅速转变观念，紧跟新媒体的发展潮流，主动运用新媒体技术、方法、手段实现自身的发展，通过网络这个高速传输的共享平台，借助新媒体产品实现生态文化更便捷、快速、广泛的传播。

以新媒体为主要载体的沙漠民族新媒体动态生态博物馆、生态旅游网站和网络小区、民族独立网站纷纷建立，通过这些网络平台人们分享沙漠旅游风光、观赏少数民族歌舞音乐、查阅沙漠文化研究成果，超越时空限制，实现与传播对象双向信息交流。

网络上沙漠少数民族新媒体产业也开始投入经营，例如清真书局，是国内第一家以收集整理伊斯兰相关研究中文资料，传递伊斯兰研究学术咨询为目的的专业网上书店，兼营穆斯林用品、服饰、书画艺术品等。如果将可以展示沙漠民族生态文化思想的书籍、期刊、学术文章置于网络，供网络或手机终端下载，可以更有成效地实现生态文化理论思想的传播。

第三节　沙漠生态文化传播的要素环节

沙漠生态文化传播是一项复杂的系统，横向要跨越民族、区域、语言、习俗的差异，纵向要顺应时代潮流对沙漠民族历史文化进行加工整理。因此，需要深入剖析沙漠生态文化传播的构成要素，对文化传播核心要素的特征及其要素之间的联系进行研究。文化传播核心要素是传播者、传播内容和传播媒介，鉴于前面的章节对沙漠生态文化的内容有较多介绍，这里重点从传播者和传播媒介的角度进行阐述。

一、具备综合与专业素养特质的传播者

传播者作为信息传播链条的第一环节的要素环节，在传播过程中起到至关重要的作用。传播者担任着收集、储存、加工、传递信息的职责，不仅是传播活动的发起者、传播内容的制作者，也是信源与受众之间的信息中转站，对整个传播过程具有能动的控制作用。美国社会心理学家卢因在《群体生活的渠道》一文中首次提出了"把关人"的概念，即每一个传播者都是信息的"把关人"，筛选着受众所接受的讯息。

沙漠生态文化的传播者，古来有之。传播者的形态也随着时代的发展和传播工具的进步不断发生变化。在新媒体日新月异的今天，如何挖掘出沙漠文化中的生态元素，并通过有效传播途径使其作用于当前的生态文明建设，这无疑对沙漠生态文化传播者的个人素养提出了更高要求，良好的意志品质、职业素养、文化素养是对传播者的理想要求。

（一）沙漠生态文化传播者的类型演进

中国古代沙漠地区跨文化传播已有悠久的历史，早期的传播活动是伴随着边疆战争产生的。自汉唐以来，由于西北边陲战事不断、政治活动频繁，西域地区成为信息流动最为活跃的区域，为文化传播提供良好的机遇和平台。但受到地理因素、传播通信工具的落后、语言文字的障碍等因素的制约，早期的沙漠文化传播主要是依托官方的政治外交活动实现的。一批中原王朝的使臣，如张骞、班固等，在完成外交任务返回中原时，将西域地区的特产、服饰、习俗、观念等异域文化带回中原，成为沙漠文化最早的传播者。政治的联盟打通了中原地区与沙漠

地区之间的经贸通道，随着丝绸之路的开辟，民间交流成为文化传播的主力，商人和传教士成为主力的文化传播者。商人往来于不同区域从事商贸活动，成为所经地区物质产品、文化习俗、宗教观念的携带者，并通过商业迁移传递到不同区域。沙漠地区自古以来就是宗教汇聚交流的大本营，传教士们凭借其坚定的意志和惊人的毅力跋涉于沙漠之间，在所经的每个绿洲点传教弘法，逐渐将宗教精神融入沙漠民族的文化中，并伴随传教士永不停息的步伐向外传播。其中最著名的例子当属唐玄奘西行求法，玄奘法师西行 19 年，行程数万里，从天竺取得真经，并撰写《大唐西域记》，记载了西行路上亲身经历的 110 个国家，以及沿途地区民族的气候环境、风土人情、宗教习俗、神话传说等，内容丰富、严谨有据，成为中国了解考察西部文化重要的文献资料。

进入工业文明后，印刷技术和电子技术的出现为文化传播带来革命性的改变，不仅克服了沙漠地区深居内陆、地理阻隔、交通不便、民族纷杂、语言不通的时空限制，也使得传播者的形态发生了很大变化，即由古代主要依靠人与人、团体与团体之间的亲身传播，到更多依赖中介——各种传播媒介进行传播。

近现代的沙漠文化传播者大致分为三种：一是大众传播者。所谓大众传播者就是通过大众传播媒介进行传播活动的职业传播者，可以是个人层面的传播者，如记者、编辑、主持人、导演等，也可以是组织层面的传播者，如报社、出版社、电视台、网站等。大众传播依托现代媒介，面向社会大众，影响范围广，容易形成一定的社会舆论，是文化传播最重要的力量。但同时大众传播者易受到一些客观因素，如大众传播组织机构的经营目标、受众需求、利益因素等的制约，其文化传播功能无法充分发挥。

二是学术传播者。由于文化传播不同于普通信息的传播，它有一个文化内容挖掘、恢复、再制作的过程，这个信源制作的过程超出了一般大众传播者的能力范畴，需要拥有专业学术能力和知识水平的学者来完成这项工作。传播者的主体往往为高等院校教师、研究学者、翻译家、小说家等，通过著书立传、学术研究、文化交流等方式展开，受众集中于相对特定人群，传播内容更具专业化和体系化。

三是个体传播者。相对于上面两类传播者而言，个体传播者具有分散性、偶然性的特征。历史上个体传播者往往伴随人口迁移而产生，但在信息化高度发展的现代社会，新媒体技术的发展打破了文化交流时空的绝对阻隔，个体传播者重要性开始凸显。沙漠生态文化凝聚在众多民族的个体文化中，而每个个体文化内部又在教育背景、民族文化认同程度等因素影响下分化成不同亚群体，其中学生群体由于文化素养和媒介素养较高，担负起了新时代文化传播者的使命。尤其是沙漠地区少数民族大学生，他们在特定文化环境中成长，认同本民族的文化和价值观，同时因为受教育程度高，接受新媒体能力强而拥有很强的文化传播力。

(二)沙漠生态文化传播者的素养特质

随着信息时代的到来，人类社会进入了讯息瞬息万变、知识大量膨胀的时代。人们每时每刻被包围在大量信息中，自主对信息进行过滤挑选，这无疑对沙漠生态文化的传播带来巨大挑战。沙漠生态文化作为一种跨民族、跨区域的文化传播，不仅由于语言隔阂、行为习惯以及价值观上的差异导致交流困难，还面临着流行文化等其他文化形态的冲击，要得到大众的青睐十分不易，这就对文化传播者的个人品质提出更高的要求。文化传播归根到底还是人的传播，传播者的优秀品质和个体魅力无疑对沙漠生态文化的传播起到至关重要的作用。

1. 媒介素养

所谓媒介素养，可以从不同角度理解，概括来说就是指能够正确地、建设性地享有大众传播资源，充分利用媒介资源完善自我，参与社会进步的素质。具体包括利用媒介资源的动机、使用媒介资源的方法和态度、利用媒介资源的有效程度以及对媒介资源的批判能力。在信息化高速发展的时代，大众传媒已经成为人们获得信息和沟通思想最普遍的渠道，不同形态的文化都被纳入同一个传播体系中，传统的传播秩序被打乱，公众不再只是信息的接收者与使用者，也拥有了生产信息、传播信息和选择信息的能力，这就导致了社会上的信息大量膨胀且良莠不齐。在这种大环境下，沙漠生态文化作为一种传承性、民族性、生态性鲜明的主流文化形态想要从流行文化、群众文化中突围，并为人们关注且形成舆论优势，就必须依托于传媒力量，尤其是新媒体的力量。现代传媒不仅是一种文化传送和表述的载体，还能通过一定程度上的文化重建和容纳，以潜移默化的方式使传播的思想观念作为一种群体性的语言而迅速被受传者接纳和吸收。美国传播学者詹姆斯·凯利认为，传播的最高表现并不在于信息在自然空间内的传递，而是通过符号的处理和创造，与传播的人们构筑和维持有序、有意义，成为人活动的制约和空间的文化世界①。因此，基于媒介的重要性，沙漠生态文化传播者必须迅速转变传播理念，自觉接受传媒素养教育，强化自己操控驾驭新媒体的能力，在坚守传统媒介优势的基础上，继续学习不断提升传播技能，通过新媒体更为广阔的信息平台，实现生态理念传递，舆论方向引导。

2. 文化修养

沙漠生态文化作为一种区域文化是我国多元文化体系的重要组成部分，拥有独特魅力和文化气息。近年来，随着民族风、原生态歌舞等在电视节目和网络上的火热，原本相对边缘、非主流的少数民族原生态文化艺术借助大众传播媒介的

---

① 石义彬，单波：《20世纪西方新闻与大众传播理论概观》，国外社会科学，2000年第4期。

平台进入人们的视野，更多受众在媒体营造的氛围中开始关注这个原本边缘和陌生的文化领域，这种少数民族大众化的传播方式为沙漠生态文化的传播创造了良好条件。但是，在这个过程中也出现了少数民族文化重开发、少保护、原生态文化庸俗化等问题，而导致这些问题的重要原因之一，就是作为传播者的媒体从业人员，在自身的知识素养和思想意识不完善的情况下，就在媒体逐利性和文化市场需求的驱动下草率地完成了身份的跨越，很难对民族文化的原发性和文化性进行深层次的挖掘，大多集中于对少数民族的民风民俗或宗教节日做表层的印象展现和描述，而不去考察其深层次所隐藏的民族情感和文化意涵，有时甚至简单凭借经验和受众需求对原生态民族文化进行打磨和包装，传播内容和形式流于平庸低俗化，这不仅不利于文化的传承和发扬，还误导传播受众对民族文化进行片面化解读。沙漠民族历史悠久、文化内容丰富，每一个文化传播者都要提高自己的综合文化修养，增强对沙漠民族文化的认知和鉴赏能力，深入对沙漠民族历史、宗教、习俗、文学艺术作品做全方位的考察把握，挖掘出沙漠孕育的最为本真朴实、原汁原味的情感智慧，而不是"走马观花"式地了解与浅尝辄止地体验。

3. 创新能力

在新媒体时代，传播受众对信息的自主选择权越来越大，对于传播内容的趣味性和传播形式的多样性要求也越来越高，这就需要传播者突破循规蹈矩，在工作中充分发挥创新能力，不断总结反思，挖掘新的内容和形式，实现文化创新。

文化间的差异性是跨文化传播的重要前提，而文化间的共通性是跨文化接受的重要前提。沙漠文化在对外传播时，其民族文化的原发性和独特性可以迅速引发受众的好奇和遐想，获得良好的传播机遇，然而想获得大众更为广泛的认知和接受，就必须打破成规，依据时代需要和受传者的特点进行创新。沙漠地区的少数民族由于地处偏远，现代化进程缓慢，其衍生的文化形态在观念和形式上都存在着观念落后、与时代脱节的问题，这就需要沙漠文化的传播者在把握生态文化思想的精华内容的前提下，在形式和内容上进行调整和重塑：形式上依靠大众传媒产品化的传播理念，通过影视节目、电视栏目制作、网站设计等现代媒介将民族文化内容转化为媒介产品，实现与流行文化接轨，引起社会大众尤其是青少年群体更多的关注；内容上将沙漠生态文化融入当前建设生态文明的理论体系中，探索传统生态文化与现代生态理念的一致性，减缓民族特色的退化、变异以及多样性的流失。

4. 生态意识

传播者自身具备生态意识是生态文化有效传播的关键。传播毕竟是人的传播，传播者的价值取向和观念意识会无形地渗入传播过程并传递给受传者，从而直接影响传播效果。因此，作为传播活动主体，传播者应首先培养起自己的生态意识，清醒认识到生态环境恶化给人类生存发展带来的威胁，充分意识到民族生态文化的传承和传播的重要性，承担起重构人们生态价值观的重任。因此，培养传播者内在的生态意识，对于生态文化传播效果的实现是至关重要的。

5. 意志品质

传播关键是人的力量。自古以来的文化传播者，无论是张骞、班超、玄奘，还是西方传教士们，都具备了坚韧的意志品质和敬业精神。沙漠生态文化主要存在于边远的少数民族地区，在挖掘其文化内涵时必然面临重重困难，要克服语言、文字、习俗差异等方面的困难，潜心进行学术的研究挖掘，这无疑需要传播者坚定不移的明确目标和甘于寂寞、坚持不懈的学术精神。

沙漠生态文化传播者不仅肩负着宣扬传播生态文化的重要使命，还需要自觉承担起保护和传承沙漠民族文化遗产的责任。如果没有坚定的理想信念，极容易敷衍处理或片面解读，这无疑对文化传承造成永久性的伤害。

二、借助传统与现代技术优势的传播媒介

传播媒介，又称为传播渠道、传播工具，是传播内容的载体。传播媒介有传统媒介和现代媒介之分，传统媒介指的是通过某种固定机械装置定期向社会发布信息或提供教育娱乐交流活动的媒体，主要包括广播、报刊、电视三种传统媒体。新媒介指的是相对于传统媒介而言的，主要依赖数字技术、互联网技术、移动通信等新媒体技术向受众群体提供信息服务的新兴媒体。媒介是文化传播的关键，决定着文化传播的速度、内容和范围，媒介的变革创新为社会和文化发展带来冲击。每一次新媒介的诞生，都会对原有的媒介造成冲击，但是每一次新媒介的出现，并不以取代旧媒介为前提和条件，而是迫使旧媒介改造自己，在媒介竞争中生存下去。

(一)各具特色的传统媒介

以印刷媒体和电子媒体为主要类型的传统媒介是沙漠生态文化传播的主要形态，在生态文化传播中一直扮演重要的角色。传统媒介在生态传播中各具优劣，互补性强。以报纸、杂志为代表的文字印刷媒介是近代以来沙漠生态文化传播的主要形态。我国生态纸媒发展起步较早，在中国西北地区各个省行政区域都有自己独立的专业报纸和大众化报纸，对本区域内的文化传播起到了重要作用。近年来，随着生态文明逐渐成为媒体和社会关注的热点，不仅出现了《中国环境报》《中国绿色时报》等环保专业性的报纸关注全国生态相关的报道，一些综合性报纸也纷纷开始对生态问题进行专栏报道，纸媒成为沙漠生态文化传播的新阵地。在生态文化传播方式上，报纸、杂志等纸媒刊物主要通过运用图表、漫画、照片、背景材料等新闻手段，通过对深度报道、学术追踪、专家解读，深度挖掘沙漠生态文化的内涵，以此唤起公众的生态意识。

以广播、电视、电影为代表的电子媒介也是沙漠生态文化传播的重要途径。电子媒介通过声音和图像弥补了抽象文字的不足，消除了文字符号和受教育水平对传播受众的限制，促进了传播受众的民主性和平等性。尤其是电视媒体，具备声画结合、视听兼备的优势特征，强烈的视听感染力可以大大提升环保传播的效果。通过媒体新闻报道、电视专题节目的制作、纪录片的拍摄制作等形式对沙漠生态文化进行宣传，鲜活直观地将沙漠生态文化的内涵和发展历程展现于大众视野，达到良好的传播效果。

（二）前景广阔的新兴媒体

随着科技的发展进步，日益成熟的数字化技术、网络技术、数据库技术、多媒体技术以及光纤通信及卫星通信等技术，建构一个全新的信息传播环境，新媒体的运用标志着一场真正变革的到来，使得当代文化传播发生翻天覆地的变化。借助网络和新媒体，文化传播迅速走向数字化，对沙漠生态文化的交流、继承和传播产生了直接和深刻的影响，主要体现在三个层次：

一是为沙漠传统文化的保护和传承提供了强大的技术支持。借助网络和数字技术，运用现代科技手段对沙漠传统文化进行抢救和复原工作，数字化的加工、处理、恢复、储存、展示和传播，克服了传统研究收藏的烦琐流程和浩大的工程量的局限，实现民族文化产品的图、文、声、动并茂，并迅速复制、传播、回馈，实现资源共享。"用数字采集、数字存储、数字处理、数字展示、数字传播等数字化技术，将文化遗产转换、再现、复原成可共享、可再生的数字形态，并以新的视角加以解读、保存和传播。"

二是突破了传播的时间、空间的限制。地域空间的局限历来是沙漠文化传播最大的障碍，新媒体时代的到来使其大范围传递和交流达到了前所未有的广度和深度，沙漠异域文化的独特风情和魅力通过网络迅速实现全国性乃至全球性的迁移，生态文化的影响力、辐射力更强。

三是实现了沙漠生态文化多元化途径传播。以往传播无论是报刊还是电视节目多为官方主导的宣传性传播，传播方式单一，吸引力较低。新媒体时代，民间力量"异军突起"，成为文化传播的新生力量。这些民间传播者多能熟练运用新媒体，通过网络社区、民族网站、电子商务、数字电视等新兴事物对沙漠生态文化进行推广和经营，不仅吸引更多受众关注，还推动了民族文化产业和文化事业的发展。

（三）媒介融合，优势互补

新媒体的出现为沙漠生态文化的传播带来了便捷的传播工具和发展机遇，同时也带来了不小的冲击和挑战。新媒体产业化的运营方式，在经济利益驱使下，简约化、片面化、碎片性地解构沙漠民族文化，重视文化表面形式的开发以满足大众文化消费的需要，而忽略对民族文化精神内涵的挖掘和发扬，沙漠文化中许多优秀的文化元素逐渐边缘化、削弱化甚至消失。在商业化和娱乐化的扭曲下，沙漠民族内在的本色文化逐渐衰退，生态文化也因不符合商业运营利益而逐渐被忽略，这使得新媒体时代的沙漠文化的传播陷入困境。

在新媒体传播出现危机时，传统媒介的作用就充分彰显出来，媒介融合成为新时期沙漠生态文化传播的必然选择和发展趋势。从媒介生态学的角度来看，不同介质的媒介形成了不同的群落，不同的群落之间存在着差异。正是由于存在这样的差异性与多样性，生态才能动态平衡，才能满足不同层次的信息需求①。报纸、广播、电视、网络、手机等媒体传播的重点不同，受众也不同，需要发挥各自的媒介优势，通力合作，在竞争中不断完善、共同发展。传统媒体需要适应市场及自身发展的需要，借助新媒体扩展发展空间；而新媒体也需要借助传统媒体的深度采访、权威解读、节目制作深化内涵。传统媒介与新媒介的结合，实现优势互补，以最快速的传播速度、最深入的挖掘和报道、最丰富生动的产品展示和最便捷的信息互动，为沙漠生态文化的传播创造最便捷的途径。

第四节　沙漠生态文化传播的未来发展

沙漠生态文化传播作为人类以治理荒漠化、改善沙区生态环境、传承沙区精神文化为主要目的的传播活动，也随着现代化的深入不断发展、演变和创新。在今天建设生态文明的新时代，研究沙漠生态文化的传播途径，将从本质上展示和体现人类与沙漠互动的生存状态和生存方式，诠释人类在沙漠地区生活实践的意义和维护沙漠地区生态系统的价值。

一、生态文明视域下新的思路

党的十八大提出了大力推进生态文明建设的战略决策，把生态文明建设纳入社会主义现代化建设的总体布局中，使得生态文明建设被提升到了一个新的高度。2017 年 9 月，习近平总书记在向《联合国防治荒漠化公约》第十三次缔约国大会的贺信指出，土地荒漠化是影响人类生存和发展的全球重大生态问题，是人类面临的共同挑战，要弘扬尊重自然、保护自然的理念，共同推进全球荒漠化综合治理，让荒漠造福人类。加强生态文化传播是建设生态文明的要求。在生态文明建设的新视域下，沙漠生态文化的传播具有很强的理论价值和现实指导意义，不但有利于沙漠地区的生态保护和建设，实现可持续发展，也为构建社会主义生态文明有重要的启示和借鉴意义。

---

① 张梅珍，张磊：《媒介融合背景下生态传播可持续发展的路径探讨》，新闻知识，2010 年第 12 期。

（一）重视生态文化在生态文明建设中的价值

生态文化是反映人类、社会、自然三者之间和谐共处、共同发展关系的人类全部精神产品和物质产品的总和。生态文化的发展是一个动态的过程，在不同的发展阶段会有不同的表现。虽然生态文明是一个新的提法，代表着人类社会即将进入一个崭新的时代，但是生态文化却是古来有之，不同民族、不同地区、不同时代的人们在特定的生存环境中创造了各具特色的生态文化，并作为一种深层次的生态观念意识指导和规范人们的行为。

沙漠生态文化中蕴含的丰富的生态伦理思想，是当前建设生态文明宝贵的文化财富。沙漠地区由于地处偏远、社会经济不发达，许多少数民族仍保持了传统的发展状态，受工业文明冲击较小，生态文化思想广泛存在于民族的生存、生活、宗教、文学艺术、道德伦理等领域，成为沙漠先民们生态智慧积累的活化石，为我们今天发展生态文明保存了良好的原始生态思想的标本，值得我们深入挖掘和研究。在今天构建社会主义生态文明的实践中，必须认真汲取沙漠地域少数民族代代相传的生态思想和生态智慧，整合传统生态文化资源，继承弘扬其精华，剔除抛弃其糟粕，从中华民族的根源处汲取营养，创新出适合中国特色的生态文明发展之路。

（二）阻碍沙漠生态文化传播发展的突出问题

1. 文化差异性不利于民族文化的交流和沟通

文化差异性是跨文化交流的基础，同时也是文化传播第一个要克服的难关。我国北方各少数民族发展历史悠久、文化底蕴深厚，且文化地域性发展的特征明显。沙漠民族由于其地理位置的独特性，保持了较为独立的发展脉络，有自己完整的文化体系，随着文化的代代传承不断积累；而且我国西北沙漠地区现代化程度较低，工业化和城市化发展都较为缓慢。这些特征使得沙漠民族文化得到了较为完整和持续的发展，保留了较为完整的文化原貌，与其他地区文化差异性较大，这无疑是当前阻碍沙漠生态文化传播的最重要因素之一。这种文化差异性主要体现在语言文字上的差异。语言文字是文化的载体，沙漠民族独特的语言文字体系的形成是沙漠文化得以传承和发展的重要元素。但这种语言文字的差异给文化的传播带来了很大的阻碍，不利于以汉字汉语为基础文化体系的人们去了解少数民族的文化，而对沙漠民族文化的翻译、学术解释也没有得到社会的足够重视和支持。这种文化差异性还表现在其他方面，如宗教意识、生产方式、生活习俗等，这种文化差异无疑在很大程度上限制了传播的效果。

2. 文化传播面临庸俗化的挑战

我国目前正处于现代化快速发展的阶段，受到经济利益和文化潮流的影响，沙漠生态文化的传播面临着重大的调整和适应的过程，沙漠生态文化的大众化、产品化成为文化传播的必然趋势。

在激烈的传播市场竞争中，采取什么样的竞争理念和竞争手段，对于传播效果的影响至关重要。民族文化现阶段的传播必须借助于大众传媒，适应文化市场的需要，以广大受众喜闻乐见的形式传播。在这个过程中，沙漠生态文化不可避免地面临流行文化的同化和侵蚀，具体表现为沙漠生态文化传播可能出现的庸俗化：沙漠原生态文化被迫依据文化市场的需求进行分割，文化版图残缺不全，原发性和民族性为迎合流行而变样，文化中许多优秀成分被强制剔除，使得沙漠生态文化价值遭到破坏，优秀资源流失，得不到传承和发扬。

3. 科技落后和人才资源匮乏

沙漠地区因历史和社会的原因，经济发展较为落后，现代化程度较低。因此，在全球化的浪潮中，沙漠生态文化作为一种边缘文化，在缺少现代科技有效载体的基础上，很难对抗现代文化的冲击，科技和人才成为制约沙漠生态文化传播的两大突出问题。沙漠地区科技整体水平相对较为落后，在文化的传承和传播的过程中缺乏现代科技的支撑，新媒体技术的运用缺乏技术支撑和理念普及。同时，随着生态文化的深入挖掘，对专业性人才的要求也越来越高，需要加强人才引入和人才培训的力度，作为文化传播工程顺利进行的有力支撑。

(三)沙漠生态文化传播未来发展思路

1. 传播的总体规划和科学设计

沙漠生态文化建设是一项涉及面很广的系统工程。从内容上看，它不仅涉及了生产技术、生存方式等物质文化要素，还涉及了观念、道德、宗教、艺术等精神文化要素；从工作性质上看，不仅要对沙漠传统文化进行保护、整理和研究，还需要对沙漠文化精髓——生态文化进行挖掘、筛选，需要结合当前国家生态文明建设的实际需要对某些文化要素进行引入或创新，最重要的一点是要结合现代传媒实现文化的有效传播，这是一项复杂系统的工作；从工作环节上看，沙漠生态文化传播要对文化传播每个环节上的传播者、传播媒体、传播内容和传播受众之间进行协调和控制，确保达到期望的传播效果。因此，对于沙漠生态文化传播，相关部门和工作者必须进行系统的梳理和科学的设计，确保其科学性和合理性。

2. 向现代生态文化转型

沙漠生态文化是沙漠居民在长期的原始游牧农耕中形成的时代的产物。而当代工业化和信息化的社会，需要解决的生态环境问题是工业化带来的结果，这就使得文化之间的需求出现了断层。而且沙漠生态文化中很多内容是依托宗教信仰甚至是对原始神灵的敬畏，源于人们对自然灾害抵抗能力低下和对自然现象难以解释，而现代科技发展为人们解释了许多问题，就使得沙漠生态文化与现代文化明显脱节。因此，随着社会主义生态文明建设号召日益强烈，如何将具有普适价值的现代生态理念及实践应用到各个具体的民族地区，如何将地方性传统生态观、生态知识与其对接起来，显然是一个值得思考的问题①。这就需要对文化传播内容进行适时创新，在高扬沙漠生态文化精髓的同时，融入现代生态文明建设的科学内涵，结合现代教育机制、新媒体传播机制以及法律法规机制，实现传统沙漠生态文化向现代生态文化的转型，与时俱进，不断强化其时代价值。

3. 强化民众的生态意识

生态文化的传播是一项社会工程，它关系到每一个社会成员，需要全体民众的普遍参与和支持，人们需要具备良好的生态文化素养才能切实推进生态文明的建设与发展，这也是沙漠生态文化传播力图实现的目标和传播工作的重点。沙漠生态文化的传播，要从提高受众的生态文明意识入手，着力培养每一个社会成员的生态教养，提高人们的生态危机意识和环境保护意识，依据沙漠先民们珍爱自然、尊重自然、敬畏自然的生态理念，重建一种健康、文明、环保的生活方式，促进生态精神成为人们自觉的行为方式和道德规范，在社会上形成保护自然、保护生态的舆论环境，这是沙漠生态文化传播的最终理想目标。

二、新媒体时代的再次出征

文化本身并不是一种固化、一成不变的形态，而是一个动态、开放、不断演进变革的过程，人类文明发展过程中，传播方式从口头传播、印刷传播、电子传播，演变到多种新媒体的百花齐放。沙漠生态文化也是如此，从古至今，人们在和沙漠的关系上经历了从人与沙漠相争、沙进人退到人与沙漠和谐相处的历程，用科学发展的观点关注沙漠生态文化的新内涵、新形式、新特点是沙漠生态文化传播活动的重要指向。

（一）现代新媒体传播的特点

以网络电视、移动媒体、数字电视以及数码艺术等为主的新媒体作为一种当代新型的传播样式，随着高科技的发展正日益繁荣和普及化，并以其独特的视听艺术魅力越来越受到人们广泛青睐。传统媒体的单向传播模式被互动式新媒体传播模式打破，一方面新媒体信息化传播方式将每个单一个体，连结成一个交互沟通的网络，人们获得消息来源不再像以前那么单一而是变得空前丰富；另一方面，新媒体的互动式传播时代，通过采用文本、声音、图像、视频等多种表达方式把原本的平面影像呈现于眼前的生硬、抽象的概念和事件，用生动、直观的立体形象展现在人们视野中，让人们在兴趣中真切接触并感知相关信息，这种建立

---

① 黄龙光：《西部少数民族的传统文化》，绿叶，2013 年第 8 期。

在数字化基础上的符号化对传统文化艺术的重塑、创新产生的巨大影响，必然给人们带来新的认识与观念的变革。

新媒体传播的即时性。新媒体的传播克服了时空地域限制，大大缩减了原本存在的时空距离，人们在很短的时间里就可以全面获取做出决策和解决问题所必需的相关信息。同时任何人在任何地点都可以通过新媒体传播方式交换、共享彼此的信息。

新媒体传播的开放性。新媒体信息传播形式呈现多样化，传播的内容涉及人类社会的一切事务领域，无论是传播者还是受众，两者的选择范围都在扩大，传播者可以根据自己的传播目的需要和自我偏好，选择信息传播的方式和传播内容，受众也可以选择接受自己喜好的表达方式和相关内容。同时传播者和受众的交流方式也具有多样性，既可以采用视频的单人面对面交流，也可以采用多人交流甚至于群体性的相互交流，新媒体传播的开放性消融了文化传播的地域限制，实现了对物理和精神世界的全面覆盖和无限延伸。

新媒体传播内容的海量性、受众的广泛性。信息数字化的一个巨大优势在于，它可以存储海量的信息，并且迅捷地把这些信息以符号的方式呈现于人们的面前，虽然新媒体时代下人际间的直接传播方式没有消失，但是其社会辐射力范围和内容广泛性却已远逊于新媒体时代下的传播方式。人们借助于新媒体强大的传播力量，使得原本在人际口耳相传的文化传承关系达到社会性传播的新层面，实现所有人对所有人的传播。

新媒体传播的互动性、即时性、开放性以及内容的海量性、受众的广泛性拓展了传统媒体的发挥空间，凸显了媒介的数字化生存，同时为人们开创了另一种文化生活新空间。如今新媒体传播媒介成为推动沙漠文化构建和发展的主要力量。

(二)沙漠生态文化传播与新媒体结合的意义

沙漠生态文化传播的目的是构建和谐沙漠文化，在全社会牢固树立对沙漠生态环境保护意识，根植人与自然的和谐相处的观念，同时确保对人类灿烂文化的历史传承。

沙漠文化鲜明的地域性使其内容具有丰富、复杂的特征，其传播会对本地域文化的发展方向和经济发展速度造成影响。所以在沙漠文化传播过程中，要避免自以为是、教条僵化的单向式传播方式。要在传播渠道中融入新媒体的观念，使传播方式在原有的基础上拓展出更具社会辐射力和社会包容性的新领域。

沙漠生态文化要得到传承和发扬适应现代化的需求必须与时俱进，借助新媒体时代出现的多种信息化传播技术，使新媒体的信息技术成为沙漠生态文化弘扬和发展的新途径。通过与新媒体时代各种信息技术的整合，达到两者完美融合的境界，使得沙漠生态文化被新媒体充分传承、演绎。

(三)沙漠生态文化传播与新媒体结合的方式

新媒体时代下的沙漠生态文化传播的过程中，需要将这些包罗万象的文化现象与当下日新月异的传播主体和传播手段紧密结合，由此使得沙漠生态文化传播活动百花齐放。一方面，传播者要根据目的选择相应的传播类型和模式，当目标确定之后，紧紧围绕以最少的资源达到既定的目标，来组织、选择和取舍传播模式。大众传播决定着沙漠生态文化传播的总体方向，也决定着沙漠生态文化传播活动的传播界限、传播目的及传播的目标群体等内容，还决定着受众将以何种方式、接受何种样式的文化信息传播。例如在沙漠生态文化的宣传中，把沙漠生态文化和资源地人文紧密结合，通过电视、报刊、网络等多种形式宣传展示沙漠生态文化产品，借助对沙漠旅游景区开发建设的宣传和市场营销工作，加强与新闻媒体的沟通和联系。

另一方面，根据目标对象选择恰当的传播内容和传播方式。因为每个层次和群体的特征都不一样，传播生态文化时必须贴近目标群体的文化背景和日常生活，使用喜闻乐见的方式，培养保护沙漠生态环境意识、树立人和自然和谐相处的观念。比如，对于儿童用体验式、引导式的环境教育最有效，可以用策划制作的儿童科普动漫剧的方式，或者带领他们走进大自然，亲身体验感受大自然的魅力。针对文化素质水平普遍偏低的农村，可以采取更通俗易懂的文化表演、音像、图片展示等方式进行传播。对于文化素质比较高的人群，可以借助其最常接触且最受影响的电视、网络和报纸三种媒介。但是使用时要注意信息内容，避免用太过高深莫测、抽象的专业术语进行描述，便于人们的理解。

沙漠生态文化传播史就是一部见证人与自然和谐共存的历史。为了守护挚爱的故土、创建理想的家园，历朝历代生活在沙漠地区的人们通过自己勤劳的双手，种植防风固沙林，引流雪水灌溉绿洲，正是他们在这片贫瘠土地上的不懈努力，才使大漠黄沙腹地有了人类的足迹，拓宽了人类的生存空间和发展环境，使人与沙漠和谐相处的沙漠生态文化成为中华民族文化宝库中的一块璀璨瑰宝。

参考文献

习近平讲话

[1]习近平. 共同构建人类命运共同体[N]. 人民日报，2017-01-20(2).

[2]习近平. 共同构建地球生命共同体——在《生物多样性公约》第十五次缔约方大会领导人峰会上的主旨讲话[J]. 中华人民共和国国务院公报，2021(30)：9-10.

[3]中共中央文献研究室. 习近平关于社会主义生态文明建设论述摘编[M]. 北京：中央文献出版社，2017：6，23.

著作

[1]人民文学出版社编. 阿拉伯古代诗选[M]. 仲跻昆译，北京：人民文学出版社，2001.

[2]马勇，李玺编著. 旅游规划与开发[M]. 北京：高等教育出版社，2002.

[3]潘岳主编. 生态文明知识读本[M]. 北京：中国环境出版社，2013：10.

[4]王涛，陈广庭编著. 中国的沙漠·戈壁[M]. 上海：上海科学技术文献出版社，2008.

[5]王文彪. 重新认识沙漠[M]. 呼和浩特：内蒙古大学出版社，2011.

[6]王文彪编. 钱学森与沙产业：献给中国沙产业之父钱学森院士百年诞辰[M]. 呼和浩特：内蒙古大学出版社，2011：83.

[7]龙冠海. 社会学[M]. 台湾：台湾三民书局，1966.

[8]吕忠梅. 超越与保守——可持续发展视野下的环境法创新[M]. 北京：法律出版社，2003.

[9]李建德. 经济制度演进大纲[M]. 北京：中国财政经济出版社，2000.

[10]张岱年，方克立. 中国文化概论[M]. 北京：北京师范大学出版社，2004.

[11]陈曦主. 中国干旱区自然地理[M]. 北京：科学出版社，2010.

[12]罗必良. 政府、市场及意识形态——新制度经济学的解析[M]. 香港：中国数字化出版社，2003.

[13]赵哈林. 沙漠生态学[M]. 北京：科学出版社，2012.

[14][日]和辻哲郎. 风土[M]. 陈力卫译，北京：商务印书馆，2006.

[15][日]和辻哲郎. 风土[M]. 陈力卫译, 北京: 商务印书馆, 2007.

[16][英]马林诺夫斯基. 科学的文化理论[M]. 费孝通译, 北京: 中央民族大学出版社, 1999.

[17][美]道格拉斯·C·诺思. 制度、制度变迁与经济绩效[M]. 杭行译, 上海: 上海三联书店, 1994.

[18][德]哈尔勒德·朗哥文, 曼弗雷德·托佛文. 狂野沙漠[M]. 湖北: 湖北长江出版集团、湖北教育出版社、海豚传媒, 2013.

期刊论文

[19]尹郑刚. 我国沙漠旅游景区开发的现状和前景[J]. 干旱区资源与环境, 2011(11): 221-225.

[20]卢宏升, 卢云亭, 吴殿廷. 中国生态旅游类型[J]. 桂林旅游高等专科学校学报, 2004(02): 82-85.

[21]冯克红, 许丽芹. 沙漠的人性与人性中的沙漠——析《沙漠》中的生态人文思想[J]. 重庆科技学院学报(社会科学版), 2012(22): 127-129, 152.

[22]刘志庆. 论世界三大宗教与地理环境的关系[J]. 殷都学刊, 2001(01): 56-59.

[23]米文宝, 廖力君. 宁夏沙漠旅游的初步研究[J]. 经济地理, 2005(03): 422-425.

[24]杜群. 防治土地荒漠化的资源法律问题及其对策——以甘肃省石羊河流域为例[J]. 法学评论, 2004(01): 91-97.

[25]李先锋, 石培基, 马晟坤. 我国沙漠旅游发展特点及对策[J]. 地域研究与开发, 2007(04): 54-57.

[26]杨秀春, 朱晓华, 严平. 中国沙漠化地区生态旅游开发研究[J]. 中国沙漠, 2003(06): 691-696.

[27]何雨, 王玲. 内蒙古沙漠旅游资源及其开发研究[J]. 干旱区资源与环境, 2007(02): 151-155.

[28]张春华. 中国生态文明制度建设的路径分析——基于马克思主义生态思想的制度维度[J]. 当代世界与社会主义, 2013(02): 28-31.

[29]张强. 新疆沙漠旅游的发展研究[J]. 中国商贸, 2010(02): 145-146.

[30]陈丽. 沙漠旅游文化内涵的挖掘与构建——以宁夏回族自治区为例[J]. 边疆经济与文化, 2013(10): 105-106.

[31]邵雪民. 沙漠: 一个独特的生态系统[J]. 中国发展, 2007(01): 4-9.

[32]罗玉成, 罗万里. 论制度文化与精神文化的关系[J]. 船山学刊, 2003(04):

157-160.

[33]申元村，王秀红，丛日春，等. 中国沙漠、戈壁生态地理区划研究[J]. 干旱区资源与环境，2013(1).

[34]郑坚强，李森，黄耀丽. 我国沙漠旅游资源及其开发利用的研究[J]. 商业研究，2002(17)：138-140.

[35]郑坚强，李森，黄耀丽. 沙漠旅游资源利用在西部开发中的意义及策略研究[J]. 地域研究与开发，2003(01)：77-79.

[36]郝晓兰. 论内蒙古旅游精品带动战略的实施[J]. 内蒙古财经学院学报，2000(04)：1-5.

[37]郭红艳. 沙漠区生态旅游小议[J]. 山西水土保持科技，2007(01)：18-19.

[38]郭英之. 新疆旅游特色资源界值体系研究[J]. 干旱区资源与环境，1999(03)：8-13.

[39]黄耀丽，李凡，郑坚强. "旅游体验"视角下的特色旅游开发与管理问题探讨——以我国北方沙漠旅游为例[J]. 人文地理，2006(04)：94-97.

[40]黄耀丽，魏兴琥，李凡. 我国北方沙漠旅游资源开发问题探讨[J]. 中国沙漠，2006(05)：739-744.

[41]彭继平，赵廷宁，高志海. 论制约我国荒漠化防治的若干问题[J]. 中国水土保持，2006(04)：1-3，15，52.

[42]董瑞杰，董治宝，曹晓仪，等. 中国沙漠生态旅游资源及其竞争力分析研究[J]. 中国沙漠，2013，33(03)：911-917.

[43]董瑞杰，董治宝，曹晓仪，等. 中国沙漠生态旅游资源赋存及开发策略[J]. 水土保持通报，2013，33(01)：152-156.

[44]谢婷，杨兆萍. 塔克拉玛干沙漠旅游资源开发构思[J]. 干旱区研究，2003(03)：230-234.

[45]谭明方. 论"社会行为"与"制度文化"——兼论社会学的研究对象[J]. 浙江学刊，2001(03)：106-110.

[46]潘晶. 论新疆于田县的自然风土与建筑材料[J]. 现代商贸工业，2011，23(24)：107-108.

[47]魏倩，王海鸿. 我国沙漠旅游研究综述[J]. 社会科学家，2008(01)：95-98.

其他参考文献

[48]马凯. 马凯：加大荒漠化防治力度 携手共建绿色"一带一路"[N]. 人民日报，2017-7-30(04).

[49]王尧.郭雪波的沙漠情怀[N].中国保险报,2003-7-11(003).

[50]樊胜岳.人类用沙漠覆盖自己的历史[N].大众科技报,2010-9-7(C08).

[51]钱斌.制度文化概论[D].安徽:合肥工业大学,1999.

[52]中华人民共和国中央人民政府网.《全国防沙治沙规划(2011—2020)年》正式发布实施.[EB/OL].2002-5-10.http://www.gov.cn/gzdt/2013-03/21/content_2359269.htm.

[53]王钰:《第七届库布其国际沙漠论坛共识》发布[N].中国绿色时报,2019-7-29(1).